Leitfäden der angewandten Informatik

G. Bolch / M.-M. Seidel
Prozeßautomatisierung

Leitfäden der angewandten Informatik

Herausgegeben von

Prof. Dr. Hans-Jürgen Appelrath, Oldenburg
Prof. Dr. Lutz Richter, Zürich
Prof. Dr. Wolffried Stucky, Karlsruhe

Die Bände dieser Reihe sind allen Methoden und Ergebnissen der Informatik gewidmet, die für die praktische Anwendung von Bedeutung sind. Besonderer Wert wird dabei auf die Darstellung dieser Methoden und Ergebnisse in einer allgemein verständlichen, dennoch exakten und präzisen Form gelegt. Die Reihe soll einerseits dem Fachmann eines anderen Gebietes, der sich mit Problemen der Datenverarbeitung beschäftigen muß, selbst aber keine Fachinformatik-Ausbildung besitzt, das für seine Praxis relevante Informatikwissen vermitteln; andererseits soll dem Informatiker, der auf einem dieser Anwendungsgebiete tätig werden will, ein Überblick über die Anwendungen der Informatikmethoden in diesem Gebiet gegeben werden. Für Praktiker, wie Programmierer, Systemanalytiker, Organisatoren und andere, stellen die Bände Hilfsmittel zur Lösung von Problemen der täglichen Praxis bereit; darüber hinaus sind die Veröffentlichungen zur Weiterbildung gedacht.

Prozeßautomatisierung

Aufgabenstellung, Realisierung und Anwendungsbeispiele

Von Dr.-Ing. Gunter Bolch
Universität Erlangen-Nürnberg
und Dipl.-Inform. Martina-Maria Seidel, Berkeley

2., überarbeitete und erweiterte Auflage

B. G. Teubner Stuttgart 1993

Dr.-Ing. Gunter Bolch

Geboren 1940 in Westhausen/Württ. Studium der Nachrichtentechnik an der TU Karlsruhe und der TU Berlin. Ab 1967 wissenschaftlicher Assistent am Institut für Regelungstechnik der TU Karlsruhe, 1973 Promotion. Ab 1973 Akademischer Rat und seit 1982 Akademischer Direktor am Lehrstuhl für Betriebssysteme an der Friedrich-Alexander-Universität Erlangen-Nürnberg. Lehr- und Forschungstätigkeit auf den Gebieten „Modellbildung und quantitative Analyse von Rechensystemen" und „Prozeßautomatisierung". Zahlreiche Industriekooperationen. Mitarbeit bei mehreren Multiprozessorprojekten. Von 1977 bis 1979 Gastprofessur am Departmento de Informática der Pontifícia Universidade Católica (PUC) von Rio de Janeiro. Zahlreiche Veröffentlichungen mit dem Schwerpunkt „Leistungsbewertung von Rechensystemen" und Autor zweier Bücher zu diesem Gebiet. Seit 1992 auch Lehrbeauftragter an der Georg-Simon-Ohm-Fachhochschule Nürnberg im Bereich Regelungstechnik.

Dipl.-Inf. Univ. Martina-Maria Seidel geb. Vollath

Geboren 1959 in Coburg/Bayern. Ausbildung zur Ingenieurassistentin bei der Firma Siemens AG. Von 1981 bis 1985 dort tätig in den Bereichen Anwenderprogrammierung und Automatisierungstechnik. Studium der Informatik mit Schwerpunkt Kommunikationssysteme an der Friedrich-Alexander-Universität Erlangen-Nürnberg. Dort von 1989–1991 wissenschaftliche Mitarbeiterin am Lehrstuhl für Betriebssyteme auf den Gebieten der „Prozeßautomatisierung" und „Modellbildung von Rechensystemen". Außerdem seit Januar 1989 Lehrtätigkeit im Weiterbildungszentrum der Firma Siemens AG im Bereich der PC-Anwendungen. Seit August 1991 verheiratet in Berkeley, Kalifornien.

Die Deutsche Bibliothek – CIP-Einheitsaufnahme

Bolch, Gunter:
Prozeßautomatisierung : Aufgabenstellung, Realisierung und Anwendungsbeispiele/
von Gunter Bolch und Martina-Maria Seidel
2., überarb. und erw. Aufl. – Stuttgart : Teubner, 1993
  (Leitfäden der angewandten Informatik)

  ISBN 978-3-519-12499-3   ISBN 978-3-322-96760-2 (eBook)
  DOI 10.1007/978-3-322-96760-2

NE: Seidel, Martina-Maria:

Gesamtherstellung: Zechnersche Buchdruckerei GmbH, Speyer
Umschlaggestaltung: P.P.K,S-Konzepte Tabea Koch, Ostfildern/Stgt.

Vorwort zur 1. Auflage

Obwohl die Prozeßautomatisierung in der Praxis ein ganz wesentliches Einsatzgebiet für Rechner ist, wird sie im Lehrplan der Informatik noch etwas stiefmütterlich behandelt. Das vorliegende Buch soll dazu beitragen, hier Abhilfe zu schaffen und dem zukünftigen Informatiker ein Basiswissen im Bereich der Prozeßautomatisierung für seine spätere Tätigkeit in der Industrie zu vermitteln.

Die Autoren wenden sich damit hauptsächlich an Informatikstudenten und Fachleute, die bereits Vorkenntnisse in Informatik haben. Der Inhalt des Buches soll sie mit den Aufgaben der Prozeßautomatisierung vertraut machen und ihnen Kenntnisse darüber vermitteln, welche spezielle Peripherie bzw. welche Hardwarestrukturen notwendig sind, welche speziellen Anforderungen an die Betriebssysteme (sog. Echtzeitbetriebssysteme) gestellt werden und welche speziellen Programmiersprachen es gibt.

Ziel ist es, die Studenten bzw. Leser, die später im Bereich der Prozeßautomatisierung tätig sind, auf ein Umfeld vorzubereiten, in dem sie Fachgespräche nicht nur mit Informatikern, sondern auch mit Ingenieuren der verschiedensten Fachrichtungen, Naturwissenschaftlern oder z.B. auch Medizinern zu führen haben. Es wird verdeutlicht, daß bei der Automatisierung in den unterschiedlichsten Bereichen immer nach den gleichen Grundprinzipien vorgegangen wird: Daten werden aus dem zu automatisierenden Prozeß erfaßt und im Rechner entsprechend der Aufgabenstellung verarbeitet. Anschließend wird, gemäß den Ergebnissen dieser Verarbeitung, in den Prozeß über Stellglieder eingegriffen und/oder es werden die Ergebnisse der Verarbeitung zur Anzeige gebracht.

Grundlage für dieses Buch ist eine Vorlesung, die seit vielen Jahren an der Friedrich-Alexander-Universität Erlangen-Nürnberg für Informatikstudenten angeboten, aber auch von Hörern anderer Fachrichtungen besucht wird. Die Anregungen und die Kritik der Studenten wurden berücksichtigt und sind in dieses Buch miteingeflossen.

An dieser Stelle sei allen gedankt, die zum Entstehen des Buches beigetragen haben. Unterlagen für einzelne Kapitel haben uns freundlicherweise folgende Herren überlassen: Dr. H. Dietsch, Dr. P. Eschenbacher, J. Gewalt, Dr. P. Hollezcek und Dipl.-Ing. T. Bonkhofer von der Firma Bayer AG Leverkusen. Der Abschnitt „Beispiele für Echtzeitbetriebssysteme" wurde unter Mitarbeit von Herrn Dipl.-Inf. F. Hauck verfaßt. Wir danken auch Herrn Dipl.-Ing. G. Piesche und seinen Kollegen von der Firma Siemens, Bereich Automatisierungstechnik, die uns mit einem Beispiel und Informationen über das Vorgehen in der Praxis gute Anregungen gaben.

Für die mühsame Arbeit des Korrekturlesens und konstruktive Kritik bedanken wir uns bei Herrn Dipl.-Inf. W. Jarschel und Herrn Dipl.-Inf. S. List.

Mit zum Gelingen des Buches beigetragen haben auch die hervorragenden Arbeitsmöglichkeiten am Lehrstuhl für Betriebssysteme von Herrn Prof. Dr. F. Hofmann, wofür wir uns an dieser Stelle besonders bedanken. In bewährter Weise bewältigte Herr H. Heinze die notwendige Layoutarbeit und das Zeichnen der zum Teil sehr umfangreichen Bilder. Er verwendete dafür TeX, LaTeX und METAFONT. Dabei bewies er sehr viel Einfühlungsvermögen und Geduld. Ihm gilt daher unser besonderer Dank.

Ebenso bedanken wir uns bei Herrn Dr. P. Spuhler vom Teubner Verlag und bei den Herausgebern der Reihe „Leitfäden der angewandten Informatik", insbesondere bei Herrn Prof. Dr. L. Richter für wertvolle Hinweise und die Aufnahme des Buches in das Verlagsprogramm.

Erlangen, im Dezember 1990   G. Bolch, M.-M. Vollath

Vorwort zur 2. Auflage

Die nach erfreulich kurzer Zeit notwendig gewordene zweite Auflage haben wir zum Anlaß genommen, das Manuskript zu überarbeiten, um einerseits Erfahrungen aus den Vorlesungen und andererseits neuere Entwicklungen zu berücksichtigen. Neu hinzugekommen ist das Kapitel über Fuzzy-Control. Umstrukturiert und ergänzt wurden die Kapitel über Hardware, Peripherie, Programmiersprachen und Echtzeitbetriebssysteme.

Wir bedanken uns bei Herrn Dipl.-Inf. Stefan List für das neue PEARL-Beispiel und bei Herrn Dipl.-Inf. Armin Rüth für das Kapitel über Fuzzy-Control sowie bei beiden für wertvolle Anregungen und das Korrekturlesen. Herr Dipl.-Phys. Martin Trautner hat uns freundlicherweise bei Änderungen in der Beschreibung des PEARL-Betriebssystems unterstützt. Herr Henning Heinze hat uns wieder in dankenswerter Weise bei kniffligen TEX-Problemen und Zeichnungen unterstüzt.

Beim Teubner-Verlag bedanken wir uns für die schnelle und problemlose Herausgabe der zweiten Auflage. Wir hoffen, daß diese Auflage ähnlichen Anklang finden wird wie die erste.

Berkeley und Erlangen im Oktober 1992 G. Bolch, M.-M. Seidel

Hinweis zum Lesen

Die mit einem * versehenen Abschnitte sind nicht unbedingt zum Verständnis des Gesamttextes notwendig. Sie dienen der Vertiefung für entsprechend interessierte Leser.

Inhalt

1 Einleitung

In vielen Bereichen der industriellen Fertigung aber auch in Labors und Forschungsinstituten ist die *Prozeßautomatisierung*, d.h. der Einsatz von Rechnern zur Datenerfassung, Datenauswertung, Überwachung, Steuerung, Regelung, Führung und Optimierung in technischen Prozessen, von erheblicher Bedeutung.

Technische Prozesse sind Vorgänge oder Abläufe in den unterschiedlichsten Bereichen, wie z.B. Energieerzeugung, Stahlerzeugung, Fahrzeugbau, Straßenverkehr, naturwissenschaftliche Experimente. In allen Fällen werden dabei, mit Hilfe spezieller Meßwertgeber, Meßwerte (Daten) aus dem zu automatisierenden Prozeß erfaßt und in einem Rechner gespeichert, d.h. im Rechner wird ein sogenanntes *Prozeßabbild* geführt. Diese Daten werden anschließend entsprechend der Aufgabenstellung verarbeitet. Daher wird auch häufig der Begriff „Prozeßdatenverarbeitung" anstelle von Prozeßautomatisierung verwendet. Die Ergebnisse einer solchen Verarbeitung werden entweder auf einem Drucker oder einem Monitor ausgegeben. Im Falle der *Überwachung* werden sie, wenn notwendig, dem Bedienungspersonal als Warnsignale gemeldet. Sie können auch dazu verwendet werden, um gezielt über Stellglieder — also automatisch — oder durch Anweisungen an das Bedienungspersonal — also manuell — in den Prozeß einzugreifen.

Ein großer Teil der Aufgaben, die heute von *Prozeßrechensystemen* übernommen werden, wurden früher von einzelnen Geräten ausgeführt, wie z.B. Meßgeräte vor Ort, Blattschreiber, Fernschreiber, Grenzwertmelder, Abtaster, elektronische Regler oder Relaissteuerungen. Diese Geräte wurden und werden im Laufe der Zeit immer mehr von Rechnern und/oder Rechensystemen entsprechend der zunehmenden Leistungsfähigkeit und Zuverlässigkeit ersetzt, was durch die Einführung von Mikrorechnern noch weiter beschleunigt wird. Die dadurch erzielten Lösungen werden preiswerter und flexibler. Zudem wird so die Möglichkeit geschaffen, auch solche Prozeßabläufe durchzuführen, die mit bisherigen Einzelgeräten technisch gar nicht möglich gewesen wären. Damit ergibt sich der Rahmen für dieses Buch: *Für welche Aufgaben, mit welcher Struktur und welcher zusätzlichen Hard- und Software werden Prozeßrechensysteme eingesetzt und wie sehen typische Anwendungen aus?*

Begonnen wird im *zweiten Kapitel* mit einem *geschichtlichen Abriß der Prozeßautomatisierung*, ausgehend von Anlagen, die noch völlig ohne Automatisierung liefen, über Anlagen mit einem zentralen Prozeßrechner, bis hin zu dezentralen, verteilten Strukturen mit einer Vielzahl einzelner Mikrorechner.

Es folgt im zweiten Abschnitt eine *Klassifizierung* technischer Prozesse nach verschiedenen Gesichtspunkten und eine Beschreibung der Möglichkeiten zur Modellierung technischer Prozesse, wobei mathematische Modelle eine besondere Rolle spielen. Ein Prozeß kann um so besser automatisiert werden, je genauer man ihn kennt, d.h. je genauer man ihn modellieren kann. Wie man sich für einen gegebenen technischen Prozeß das zugehörige mathematische Modell beschafft, wird im Abschnitt *Prozeßidentifikation* beschrieben.

Den zentralen Teil des zweiten Kapitels und damit auch den wichtigsten Teil des Buches bildet der Abschnitt *Aufgaben der Prozeßautomatisierung*, in dem ausführlich beschrieben wird, wofür die Prozeßautomatisierung angewendet wird. Einfache Aufgaben, die aber aufgrund der Fülle von Informationen ohne Rechner gar nicht mehr zu bewältigen wären, sind die Datenerfassung, die Datenreduktion und die Auswertung von Daten. Aufgaben wie *Überwachung*, *Steuerung* und *Regelung* können durch die Verwendung von Rechnern schneller, besser, flexibler, zuverlässiger und billiger ausgeführt werden. Außerdem kann man dadurch die zu automatisierenden Anlagen größer und komplexer auslegen. Übergeordnete Aufgaben sind die *Führung* und die *Optimierung* technischer Prozesse. Bei der Führung greift der Rechner durch Vorgaben für die Steuerung und Regelung so in den Prozeß ein, daß dieser in der gewünschten Weise abläuft. Bei der Optimierung geht man noch einen Schritt weiter. Der Rechner beeinflußt den Prozeß derart, daß dieser bezüglich eines oder mehrerer Kriterien, z.B. Kosten oder Energie, optimal abläuft.

Das *dritte Kapitel* beschreibt die Durchführung der erläuterten Aufgaben in der Prozeßautomatisierung mittels Rechner. Die Art der Aufgabe bestimmt die Art und Weise der Kopplung zwischen Rechner und Prozeß. Die verschiedenen *Prozeßkopplungsarten* werden in Abschn. 3.1 vorgestellt. Der zweite Teil dieses Kapitels widmet sich den Zuverlässigkeits- und Sicherheitsaspekten, die bei der Prozeßautomatisierung von besonderer Bedeutung sind und die auch entscheidenden Einfluß auf die einzelnen *Strukturen eines Prozeßautomatisierungssystems* haben. Die möglichen unterschiedlichen Strukturen werden im Abschn. 3.3 behandelt, wobei aufgezeigt wird, daß die Tendenz eindeutig zu dezentralen, verteilten Strukturen geht.

Für den Einsatz von Rechnern zur Prozeßautomatisierung ist zum Teil auch eine spezielle *Hardware* notwendig bzw. muß die konventionelle Hardware an die vorliegenden speziellen Aufgaben besonders angepaßt sein.

Mit dem Hardware-Aufbau von Rechnern, den Bussen als Verbindungswege und der Peripherie mit ihren unterschiedlichen Ausprägungen, befaßt sich Abschn. 3.4.

Für die Prozeßautomatisierung benötigt man nicht nur spezielle Hardware sondern auch spezielle *Programmiersprachen* und Betriebssysteme, sogenannte *Echtzeitbetriebssysteme*. Welche Anforderungen (z.B. Unterbrechungsbearbeitung) an diese gestellt werden und welche Vertreter es gibt, behandelt das vierte Kapitel, das außerdem noch einige typische *Programmierbeispiele* enthält, wobei die Programmiersprache PEARL und das PEARL-Betriebssystem ausführlicher erläutert werden.

Einen kurzen Ausblick auf zu erwartende zukünftige Entwicklungen bietet das *fünfte Kapitel.*

Im *letzten Kapitel* schließlich sind *wichtige Begriffe und Definitionen* aus dem Bereich der Prozeßautomatisierung zusammengestellt.

Den Abschluß des Buches bildet eine ausführliche Bibliographie zum Thema *Prozeßautomatisierung* sowie ein Indexverzeichnis.

Den Autoren ist bewußt, daß in diesem Buch ein wesentlicher Gesichtspunkt der Prozeßautomatisierung nicht angesprochen wird nämlich deren Einfluß auf den Arbeitsmarkt. Computer haben mittlerweile in sehr viele Lebens- und Arbeitsbereiche Einzug gehalten und dort zum Teil auch Arbeitsplätze vernichtet. Aus diesem Grund jedoch die technische Entwicklung aufzuhalten, wäre nach Meinung der Autoren der falsche Weg, da ohne den Einsatz von Rechnern viele Produkte weder in der gewünschten Qualität noch zu den entsprechenden Preisen hergestellt werden könnten und dadurch auch die Konkurrenzfähigkeit der Produkte verloren ginge.

Es sollte vielmehr darauf geachtet werden, daß die Automatisierung in vernünftige Bahnen gelenkt wird, z.B. durch begleitende Maßnahmen wie Umschulung oder Weiterbildung. Durch flexiblere Arbeitszeiten und Arbeitszeitverkürzungen können, aufgrund der Automatisierung, bessere Arbeitsbedingungen und neue Arbeitsplätze geschaffen werden. Außerdem ist die Prozeßautomatisierung die Grundlage für viele neue Produktionsverfahren und somit Voraussetzung für neue Chancen auf dem Arbeitsmarkt.

Auch wurden und werden viele Arbeitsplätze durch die Automatisierung sicherer, da mittlerweile rechnergesteuerte Maschinen gefährliche und gesundheitsschädliche Arbeiten übernehmen können.

2 Automatisierung technischer Prozesse

2.1 Entwicklung der Prozeßautomatisierung

Der Einsatz von Rechnern in der Prozeßautomatisierung hat sich schrittweise entwickelt und wird auch heute noch durch Verbesserungen der Kommunikationsmöglichkeiten und -wege weiter ausgebaut und optimiert.

Der erste Abschnitt gibt einen Einblick in die entscheidenden Entwicklungsphasen der Automatisierung. Zur Veranschaulichung wird das Beispiel eines Rührkesselreaktors herangezogen (siehe Abb. 2.1).

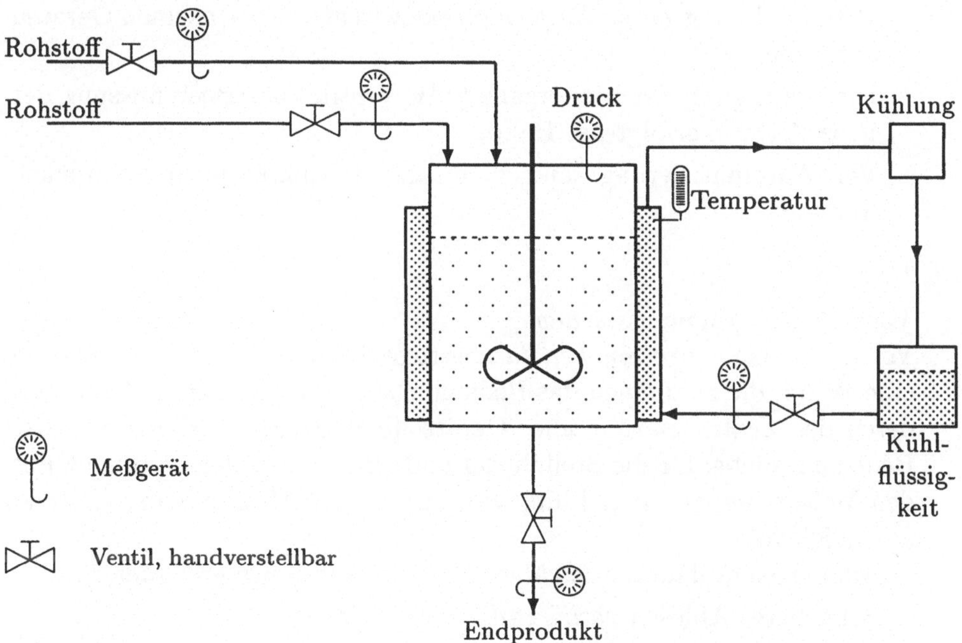

Abbildung 2.1
Rührkesselreaktor ohne Automatisierung, Meß- und Stellgeräte sind am entsprechenden Meßort. Die Meßgeräte, die sich im Anschluß an die Ventile befinden messen den *Durchfluß* der jeweiligen Flüssigkeit.

Dem Reaktor werden Rohstoffe in bestimmten Mengen (Ventileinstellungen) zugeführt und anschließend im Rührkessel vermischt, was zu Wärmeentwicklung führt. Eine Kühlflüssigkeit, die in eine Ummantelung des Reaktors gegeben wird, sorgt dafür, daß die Reaktortemperatur nicht zu stark ansteigt.

Die zugeführten Mengen sowie die Temperatur und der Druck im Reaktor werden ständig gemessen und abgelesen. Nach erfolgter chemischer Reaktion im Kessel wird das Endprodukt in gewünschter Menge (Messung) abgeführt.

Der folgende Überblick zeigt die Stufen der Entwicklung der Automatisierung:

bis 1940

> *Keine Automatisierung*
> Bis ca. 1940 sind Meß- und Stellgeräte am *jeweiligen Meßort* (siehe Abb. 2.1).
>
> - Die Meß- und Stellgeräte sind somit über die ganze Anlage verstreut, wodurch häufig *große Entfernungen* zwischen den einzelnen Geräten auftreten.
> - Die Betätigung der Stellorgane (z.B. Ventile) zur Beeinflussung der Prozeßgrößen erfolgt per Hand.
> - Von Automatisierung kann zu diesem Zeitpunkt nicht gesprochen werden.

1940 - 1950

> *Vorstufe der Automatisierung*
> Vor der Anlage wird ein *Leitstand* errichtet. Dabei handelt es sich um eine Wand, die zum einen das Bedienungspersonal *schützt* und zum anderen der *Zentralisierung* aller Geräte dient. Durch Verlängerung der Bedienungshebel für die Stellglieder und Umlenkung der Leitungen mit den Meßgeräten zur Wand hin, wird Stellen und Messen vom Leitstand aus möglich.
> - Man erreicht dadurch *leichtere Bedienung* und bessere Übersicht.
> - Schnelleres Ablesen *verkürzt die Reaktionszeit.*
> - Die Gefahr für das Personal wird verringert.

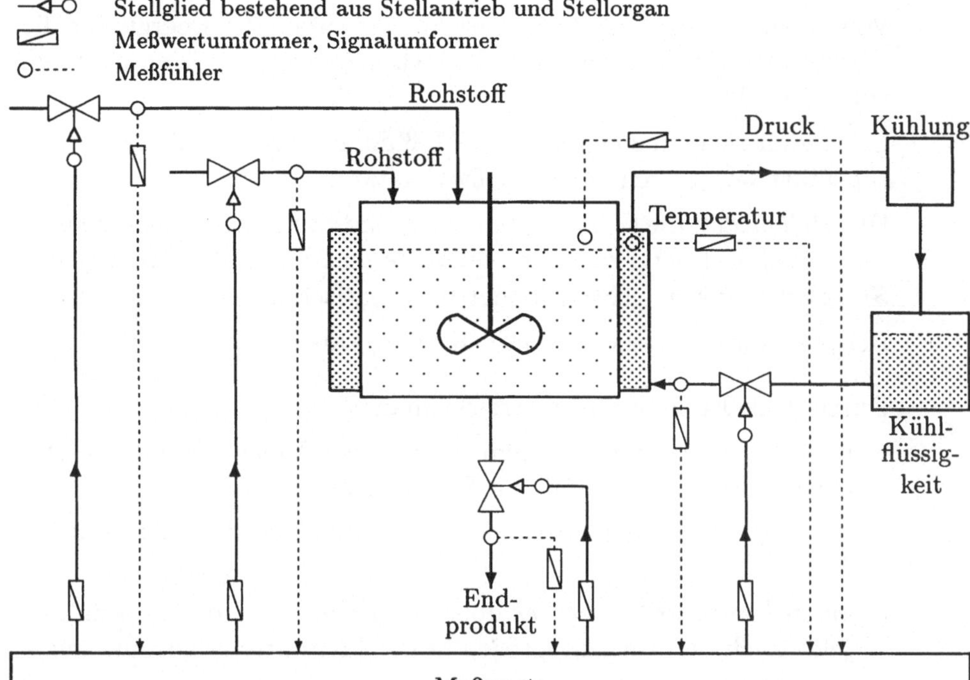

Abbildung 2.2
Es sind Meßfühler, Meßwertumformer, Signalumformer und Stellglieder hinzugekommen,
die alle mit der Meßwarte verbunden sind. Der aktuelle Prozeßzustand ist jetzt zentral an
der Meßwarte ablesbar.

1950 - 1960

Erste Stufe der Automatisierung
Es werden *Meßfühler* (Meßwertgeber, Meßwertaufnehmer) und *fernbe-
dienbare Stellglieder* (Stellgeräte) sowie eine *Meßwarte* (zentrale Anzei-
getafel mit Steuerpult) eingeführt (siehe Abb. 2.2).
- Ein *Meßfühler* ist das erste Glied einer Meßeinrichtung und deshalb
  immer mit dem Meßobjekt gekoppelt. Das Eingangssignal ist die
  Meßgröße, die in ein verarbeitbares Signal umgewandelt wird (z.B.
  ergibt sich aus der Temperatur die Thermospannung). Der zusätzliche Einsatz von *Meßwandlern* (Meßwertumformer, Meßumformer),
  die sowohl elektrische als auch nicht elektrische Prozeßgrößen in die
  für die weitere Verarbeitung geeigneten Ströme und Spannungen umwandeln, ermöglicht die *Übertragung* zur Meßwarte.

Von einem *aktiven* Meßfühler spricht man, wenn die Energie für die Übertragung des Signals ausschließlich aus dem Prozeß entnommen wird (z.B. Thermoelement).

Es handelt sich um einen *passiven* Meßfühler, wenn ihm diese Energie zugeführt werden muß (z.B. Meßwiderstand).

– Die *Stellglieder*, die sich aus Stellmotor und Stellorgan zusammensetzen, lassen sich jetzt von der Meßwarte aus, unter Verwendung von *Signalumformern*, elektrisch oder pneumatisch *fernbedienen*.

Beispiele für Stellorgane: Ventil, Klappe, Düse, Ruder.

Durch diese Erweiterungen erreicht man

o eine *Zentralisierung* der Bedienung in der Meßwarte mit entsprechenden Anzeigegeräten und Fernbedienung,

o die Möglichkeit, die *Anzahl* der Meß- und Eingriffsstellen zu *erhöhen*,

o einen *kompletten Überblick* über den aktuellen Prozeßzustand, da jetzt auch die Ausgangsgrößen in der Meßwarte erfaßt und angezeigt werden.

Zweite Stufe

Es werden *Regler* eingeführt, damit der Prozeß nahezu selbsttätig, d.h. ohne Eingriff des Bedienungspersonals, ablaufen kann (siehe Abb. 2.3).

Es ist die Aufgabe eines Reglers, durch den Eingriff in den Prozeß, eine Zustandsgröße so zu beeinflussen, daß sie ihren geforderten Wert annimmt und auf diesem sogenannten *Sollwert* gehalten wird.

Von der Meßwarte aus wird dem Regler der Sollwert vorgegeben. Er vergleicht diesen dann mit dem *Istwert* des Meßwertgebers und greift, falls eine Abweichung des Istwertes vom Sollwert vorliegt, entsprechend in den Prozeß ein, so daß der Istwert an den Sollwert angenähert bzw. letzterer erreicht wird (z.B. Ändern der Ventilstellung bei der Durchflußregelung der Kühlflüssigkeit).

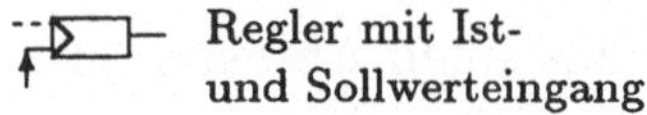

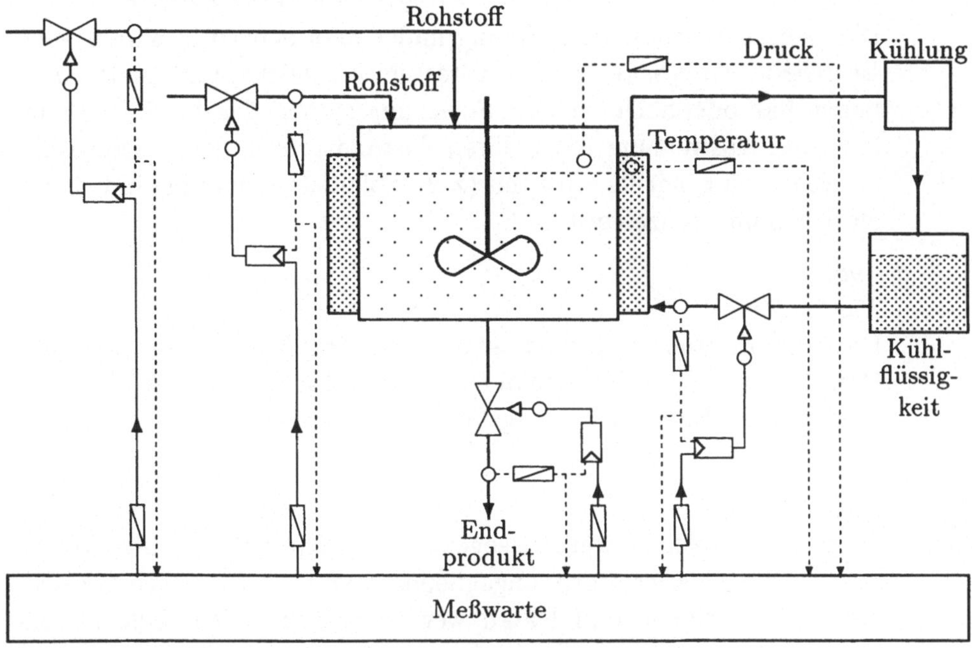

Abbildung 2.3
Regler werden zwischen Stellglied und Meßwarte eingebaut. Entsprechend der Vorgaben an der Meßwarte arbeitet der Prozeß jetzt selbsttätig.

Dritte Stufe

Es werden *Bausteine* eingeführt, die dem Bedienungspersonal die Arbeit erleichtern oder auch ganz abnehmen.

Solche Bausteine sind z.B.:

o Grenzwertmelder
o Blattschreiber
o zyklische Abtaster
o Vergleicher
o Verknüpfungsschaltungen.

Vierte Stufe

Die neuen Bausteine werden so miteinander verknüpft, daß sie für spezielle Aufgaben eingesetzt werden können.

Es entsteht z.B. ein *Datenerfassungssystem*, das einen Abtaster enthält und die Ergebnisse mittels Blattschreiber protokolliert.

Eine solche Bausteinverknüpfung findet man ebenso in einem *Meßwertüberwachungssystem*, das Abtaster, Vergleicher und Blattschreiber enthält oder auch in einem *Steuerungssystem*, das durch Verknüpfung und Auswertung von binären Zustandsgrößen des Prozesses die notwendigen Eingriffe ermittelt (z.B. Ablaufsteuerung bei industriellen Fertigungsprozessen).

ab 1960
Fünfte Stufe

Die *Automatisierung* erfolgt jetzt durch den Einsatz von *zentralen* Prozeßrechner, die die Aufgaben der einzelnen Bausteine komplett übernehmen. Sie sind leistungsfähiger und vielseitiger einsetzbar.

ab 1975
Sechste Stufe

Dem Zentralrechner werden sogenannte *Mikrorechner*, die z.B. die bisherigen Regler ersetzen, angegliedert (siehe Abb. 2.4). Übergeordnete Informationen und Daten werden zwischen dem Zentralrechner und den einzelnen Mikrorechnern auf *eigenen* Verbindungswegen ausgetauscht. Ihre speziellen Aufgaben bearbeiten die Mikrorechner jedoch selbsttätig und unabhängig voneinander, wodurch eine *teilweise Dezentralisierung* innerhalb des Prozeßrechensystems erzielt wird.

Auch bei Ausfall des Zentralrechners ist somit, zumindest für einige Zeit, der weitere Prozeßablauf noch möglich. Um in kritischen Fällen noch zu einem sicheren Prozeßzustand zu gelangen, wird von

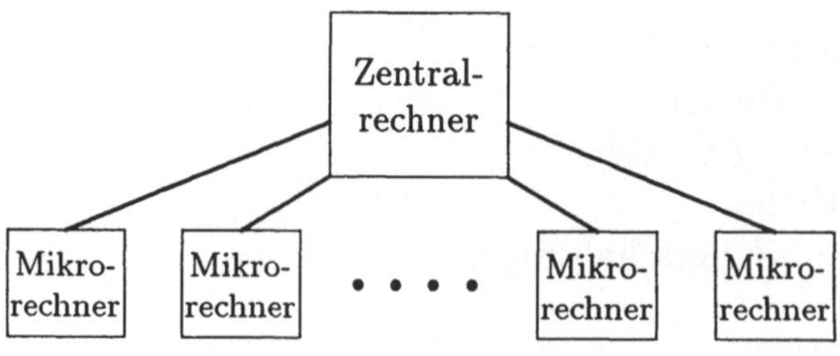

Abbildung 2.4
Jeder Mikrorechner (Prozeßrechner) ist direkt mit dem Zentralrechner verbunden. Beginn des *hierarchischen* Prozeßaufbaus.

den noch aktiven Mikroprozessoren ein sogenannter *Save-shutdown* durchgeführt. Das kann z.B. in einem Kernkraftwerk bedeuten, daß alle nötigen Maßnahmen ergriffen werden, damit der Reaktor abgeschaltet wird.

ab 1980

Siebte Stufe

Die einzelnen Mikrorechner werden untereinander *vernetzt*, so daß eine wechselseitige Kommunikation möglich wird (siehe Abb. 2.5). Bei den im Bereich der Prozeßautomatisierung eingesetzten Netzen handelt es sich im allgemeinen um SANs (Small Area Networks) oder LANs (Local Area Networks). Diese können unterschiedliche Topologien haben, meist sind es jedoch *Bus-* oder *Ringsysteme*, seltener *Stern- bzw. Mischstrukturen*. Man spricht in allen vier Fällen von *verteilten Systemen*. Unterschiede bestehen dabei in der Art der Verwaltung und der Art der Reservierungstechnik des jeweiligen Netzes.

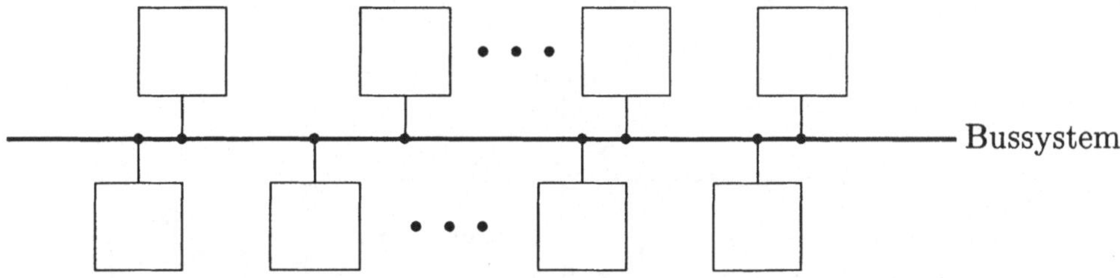

Abbildung 2.5
Jeder Mikrorechner hat über den Bus Zugang zu allen anderen Rechnern.

Innerhalb der Busstruktur gibt es zweierlei Ausprägungen. Zum einen den noch vorhandenen Zentralrechner, der ebenfalls wie die Mikrorechner am Netz angekoppelt ist, zum anderen das völlige Fehlen des Zentralrechners, das dann möglich ist, wenn seine bisherigen Aufgaben auf die einzelnen Mikrorechner verteilt werden.
Trotz der Verwendung von Netzen wird in der Prozeßautomatisierung sehr häufig eine *hierarchische Anordnung*, entsprechend der einzelnen Aufgabengebiete der Rechner, beibehalten (siehe Prozeßleitsystem in Abschn. 3.3.7.5), wodurch eine Kombination von zentraler und dezentraler Struktur erreicht wird.

2.2 Klassifizierung und Identifikation technischer Prozesse

2.2.1 Definitionen

Für die folgenden Ausführungen, die die Klassifizierung und Beschreibung von technischen Prozessen behandeln, benötigt der Leser Erläuterungen zum *Prozeßbegriff*, die zu Beginn dieses Kapitels gegeben werden. Weitere Definitionen und Begriffsbildungen befinden sich in Kap. 6 dieses Buches.

Nach DIN66201 versteht man unter einem *Prozeß* die Umformung und/oder den Transport von Materie, Energie und/oder Information. In der Informatik wird der Begriff des Prozesses etwas eingeschränkt und als „Vorgang einer algorithmisch ablaufenden Informationsbearbeitung" beschrieben.

Ein *Technischer Prozeß* ist nach DIN66201 ein Prozeß, dessen Zustandsgrößen (Eingangs- und Ausgangsgrößen) mit technischen Mitteln gemessen, gesteuert und/oder geregelt werden können.

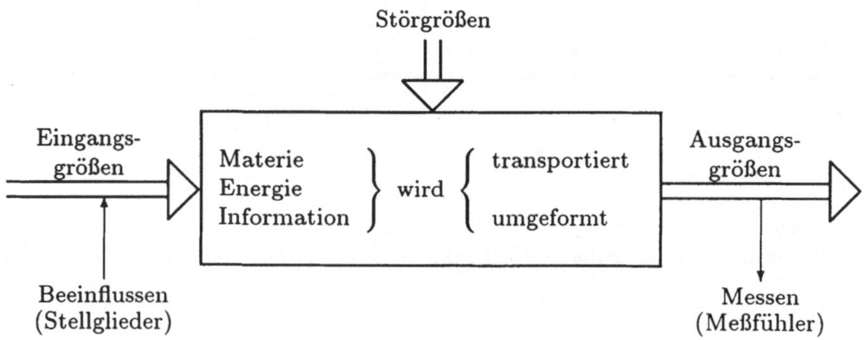

Abbildung 2.6
Technischer Prozeß

Ein Prozeß wird durch seine *Zustandsgrößen* (Prozeßgrößen), die entweder *binär* oder *analog* sein können, charakterisiert.

Um die Automatisierung eines technischen Prozesses durchführen zu können ist es notwendig, daß seine Ausgangsgrößen *gemessen* (durch Meßfühler) und seine Eingangsgrößen *beeinflußt* (mittels Stellglieder) werden können (siehe Abb. 2.6).

Zur Erläuterung hier einige Beispiele für Prozeßzustandsgrößen:

Analog:
Temperatur, Druck, Mischungsverhältnisse, Wasserstand, Durchfluß, Geschwindigkeit, Drehzahl, Leistung.

Binär:
Ventil- oder Klappenstellungen (auf/zu),
Schalterstellungen (ein/aus).

Tabelle 2.1 zeigt einige Beispiele für technische Prozesse

Tabelle 2.1
Einige technische Prozesse

was passiert?	*Prozeßbeispiel*
Umformung von Energie	Kraftwerk,Heizung, Klimaanlage
Transport von Energie	Energieverteilungsanlage
Umformung von Information	Ampelanlage, Prüfanlage
Transport von Information	Fernsprechnetz
Umformung von Materie	Herstellung von Gütern
Umformung und Transport von Materie	Stahl- und Walzwerke
Transport von Materie	Pipeline

2.2.2 Klassifizierung technischer Prozesse

Zur Einteilung technischer Prozesse bieten sich ganz unterschiedliche Gesichtspunkte an, die letztendlich von der jeweiligen Betrachtungsweise und Zielsetzung abhängen. Denkbar wäre z.B. aus industrieller Sicht eine Unterscheidung nach dem jeweiligen Einsatzgebiet eines Verfahrens, z.B. Chipherstellung, Brauereibetrieb, Autoindustrie oder eine Einteilung nach dem umgeformten und/oder transportierten Medium (Energie, Materie, Information) des Prozesses. Für die Automatisierung von Prozessen und den damit verbundenen Verfahren bzw. Algorithmen sind die *Prozeßgrößen* von entscheidender Bedeutung.

Die gebräuchlichste Einteilung technischer Prozesse erfolgt deshalb nach der *Zeit- und/oder Ortsabhängigkeit* der einzelnen *Prozeßgrößen* (siehe 2.2.2.2), da sich die *Art der Automatisierung* (Steuerung, Regelung, Führung, Optimierung) daran orientiert.

2.2.2.1 Einteilung nach dem transportierten/umgeformten Medium

Gemäß der Definition des technischen Prozesses (siehe Abschn. 2.2.1), ergibt eine Einteilung nach dem *transportierten* bzw. *umgeformten Medium* folgende Prozeßklassen:

1. *Materialprozesse*, die sich, je nachdem ob Materie transportiert oder umgeformt wird, einteilen lassen in
   - Förderprozesse
   - verfahrenstechnische Prozesse und Fertigungsprozesse.

   Bei *Förderprozessen* wird das entsprechende Produkt von einem Ort zum nächsten transportiert, ohne daß es auf diesem Weg in seiner Form oder Substanz verändert wird (z.B. Paketverteilung, Pipeline).

   Bei *verfahrenstechnischen Prozessen* werden meist mehrere Produkte in ihrer Form und/oder Substanz durch Mixen, Erwärmen, etc. verändert. Man findet solche Prozesse häufig in der chemischen Industrie (z.B. Benzinherstellung, Raffinerien). Eine ähnliche Formveränderung vollzieht sich bei den *Fertigungsprozessen*, in denen die Endprodukte durch den Zusammenbau einzelner Teile oder durch Bearbeitung eines Rohlings erzeugt werden. Solche Prozesse finden sich häufig im Bereich des Maschinenbaus (z.B. Autoindustrie, Motorenfertigung, Fräsen, Drehen).

2. *Energieprozesse*, die sich unterteilen lassen in solche Prozesse, die
   - *Energie umwandeln* (i.a. Energieerzeugung genannt) und/oder *verbrauchen*, und solche, die
   - *Energie verteilen* bzw. *transportieren*.

3. *Informationsprozesse*, bei denen die Daten über entsprechende Leitungen *transportiert* (z.B. Telefonnetz, Funk und Fernsehen), *umgeformt* (Rechner) oder mittels bestimmter Bauelemente *gespeichert* (z.B. Video) werden.

2.2.2.2 Einteilung nach Zeit- und/oder Ortsabhängigkeit der Prozeßgrößen

Bei der Unterscheidung technischer Prozesse, gemäß der im jeweiligen Prozeß vorkommenden Arten von zu erfassenden bzw. auszuwertenden Zustandsgrößen (Prozeßgrößen) hat man zwei grundsätzliche Ausprägungen:

- *kontinuierliche Prozesse*
- *diskrete Prozesse.*

Da sich nicht alle technischen Prozesse eindeutig in diese beiden Kategorien einordnen lassen, werden nachfolgend noch zwei Sonderfälle, die *Chargenprozesse* und die *Stückprozesse* behandelt.

1. *Kontinuierliche Prozesse*:
   Kennzeichnend für diese Prozesse ist das Auftreten *zeit- und/oder ortsabhängiger kontinuierlicher Prozeßgrößen*. Man bezeichnet sie deshalb als *Fließprozesse*. Hierbei besteht eine *permanente* Zustandsänderung der *physikalischen Größen*, wie Druck, Temperatur, Durchfluß und Konzentration etc.
   Bei der *Art der Automatisierung* dieser Prozesse steht hauptsächlich das *Regeln* des Prozeßablaufes im Vordergrund (siehe Abschn. 2.3.5). Die mathematische Beschreibung erfolgt durch *Differentialgleichungen*, in denen die Zeit und/oder der Ort als unabhängige Variable auftritt. Typische Beispiele für Fließprozesse sind:
   - *Heizungsanlagen*, bei denen sich die Temperatur im Heizkessel, in den Heizkörpern und in den entsprechenden Räumen kontinuierlich verändert.
   - *Stahlerzeugung*, bei der sich die Temperatur und — durch entsprechenden Zusätze — die Konzentration des Produktes kontinuierlich verändern.
   - Energieerzeugung in Kraftwerken, bei denen Druck, Temperatur und Spannung kontinuierlich veränderbare Größen sind.
   - Kläranlagen, bei denen sich die Substanz in ihrer Zusammensetzung kontinuierlich verändert.
   - chemische Reaktoren, bei denen der Druck, die Temperatur und die Konzentration der Elemente kontinuierlich beeinflußt werden.

2. *Diskrete Prozesse*:
   Bei dem Vorhandensein von *diskreten Prozeßgrößen*, spricht man von *Folgeprozessen*. Diese sind dadurch gekennzeichnet, daß es sich um *Folgen von Einzelereignissen* handelt, die nacheinander ablaufen, wobei diskrete Informationen auftreten, die Ereignisse melden oder auslösen. Die mathematische Beschreibung erfolgt mit Hilfe von *boolschen Gleichungen* oder anhand von *Ablaufplänen*. Bei der *Art der Automatisierung* dieser Prozesse steht das *Steuern* des Prozeßgeschehens im Vordergrund (siehe Abschn. 2.3.4).

Beispiele für solche Folgeprozesse sind:
– Ablaufvorgänge bei Aufzügen oder Waschmaschinen.
– An- und Abfahrvorgänge von Turbinen oder Motoren.
– Verschiedene Prüfvorgänge nach Checklisten (z.B. bei Flugzeugen oder Raketen).
– Anfahrvorgang einer Pumpe: Ventil Auf/Zu, Pumpenmotor An/Aus, Druck hoch genug J/N, Ventil Auf/Zu.
– Rangiervorgänge.

Im folgenden werden die beiden Prozeßtypen beschrieben, die eine Sonderstellung bezüglich der Einteilung nach Arten der Prozeßgrößen einnehmen, da es sich um Prozesse handelt, die *sowohl kontinuierliche als auch diskrete Prozeßgrößen* enthalten können:

3. *Stückprozesse*:
Kennzeichnend hierfür ist das Vorhandensein *einzeln identifizierbarer Stücke* (Objekte), die sich in ihrer räumlichen Position und/oder in ihrem Zustand *diskret* oder *kontinuierlich* ändern sowie das *Ändern der Menge der behandelten Einzelstücke* im Laufe eines Betrachtungszeitraumes, durch Zu- und Abgang einzelner Objekte im Prozeßverlauf. Entscheidend für solche Stückprozesse ist nicht das Zustandekommen einer Veränderung sondern vielmehr die zu einem festen Zeitpunkt vorliegende Position bzw. der vorliegende Zustand eines Objektes.

Beispiele für das Verändern der *räumlichen Position* einzelner Objekte sind:
– Lagerhaltung;
– Paketverteilungsanlage.

Beispiele für Veränderungen des *Objektzustandes* sind:
– Montagevorgänge: Wobei hier sowohl die einzelnen Teile, aus denen sich ein Zielprodukt zusammensetzt, betrachtet werden können, als auch das Zielprodukt selbst, das im Laufe der Bearbeitung seinen Zustand durch die vorgenommenen Erweiterungen (Teile kamen hinzu, bzw. wurden entfernt) verändert (z.B. Motorbau, Maschinenfertigung);
– Informationsverarbeitung in Rechnern: Hierbei ändern sich ständig die Inhalte der Bits und Bytes, die einzelnen Datei- und Programmzustände, etc.

4. *Chargenprozesse*:
   Diese Prozesse laufen nur in *diskreten Zeitabständen* ab, enthalten aber
   in sich *kontinuierliche Vorgänge*, so daß sie eine Mittelstellung zwischen
   den Fließ- und den Folgeprozessen einnehmen. Pro Zeiteinheit wird eine
   bestimmte Menge (Charge) eines oder mehrerer Rohstoffe im Prozeß
   ver- und/oder bearbeitet.
   Beispiele hierfür sind:
   - Gießereien: In diskreten Zeitintervallen werden Chargen von Grund-
     substanzen bereitgestellt. Es beginnt der kontinuierlich verlaufende
     Schmelzvorgang, nach dessen Beendigung das so gewonnene Schmelz-
     gut in Formen gegossen wird.
   - Roheisenerzeugung im Hochofen: Entsprechende Chargen von Roh-
     stoffen werden bereitgestellt. Danach beginnt das Mischen und Erhit-
     zen (kontinuierlich), anschließend wird das Roheisen abgelassen und
     der Prozeß beginnt erneut.

2.2.3* Mathematische Modelle (Prozeßmodelle)

Wie im vorhergehenden Abschnitt bereits erwähnt, richtet sich die *Art der
Automatisierung* danach, welcher Prozeßtyp vorliegt (kontinuierliche Prozesse, diskrete Prozesse). Um jedoch einen Prozeß automatisieren zu können,
braucht man über ihn genaue Kenntnisse, d.h. das Wissen um den Zusammenhang zwischen Eingangs- und Ausgangsgrößen. Die beste Beschreibung
eines Prozesses erhält man mittels eines *mathematischen Modells*, das sich
für *Fließprozesse*, z.B. in Form von Differentialgleichungen und für *diskrete Prozesse* in Form von Boolschen Gleichungen angeben läßt. Eine andere
Form der Prozeßbeschreibung kann mittels *kontinuierlicher Simulation* bei
Fließprozessen und bei diskreten Prozessen durch *Ablaufpläne und Simulation* erfolgen. In schwierigen Fällen muß man sich auf eine verbale Beschreibung des Prozesses beschränken.

2.2.3.1 Beschreibung kontinuierlicher Prozesse durch Differentialgleichungen

Ein technischer Prozeß kann wie folgt dargestellt werden:

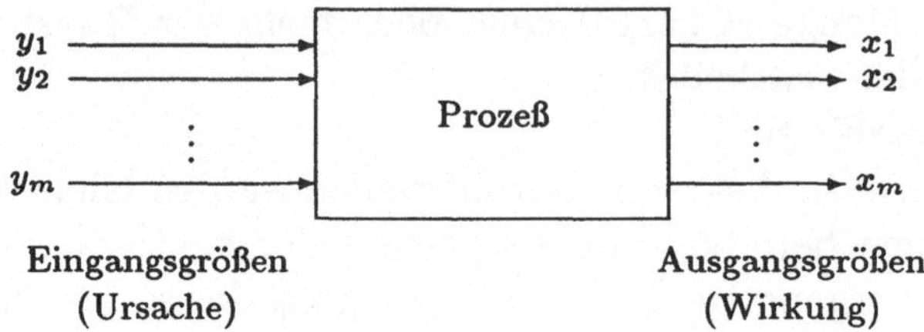

Damit ergibt sich das mathematische Modell aus der Verknüpfung der Eingangs- und Ausgangsgrößen, d.h. aller Größen untereinander, zu:

$$\underline{x}(t) = \underline{T}[\underline{y}(t)]$$

wobei berücksichtigt wird, daß die einzelnen Größen von der Zeit t abhängen können; $\underline{T}$ sei ein allgemeiner Operator.

Das so gewonnene Modell wird wesentlich einfacher, wenn nur der *statische Fall* von Interesse ist, d.h. alle zeitlichen Übergangsvorgänge abgeklungen sind:

$$\underline{x} = \underline{T}_1(y)$$

Eine weitere Vereinfachung ergibt sich, wenn ein *linearer Zusammenhang* besteht, d.h. keine Glieder y^i mit $i = 2, 3, \ldots$ auftreten oder die entsprechenden y^i-Glieder vernachlässigt werden (*Linearisierung*):

$$\underline{x} = \underline{T}_2 \underline{y}$$

Die Ausgangsgrößen x_i ergeben sich durch Multiplikation der Eingangsgrößen y_j mit der Matrix $\underline{T}_2$. Die *Prozeßidentifikation* besteht in diesem Fall darin, die Matrixelemente von $\underline{T}_2$ eindeutig zu bestimmen.

Als Beispiel wird hier ein Prozeß mit *genau einem* Ein- und Ausgang betrachtet:

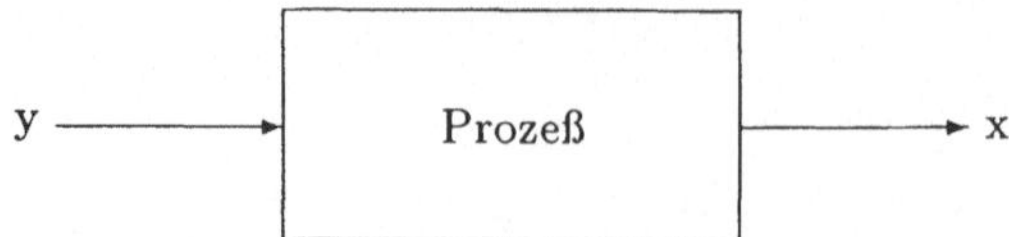

Wir unterscheiden dabei drei Fälle:

1. linear, statisch
$$x = c_0 + c_1 y$$
2. nicht-linear, statisch
$$x = c_0 + c_1 y + c_2 y^2 + c_3 y^3$$
3. linear, dynamisch

$$a_0\, x(t) + a_1\, \dot{x}(t) + a_2\, \ddot{x}(t) + \ldots + a_n\, x^{(n)}(t)$$
$$= b_0\, y(t) + b_1\, \dot{y}(t) + b_2\, \ddot{y}(t) + \ldots + b_m\, y^{(m)}(t) \qquad (2.1)$$

Allgemein gilt:

Das dynamische Verhalten (mathematische Modell) eines Prozesses läßt sich durch eine Differentialgleichung bzw. ein System von Differentialgleichungen beschreiben:

$$\sum_{i=0}^{N} a_{i_{kl}}\, x_k^{(i)}(t) = \sum_{j=0}^{M} b_{j_{kl}}\, y_l^{(j)}(t) \qquad \text{mit} \quad \begin{aligned} k &= 1, 2, \ldots, n \\ l &= 1, 2, \ldots, m \\ M &\leq N \end{aligned}$$

Damit kann man bei gegebenem Verlauf der Eingangsgröße $y(t)$ den Verlauf der Ausgangsgröße $x(t)$ berechnen. Im nichtlinearen Fall treten in der Differentialgleichung noch die Produkte der Ableitungen auf. Ändern sich die Größen des Gleichungssystems zusätzlich zur Zeit auch noch mit dem Ort, so erweitert sich die Differentialgleichung um entsprechende Ableitungen nach dem Ort und man erhält *partielle Differentialgleichungen* (beide Fälle werden hier nicht weiter betrachtet).

2.2.3.2 Beschreibung kontinuierlicher Prozesse durch Zustandsdifferentialgleichungen

Durch die Einführung von *Zustandsgrößen* u_i kann eine Differentialgleichung n-ter Ordnung in n Differentialgleichungen erster Ordnung zerlegt werden. Diese lassen sich in der Regel einfacher lösen als die ursprünglichen Gleichungen. Das folgende Beispiel einer Gleichung zweiter Ordnung demonstriert ein solches Vorgehen:

$$a_0\, x(t) + a_1\, \dot{x}(t) + a_2\, \ddot{x}(t) = b_0 y$$

Als Zustandsgrößen werden eingeführt:

$$u_1 = x; \qquad u_2 = \dot{x}$$

Damit ergeben sich die folgenden *Zustandsdifferentialgleichungen*:

$$\dot{u}_1 = u_2$$

$$\dot{u}_2 = -\frac{a_0}{a_2}u_1 - \frac{a_1}{a_2}u_2 + \frac{b_0}{a_2}y$$

und die sogenannte *Ausgangsgleichung*:

$$x = u_1$$

In *Vektorschreibweise* ergibt sich:

$$\begin{pmatrix} \dot{u}_1 \\ \dot{u}_2 \end{pmatrix} = \begin{pmatrix} 0 & 1 \\ -\dfrac{a_0}{a_2} & -\dfrac{a_1}{a_2} \end{pmatrix} \begin{pmatrix} u_1 \\ u_2 \end{pmatrix} + \begin{pmatrix} 0 \\ \dfrac{b_0}{a_2} \end{pmatrix} y$$

$$x = \begin{pmatrix} 1 & 0 \end{pmatrix} \begin{pmatrix} u_1 \\ u_2 \end{pmatrix}$$

Allgemein kann die Umformung einer linearen Differentialgleichung höherer Ordnung in ein Differentialgleichungssystem erster Ordnung z.B. nach folgendem Schema erfolgen (vgl. Eschenbacher 89/90):

Man geht von einer Differentialgleichung n-ter Ordnung aus:

$$a_0 x + a_1 \dot{x} \ldots + a_n x^{(n)} = b_0 y + b_1 \dot{y} + \ldots + b_m y^{(m)} \qquad n \geq m$$

Schritt 1: Auflösen nach $x^{(n)}$

$$x^{(n)} = \frac{1}{a_n}\left(b_0 y - a_0 x + b_1 \dot{y} - a_1 \dot{x} + \ldots + b_{n-1}y^{(n-1)} - a_{n-1}x^{(n-1)} + b_n y^{(n)}\right)$$
$$\text{mit } b_i = 0 \text{ für } m \leq i \leq n$$

Schritt 2: Einführung der Zustandsgrößen u_i

$$x^{(n)} = \frac{1}{a_n}\left(\underbrace{\underbrace{\underbrace{b_0 y - a_0 x}_{\dot{u}_0} + b_1 \dot{y} - a_1 \dot{x} + \ldots}_{u_1^{(2)}} + b_{n-1}y^{(n-1)} - a_{n-1}x^{(n-1)} + b_n y^{(n)}}_{u_{n-1}^{(n)}}\right)$$

Schritt 3:   Aufstellen des Differentialgleichungssystems

Durch Substitution und Integration ergibt sich mit der Ausgangsgleichung
$x = \frac{1}{a_n}\left(u_{n-1} + b_n y\right)$:

$$\dot{u}_0 = b_0 y - a_0 x \qquad\qquad = -\frac{a_0}{a_n} u_{n-1} + \left(b_0 - a_0 \frac{b_n}{a_n}\right) y$$

$$\dot{u}_1 = u_0 + b_1 y - a_1 x \qquad = u_0 - \frac{a_1}{a_n} u_{n-1} + \left(b_1 - a_1 \frac{b_n}{a_n}\right) y$$

$$\dot{u}_2 = u_1 + b_2 y - a_2 x \qquad = u_1 - \frac{a_2}{a_n} u_{n-1} + \left(b_2 - a_2 \frac{b_n}{a_n}\right) y$$

$$\vdots \qquad\qquad\qquad \vdots \qquad\qquad \vdots$$

$$\dot{u}_{n-1} = u_{n-2} + b_{n-1} y - a_{n-1} x = u_{n-2} - \frac{a_{n-1}}{a_n} u_{n-1} + \left(b_{n-1} - a_{n-1} \frac{b_n}{a_n}\right) y$$

In *Vektorschreibweise* erhält man daraus:

$$
\begin{pmatrix} \dot{u}_0 \\[1ex] \dot{u}_1 \\[1ex] \vdots \\[3ex] \\ \vdots \\[3ex] \dot{u}_{n-1} \end{pmatrix}
=
\begin{pmatrix}
0 & 0 & \cdots & & & -\dfrac{a_0}{a_n} \\[2ex]
1 & 0 & 0 & \cdots & & -\dfrac{a_1}{a_n} \\[2ex]
0 & 1 & 0 & \cdots & & -\dfrac{a_2}{a_n} \\[2ex]
0 & 0 & 1 & 0 & \cdots & -\dfrac{a_3}{a_n} \\[2ex]
\vdots & \vdots & 0 & 1 & \cdots & \\[3ex]
\vdots & \vdots & & & & \\[2ex]
0 & 0 & 0 & & \cdots 1 & -\dfrac{a_{n-1}}{a_n}
\end{pmatrix}
\begin{pmatrix} u_0 \\[1ex] u_1 \\[1ex] \vdots \\[3ex] \\ \vdots \\[3ex] u_{n-1} \end{pmatrix}
+
\begin{pmatrix}
b_0 - a_0 \dfrac{b_n}{a_n} \\[2ex]
b_1 - a_1 \dfrac{b_n}{a_n} \\[2ex]
\vdots \\[3ex] \\ \vdots \\[3ex]
b_{n-1} - a_{n-1} \dfrac{b_n}{a_n}
\end{pmatrix} y
$$

Allgemein lauten die Gleichungen für ein *lineares System* mit einem Ein- und Ausgang:

$$\dot{\underline{u}} = \underline{A}\,\underline{u} + \underline{b}\,y \qquad \text{Zustandsdifferentialgleichung}$$
$$x = \underline{c}^T\underline{u} + d\,y \qquad \text{Ausgangsgleichung}$$

Für ein *beliebiges, lineares System* mit mehreren Eingangs- und Ausgangsgrößen erhält man:

$$\dot{\underline{u}} = \underline{A}\,\underline{u} + \underline{B}\,\underline{y}$$
$$\underline{x} = \underline{C}\,\underline{u} + \underline{D}\,\underline{y}$$

$\underline{A}$: Systemmatrix
$\underline{B}$: Steuermatrix
$\underline{C}$: Beobachtungsmatrix
$\underline{D}$: Durchschaltmatrix

Für ein *allgemeines System*, das auch Nichtlinearitäten enthalten kann, ergibt sich:

$$\dot{\underline{u}} = \underline{f}(\underline{u}, \underline{y}, \underline{e})$$
$$\underline{x} = \underline{g}(\underline{u}, \underline{y}, \underline{e})$$

mit $\underline{e}$: Parametervektor

2.2.3.3 Beschreibung kontinuierlicher Prozesse durch Übertragungsfunktionen

Die Übertragungsfunktion eines Prozesses erhält man, indem auf die Differentialgleichungen, durch die der Prozeß beschrieben wird, die *Laplacetransformation* angewendet wird.

Durch die Laplacetransformation

$$F(s) = \int_{0}^{\infty} f(t)\,\mathrm{e}^{-st}\mathrm{d}t$$

wird die *zeitabhängige* Funktion $f(t)$ aus ihrem *Originalbereich* (Zeitbereich) in die Funktion $F(s)$, die von der komplexen Frequenz $s = \alpha + j\omega$ abhängt, in den *Bildbereich* transformiert. Jeder Funktion $f(t)$ entspricht eine Funktion $F(s)$ und umgekehrt.

Operationen auf die Originalfunktion $f(t)$ entsprechen Operationen auf die Bildfunktion, die dann in der Regel einfacher zu handhaben sind (z.B. geht eine Differentiation nach t über in eine Multiplikation mit s).

Tabelle 2.2
Beispiele für Laplacetransformationen

$f(t)$	$\circ\!\!-\!\!\!-\!\!\circ$	$F(s)$
1		$1/s$
t		$1/s^2$
$e^{\alpha t}$		$1/(s-\alpha)$
$\sin\omega t$		$\omega^2/(s^2+\omega^2)$

Linearitätsregel
$$\begin{cases} c\,f(t) \ \circ\!\!-\!\!\!-\!\!\circ\ c\,F(s) \\ f_1(t) \pm f_2(t) \ \circ\!\!-\!\!\!-\!\!\circ\ F_1(s) \pm F_2(s) \end{cases}$$

Verschiebungsregel
$$f(t-\tau) \ \circ\!\!-\!\!\!-\!\!\circ\ e^{-\tau s}\,F(s)$$

Differentiationsregel
$$\dot{f}(t) \ \circ\!\!-\!\!\!-\!\!\circ\ s\,F(s) - f(+0)$$

Integrationsregel
$$\int_0^t f(\tau)\mathrm{d}\tau \ \circ\!\!-\!\!\!-\!\!\circ\ \frac{1}{s}\,F(s)$$

Faltungsregel
$$\int_0^t f_1(t-\tau)\,f_2(\tau)\,\mathrm{d}\tau = f_1(t) * f_2(t) \ \circ\!\!-\!\!\!-\!\!\circ\ F_1(s)\,F_2(2)$$

Wendet man die Laplacetransformation auf die Differentialgleichung (2.1) an, so erhält man:

$$a_0 X(s) + a_1\,s\,X(s) + a_2\,s^2\,X(s) + \ldots + a_n\,s^n\,X(s)$$
$$= b_0 Y(s) + b_1\,s\,Y(s) + \ldots + b_m\,s^m\,Y(s)$$

mit $X^{(i)}(+0) = Y^{(i)}(+0) = 0$ für alle i, wobei $X(s)$ *Laplacetransformierte* von $x(t)$ ist.

Die Differentialgleichung geht über in ein Polynom, aus dem man unmittelbar die *Übertragungsfunktion* $G(s)$ erhält:

$$G(s) = \frac{X(s)}{Y(s)} = \frac{b_0 + b_1\,s + \ldots + b_m\,s^m}{a_0 + a_1\,s + \ldots + a_n\,s^n}$$

mit $X(s) = G(s)\,Y(s)$

Die so gewonnene Übertragungsfunktion $G(s)$ ist das gesuchte mathematische Modell des Prozesses.

Der wesentliche Vorteil der Laplacetransformation und der Übertragungsfunktion liegt in diesem Zusammenhang darin, daß man im *Bildbereich* aus der Eingangsgröße $Y(s)$ durch einfache Multiplikation mit der Übertragungsfunktion $G(s)$ die Ausgangsgröße $X(s)$ erhält. Dadurch läßt sich viel einfacher aus dem gegebenen Verlauf der Eingangsgröße $y(t)$ der Verlauf der tatsächlichen Ausgangsgröße $x(t)$ berechnen.

Im allgemeinen Fall erhält man eine Übertragungsmatrix $\underline{G}(s)$, deren Elemente einfache Übertragungsfunktionen sind, mit

$$\underline{X}(s) = \underline{G}(s)\,\underline{Y}(s),$$

wobei $\underline{X}(s)$ und $\underline{Y}(s)$ hier die Vektoren der Laplacetransformierten der Eingangs- und Ausgangsgrößen sind.

2.2.3.4 Beschreibung kontinuierlicher Prozesse mit Testsignalen

Das dynamische Verhalten eines Prozesses läßt sich auch mit seiner Antwort auf sogenannte *Testsignale* beschreiben. Die wichtigsten Testsignale sind dabei der *Dirac-Impuls* und die *Sprungfunktion*:

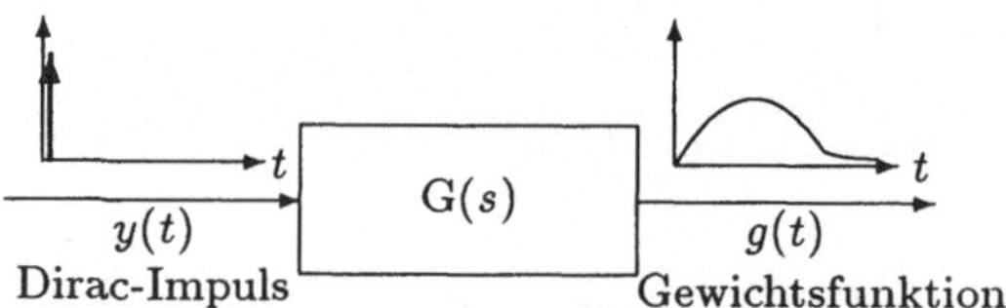

Da die Höhe des Dirac-Impulses theoretisch *unendlich* ist und eigentlich keine Zeit verbrauchen dürfte, läßt sich dieses Testsignal praktisch nur *angenähert* durch einen sehr hohen aber kurzzeitigen Impuls realisieren. Die Übertragungsfunktion $G(s)$ ist dabei die Laplacetransformierte der Gewichtsfunktion $g(t)$ (= Impulsantwort), siehe obige Abbildung.

Weil sich nicht alle Prozesse mit einem dem Dirac-Impuls angenäherten Testsignal erregen lassen, da dieser den Prozess zu sehr belasten könnte bzw.

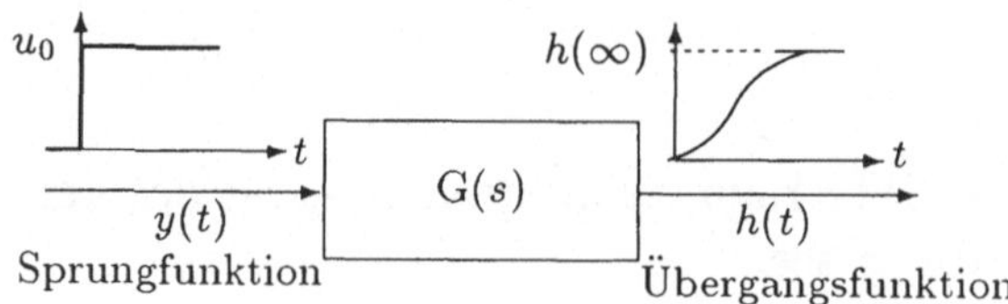

erst gar nicht realisierbar ist, wird oft eine *Sprungfunktion* zur Anregung des Prozesses herangezogen.

Der Sprung wird durch eine plötzliche Änderung des Eingangssignals von einem Wert auf einen anderen erzeugt, die *Sprungantwort* bezeichnet man dann als Übergangsfunktion. Falls die entsprechenden Prozesse auch für diese Möglichkeit der Anregung nicht geeignet sind, kann eine *Rampe* (linearer Anstieg) oder eine *Sinusschwingung* als Testsignal verwenden.

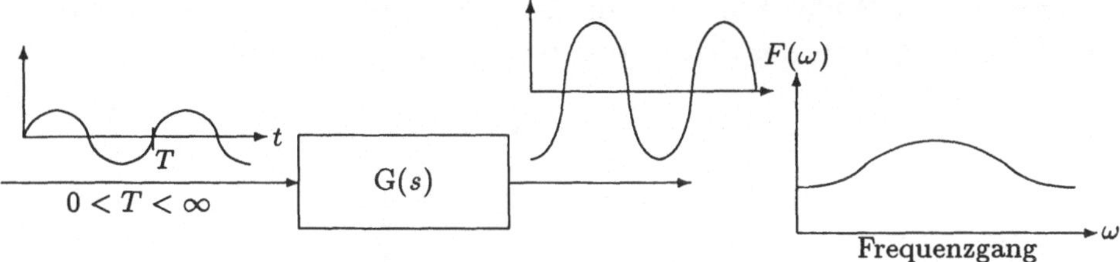

Diese Sinusschwingungen haben unterschiedliche Frequenzen ($0 < \omega < \infty$), wobei die Amplitude der Ausgangsgröße über der Frequenz aufgetragen wird und man mit dem *Frequenzgang* $F(\omega)$ einen genaueren Aufschluß über das Prozeßverhalten erhält als mit Gewichts- und Übergangsfunktion.

2.2.4* Prozeßidentifikation

Mit *Prozeßidentifikation* oder *Prozeßanalyse* bezeichnet man die Verfahren zur Bestimmung des mathematischen Modells eines technischen Prozesses. Grundsätzlich unterscheidet man zwei unterschiedliche Vorgehensweisen:

- die *theoretische Analyse*, bei der aufgrund der physikalischen oder auch chemischen Gegebenheiten des Prozesses das Modell ermittelt wird, und
- die *experimentelle Analyse*, bei der das Modell aufgrund von Messungen der Eingangs- und Ausgangsgrößen ermittelt wird.

In der Realität verwendet man meist eine *Kombination* aus beiden Verfahren. D.h., daß man zunächst durch die theoretische Analyse die *Struktur des Prozesses* (Ordnung der Differentialgleichungen) und anschließend, mittels der experimentellen Analyse, die *Parameter* für den Prozeß bestimmt.

Die theoretische Analyse kann bereits während der Planungsphase durchgeführt werden, die experimentelle Analyse jedoch erst bei der Inbetriebnahme oder während des laufenden Betriebes, falls bekannt ist, daß der Prozeß seine Parameter im Betrieb ändert.

2.2.4.1 Theoretische Analyse

Bei der theoretischen Analyse geht man von den Erhaltungsregeln der Masse, der Energie und des Impulses aus, bzw. bei elektrischen Netzwerken von den Knoten- und Maschenregeln. Das prinzipielle Vorgehen wird an drei Beispielen gezeigt:

a) *Elektrischer Schwingkreis*

Hierbei soll aus der ablesbaren Spannung u, die sich aus der Summe der Spannung am Widerstand u_R, an der Kapazität u_C und der Induktion u_L zusammensetzt, der Stromverlauf $i(t)$ berechnet werden:

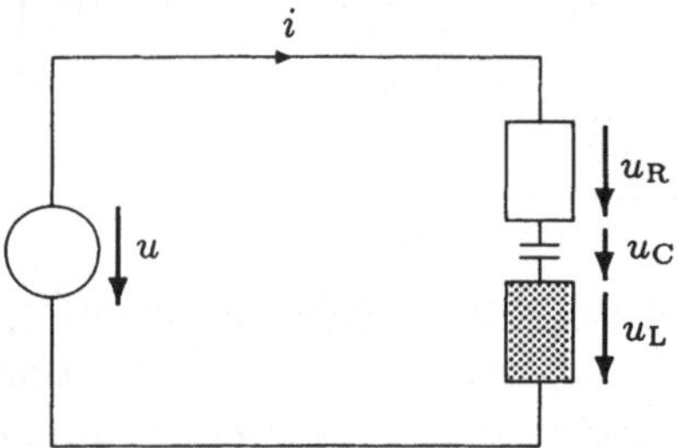

Unter Verwendung der für solche Berechnungen gültigen Maschenregel erhält man folgende Gleichungen:

$$u = u_R + u_C + u_L$$

mit $u_R = R\,i(t)$, $u_C = \frac{1}{C} \int_0^t i(\tau)\,\mathrm{d}\tau$, $u_L = L\,\dot{i}(t)$ folgt:

$$u(t) = R\,i(t) + \frac{1}{C} \int_0^t i(\tau)\,\mathrm{d}\tau + L\,\dot{i}(t)$$

Durch Differenzieren ergibt sich:

$$L\,C\,\ddot{i}(t) + R\,C\,\dot{i}(t) + i(t) = C\,\dot{u}(t)$$

Man sieht, daß sich so aus gegebenem Verlauf des Spannungssignals $u(t)$ der Verlauf des Stromes $i(t)$ berechnen läßt.

b) *Gekoppelter Schwinger*

Der Satz von d'Alembert besagt: *Die Summe aller Kräfte, die an einem Körper angreifen, ist Null.*

Auf das abgebildete Beispiel angewendet heißt das, daß der Kraft F_1 die Federkraft $c(s_1 - s_2)$ und die der Geschwindigkeit proportionale Reibungs- bzw. Dämpfungskraft $\varrho_1\,\dot{s}_1$ entgegen wirkt. Die daraus resultierende Kraft wirkt sich als Beschleunigungskraft $m_1\,\ddot{s}_1$ auf m_1 aus,

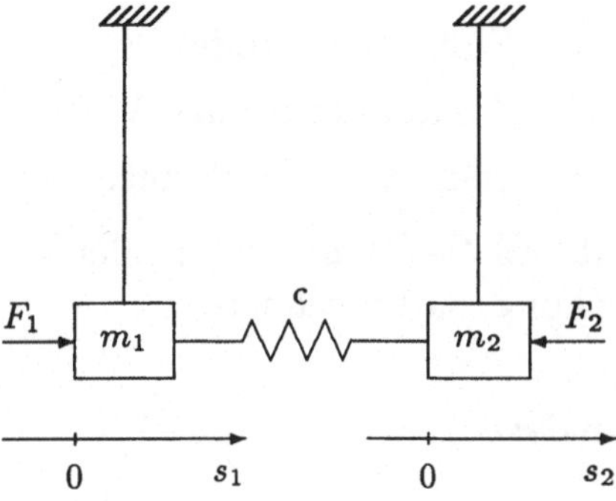

entsprechendes gilt für m_2. Damit erhält man aufgrund des Kräftegleichgewichts folgendes mathematische Modell, mit dessen Hilfe man $s_1(t)$ und $s_2(t)$ aus $F_1(t)$ und $F_2(t)$ berechnen kann:

$$m_1\,\ddot{s}_1 \;=\; -c(s_1 - s_2) - \varrho_1\,\dot{s}_1 + F_1$$
$$m_2\,\ddot{s}_2 \;=\; -c(s_2 - s_1) - \varrho_2\,\dot{s}_2 + F_2$$

c) *Durchflußrührkessel* als Beispiel aus der Chemie

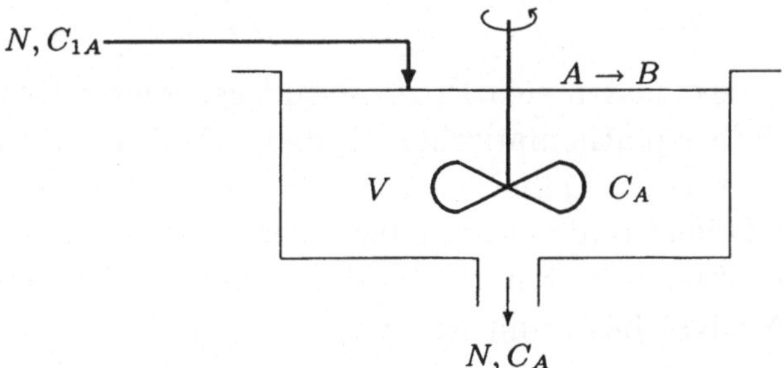

mit V = Reaktionsvolumen, N = Volumenstrom (Volumen pro Zeiteinheit), C_{1A} = Zuflußkonzentration, C_A = Konzentration und $R(C_A)$ = Reaktionsgeschwindigkeit des Stoffes A bezogen auf die Einheit des Reaktionsvolumens.

Betrachtet man die einfache Reaktion, daß Stoff A in Stoff B umgewandelt wird, A $\to$ B, so gilt für den Stoff A im Rührkessel folgende Materialbilanz:

$$V\,\frac{\mathrm{d}C_A(t)}{\mathrm{d}t} \;=\; N\,C_{1A}(t) - N\,C_A(t) - V\,R(C_A(t))$$
$$V\,\frac{\mathrm{d}C_A(t)}{\mathrm{d}t} \;=\; \text{zeitliche Zunahme des Stoffes A}$$

$$N(t)\,C_{1A}(t) \;=\; \text{Zufluß des Stoffes A}$$
$$N(t)\,C_{A}(t) \;=\; \text{Abfluß des Stoffes A}$$
$$V\,R(C_{A}(t)) \;=\; \text{chemischer Verbrauch des Stoffes A}$$

Diese Gleichung erlaubt es $C_A(t)$ *aus* $N(t)$ oder $C_{1A}(t)$, durch Lösen obiger Differentialgleichung, zu berechnen.

2.2.4.2 Experimentelle Analyse

Die folgenden Ausführungen sind nur ein Teil dessen, was an Möglichkeiten zur Prozeßidentifikation mittels der *experimentellen Analyse* existiert. Sie werden hier nur kurz erläutert um das Vorgehen prinzipiell zu erklären und finden sich ausführlicher z.B. bei R. Isermann 88 und H. Strobel 75. Bei dieser Art der Analyse geht man stets von A-priori-Kenntnissen über den Prozeß aus. Es werden dann Eingangs- und Ausgangssignale des Prozesses gemessen und mittels eines Identifikationsverfahrens so ausgewertet, daß der Zusammenhang zwischen Eingangs- und Ausgangssignal in einem mathematischen Modell ausgedrückt wird.

a) Einfache Verfahren

Wie bereits erläutert, lassen sich Prozesse mit geeigneten Testsignalen anregen, so daß sich ihre mathematischen Modelle aus den Antwortfunktionen auf diese Signale ergeben. Dabei wird meist von einer bekannten Struktur (d.h. die Art der Differentialgleichung bzw. der Übertragungsfunktion) ausgegangen, und es müssen nur noch die dazugehörigen Parameter über die experimentelle Analyse bestimmt werden.

Wie diese Verfahren prinzipiell arbeiten, wird an einigen typischen Beispielen gezeigt:

Wendetangentenverfahren

Viele technische Prozesse können durch ein einfaches Verzögerungsglied 1. Ordnung mit Totzeit mit der Übertragungsfunktion

$$G(s) = \frac{K}{1 + T\,s}\, \mathrm{e}^{-T_t\, s}$$

(T_t = Totzeit (Verschiebung um T_t), T = Zeitkonstante, K = Verstärkungsfaktor) exakt oder approximativ beschrieben werden. Zur Identifikation genügt es dann, die Parameter K, T_t und T zu bestimmen. Ein bekanntes Verfahren hierfür ist das *Wendetangentenverfahren:*

Man bestimmt die gesuchten Parameter aus der Übergangsfunktion (Sprungantwort), die man durch Anregung des Prozesses mit einem *sprungförmigen* Testsignal erhält.

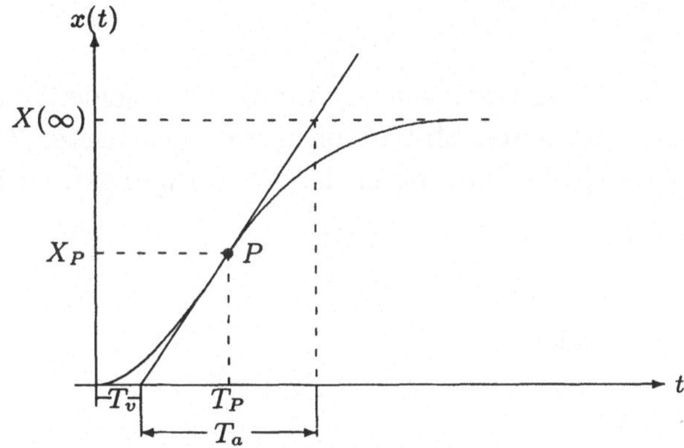

In den *Wendepunkt P* der Übergangsfunktion legt man die *Wendetangente* und erhält aus dem Kurvenverlauf die eingezeichneten Kennwerte T_v = Verzugszeit und T_a = Ausgleichszeit sowie T_P, X_P und $X(\infty)$. Aus diesen lassen sich die Parameter obiger Übertragungsfunktion berechnen bzw. bestimmen. Für den hier angegebenen Fall gilt: $T_t = T_v$, $T = T_a$ und $K = X(\infty)/u_0$ mit u_0 als Höhe der Sprungfunktion.

Eine andere Möglichkeit der einfachen Approximation der Übergangsfunktion als die eben geschilderte, erhält man durch ein sogenanntes *Verzögerungsglied n-ter Ordnung* mit n gleichen Zeitkonstanten T. Es gilt dann

$$G(s) = \frac{K}{(1 + T\,s)^n}$$

wobei sich die drei Parameter wie folgt berechnen lassen:

$$K \;=\; \frac{X(\infty)}{u_0}$$

$$n \;\approx\; 10\frac{T_v}{T_a} + 1$$

$$T \;=\; \frac{T_P}{n - 1}$$

Exponentielle Momentenmethode

Bei dieser Methode werden die sogenannten *exponentiellen Momente* aus der Übergangsfunktion oder der Gewichtsfunktion mittels Integration folgendermaßen berechnet:

$$M_\nu = \int\limits_0^\infty e^{-\frac{t}{\tau_\nu}}\, g(t)\mathrm{d}t$$

Unterschiedliche *Meßkonstanten* τ_ν haben unterschiedliche Momente zur Folge. Aus den erhaltenen Momenten lassen sich, unter Zuhilfenahme der *Momentenmatrix* $\underline{A}$, die Parameter der Übertragungsfunktion

$$G(s) = \frac{b_0 + b_1 s + \ldots + b_m s^m}{a_0 + a_1 s + \ldots + a_n s^n}$$

berechnen (vgl. Bolch 75).

Es gilt

$$\underline{A}\,\underline{x} = \underline{c},$$

mit den *Parametervektoren*

$$\underline{x}^\tau = (a_0, a_1, \ldots, a_n, b_0, b_1, \ldots, b_m),$$

dem *Konstantenvektor*

$$\underline{c}^\tau = (1, 1, \ldots, 1)$$

und der *Momentenmatrix*

$$\underline{A} = \begin{pmatrix} \tau_0^{-1} & \cdots & \tau_0^{-n} & -\dfrac{1}{M_0} & -\dfrac{\tau_0^{-1}}{M_0} & \cdots & -\dfrac{\tau_0^{-m}}{M_0} \\ \vdots & & \vdots & \vdots & & & \vdots \\ \tau_{n+m}^{-1} & \cdots & \tau_{n+m}^{-n} & -\dfrac{1}{M_{n+m}} & \cdots & \cdots & \dfrac{\tau_{n+m}^{-m}}{M_{n+m}} \end{pmatrix}$$

Direkte Laplacetransformation

Hierbei wird die Gewichtsfunktion oder die Übergangsfunktion stückweise durch *einzelne Geraden approximiert*, wodurch sich *direkt* ein *analytischer Ausdruck* z.B. für $g(t)$ ergibt. Aus diesem erhält man durch Laplacetransformation die gesuchte Übertragungsfunktion $G(s)$. Dabei macht man sich

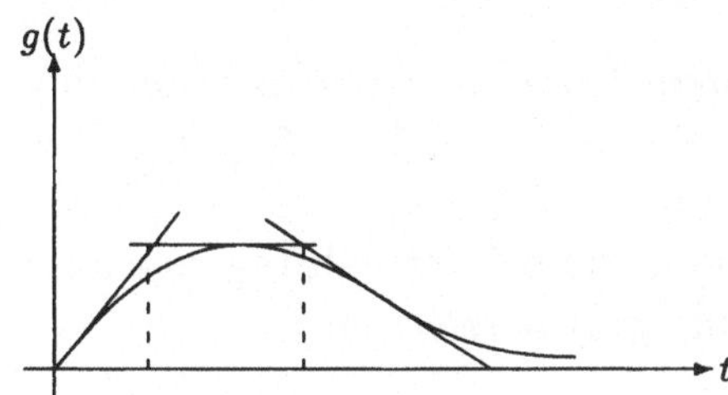

zunutze, daß es sich bei der Übertragungsfunktion um die *Laplacetransformierte* der Gewichtsfunktion handelt.

Entfaltung

Da es Fälle gibt, in denen es nicht möglich ist den technischen Prozeß mit einem Testsignal anzuregen, benötigt man ein Verfahren, das aus einem *beliebigen Verlauf der Eingangsgröße* und den entsprechenden Werten der *Ausgangsgröße* die Gewichtsfunktion bestimmen kann. Dies leistet z.B. die sogenannte *Entfaltung*, die eine Umkehrung der Faltung darstellt:

Der Gleichung

$$X(s) = G(s)\,Y(s) \qquad \text{im } Bildbereich$$

entspricht im *Zeitbereich* das *Faltungsintegral*

$$x(t) = \int_0^t g(\tau)\,y(t-\tau)\mathrm{d}\tau$$

Bei der Faltung wird aus gegebenem $g(t)$ und $y(t)$ das entsprechende $x(t)$ berechnet.

Bei der Entfaltung betrachtet man den Prozeß nur zu *äquidistanten Zeitpunkten* die voneinander den Abstand Δt haben und vereinbart, daß

$$t = i\Delta t \quad \text{und} \quad \tau = n\,\Delta t.$$

Man erhält

$$x(i\Delta t) = \sum_{n=0}^{N} g(n\,\Delta t)\,y(i\Delta t - n\,\Delta t)\,\Delta t$$

oder mit $\Delta t = \Delta$

$$\frac{x(i\Delta)}{\Delta} = \sum_{n=0}^{N} g(n\,\Delta)\,y((i-n)\Delta).$$

Dieses *Gleichungssystem* kann man zur Bestimmung der Werte der Gewichtsfunktion $g(t)$ an den Stellen $n\,\Delta$ für $0 \leq n \leq N$ verwenden. Bei diesem Vorgehen, der *Entfaltung*, wird aus gegebenem $x(t)$ und $y(t)$ das $g(t)$ berechnet. Ebenso könnte man, wie bei der Faltung, aus dieser Gleichung das $x(t)$ aus gegebenem $y(t)$ und $g(t)$ berechnen.

b) Regressionsanalyse

Liegen statt exakter Beobachtungen nur eine Reihe ungenauer Messungen vor, was in der Praxis häufiger der Fall ist, so kann man das klassische Verfahren der *Parameterschätzung* durch Regressionsanalyse anwenden (ausführlicheres siehe Anke 70). An einem einfachen Beispiel für den *statischen Fall* wird dieses Vorgehen erläutert:

Lineare Regression bei einer Eingangs- und einer Ausgangsgröße

$$\xrightarrow{\quad y \quad} \boxed{\quad x = a + by \quad} \xrightarrow{\quad x \quad}$$

Zwei Prozeßgrößen x und y seien durch die Gleichung $x = a + by$ miteinander verknüpft, gesucht seien die beiden Parameter a und b. Bei einer genauen und fehlerfreien Messung würden dazu zwei Wertepaare (x_1, y_1) und (x_2, y_2) genügen und man bräuchte nur das lineare Gleichungssystem

$$\begin{aligned} a + by_1 &= x_1 \\ a + by_2 &= x_2 \end{aligned} \qquad \text{bzw.} \qquad \begin{pmatrix} 1 & y_1 \\ 1 & y_2 \end{pmatrix} \begin{pmatrix} a \\ b \end{pmatrix} = \begin{pmatrix} x_1 \\ x_2 \end{pmatrix}$$

zu lösen.

Weiß man aber, daß die Werte *fehlerbehaftet* sind, so nimmt man möglichst viele Wertepaare (x_μ, y_μ), wobei die Gleichung gilt:

$$x_\mu = a + by_\mu + v_\mu$$

mit v_μ als Fehler

$$v_\mu = x_\mu - (a + by_\mu)$$

Angewendet wird zur Bestimmung von a und b die *Methode der kleinsten Quadrate*, die zur Folge hat, daß die Summe der quadratischen Fehler minimal wird:

$$U = \sum_{\mu=1}^{m} v_\mu^2 = \text{Min} \tag{2.2}$$

Notwendige Bedingung:

$$\begin{aligned}
\frac{\partial U}{\partial a} &= 2 \sum_{\mu=1}^{m} (a + b y_\mu - x_\mu) = 0 \\
\frac{\partial U}{\partial b} &= 2 \sum_{\mu=1}^{m} y_\mu (a + b y_\mu - x_\mu) = 0
\end{aligned} \tag{2.3}$$

Für das lineare Gleichungssystem zur Bestimmung von a und b ergibt sich daraus, mit den Summen über $\mu=1$ bis m:

$$\begin{aligned}
&& \mathcal{X} &= \sum x_\mu \\
m\,a + \mathcal{Y}\,b &= \mathcal{X} & \mathcal{Y} &= \sum y_\mu \\
\mathcal{Y}\,a + \mathcal{Y}^2\,b &= \mathcal{X}\,\mathcal{Y} & \mathcal{Y}^2 &= \sum y_\mu^2 \\
&& \mathcal{X}\,\mathcal{Y} &= \sum x_\mu\,y_\mu
\end{aligned} \tag{2.4}$$

mit m als *Anzahl der Messungen.*

$$\begin{pmatrix} m & \mathcal{Y} \\ \mathcal{Y} & \mathcal{Y}^2 \end{pmatrix} \begin{pmatrix} a \\ b \end{pmatrix} = \begin{pmatrix} \mathcal{X} \\ \mathcal{X}\,\mathcal{Y} \end{pmatrix} \tag{2.5}$$

Abgekürzt schreibt man

$$\underline{K}\,\underline{h} = \underline{g} \tag{2.6}$$

mit $\underline{K} = $ *Kovarianz-Matrix* und $\underline{h} = $ *Parametervektor.*

Lineare Mehrfachregression

Diese wird angewendet, wenn die Ausgangsgröße x von *mehreren Eingangsgrößen* y_i abhängt:

$$x = h_0 + h_1\,y_1 + h_2\,y_2 + \ldots + h_n\,y_n$$

Man hat dann, je nach Anzahl der Messungen, die Meßwerte:

$$x_\mu, \quad y_{1_\mu}, \quad y_{2_\mu}, \quad \ldots y_{n_\mu}$$

und erhält mit Gl. (2.3) das System

$$\underline{K}\,\underline{h} = \underline{g}$$

mit

$$\underline{K} = \begin{pmatrix} m & \mathcal{Y}_1 & \mathcal{Y}_2 & \cdots & \mathcal{Y}_n \\ \mathcal{Y}_1 & \mathcal{Y}_1^2 & \mathcal{Y}_1\mathcal{Y}_2 & & \mathcal{Y}_1\mathcal{Y}_n \\ \mathcal{Y}_2 & \mathcal{Y}_2\mathcal{Y}_1 & \vdots & & \vdots \\ \vdots & \vdots & \vdots & & \vdots \\ \mathcal{Y}_n & \mathcal{Y}_n\mathcal{Y}_1 & \mathcal{Y}_n\mathcal{Y}_2 & \cdots & \mathcal{Y}_n^2 \end{pmatrix}$$

$$\underline{h}^T = (h_0, h_1, \ldots, h_n)$$
$$\underline{g}^T = (\mathcal{X}, \mathcal{Y}_1\mathcal{X}, \ldots, \mathcal{Y}_n\mathcal{X})$$

wobei m - Anzahl der Messungen und n - Anzahl der Eingangsgrößen.

Bei *nichtlinearem* Zusammenhang zwischen x und y mit *einer Veränderlichen* ergibt sich:

$$x = h_0 + h_1\,y + h_2\,y^2 + \ldots + h_n\,y^n$$

$$\underline{K} = \begin{pmatrix} m & \mathcal{Y} & \cdots & \mathcal{Y}^n \\ \mathcal{Y} & \mathcal{Y}^2 & & \mathcal{Y}^{n+1} \\ \vdots & \vdots & & \vdots \\ \mathcal{Y}^n & \mathcal{Y}^{n+1} & \cdots & \mathcal{Y}^{2n} \end{pmatrix}$$

$$g^T = (\mathcal{X}, \mathcal{Y}\mathcal{X}, \ldots, \mathcal{Y}^n\mathcal{X})$$

Inkrementierende Regression

Kommt zu den bisherigen Meßwerten ein weiterer hinzu, nachdem man bereits die Parameter bestimmt hatte, so möchte man sie nur noch korrigieren ohne das System neu lösen zu müssen.

Man wandelt deshalb, durch Abänderung der linearen Mehrfachregression, das Gleichungssystem um und erhält das Verfahren der *Inkrementierenden Regression*.

Es gilt

$$
\begin{aligned}
x_1 &= h_1 y_{11} + h_2 y_{21} + \cdots + h_n y_{n1} + v_1 \\
x_2 &= h_1 y_{12} + h_2 y_{22} + \cdots + h_n y_{n2} + v_2 \\
&\ \ \vdots \\
x_m &= h_1 y_{1m} + h_2 y_{2m} + \cdots + h_n y_{nm} + v_m
\end{aligned}
$$

$x_\mu, y_{\nu\mu}$ Meßwerte, $\qquad$ v_μ: Fehler wegen ungenauer Messung

In Matrixform

$$
\begin{pmatrix} x_1 \\ x_2 \\ \vdots \\ \vdots \\ x_m \end{pmatrix}
=
\begin{pmatrix}
y_{11} & \cdots & \cdots & y_{n1} \\
y_{12} & \cdots & \cdots & y_{n2} \\
\vdots & & \vdots & \\
\vdots & & \vdots & \\
y_{1m} & \cdots & \cdots & y_{nm}
\end{pmatrix}
\cdot
\begin{pmatrix} h_1 \\ h_2 \\ \vdots \\ \vdots \\ h_n \end{pmatrix}
+
\begin{pmatrix} v_1 \\ v_2 \\ \vdots \\ \vdots \\ v_m \end{pmatrix}
$$

$$
\underline{x}_m = \underline{Y}_m \, \underline{h} + \underline{v}_m
$$

Mittels der *Gaußschen Methode* wird $\underline{h}$ so bestimmt, daß $\underline{v}$ minimal wird:

$$
U = \underline{v}^T \underline{v} = (\underline{x} - \underline{Y}\,\underline{h})^T (\underline{x} - \underline{Y}\,\underline{h}) \quad \longrightarrow \text{Minimum}
$$

Die Differentiation ergibt:

$$
\begin{aligned}
\frac{\partial U}{\partial h} = 2(\underline{x} - \underline{Y}\,\underline{h})\underline{Y}^T &= \underline{0} \\
\underline{Y}^T \underline{x} - \underline{Y}^T \underline{Y}\,\underline{h} &= \underline{0} \\
\underline{Y}^T \underline{Y}\,\underline{h} &= \underline{Y}^T \underline{x} \\
\underline{h} &= \left(\underline{Y}^T \underline{Y}\right)^{-1} \underline{Y}^T \underline{x}
\end{aligned}
$$

Korrektur während des laufenden Betriebes

Bei m Messungen ist die beste Schätzung des Parametervektors

$$
\underline{h}_m = \left(\underline{Y}_m^T \, \underline{Y}_m\right)^{-1} \underline{Y}_m^T \, \underline{x}_m
$$

Kommt eine neue Messung hinzu, so gilt:

$$x_{m+1} \;=\; \underline{y}^T_{m+1}\underline{h} + v_{m+1} \tag{2.7}$$

$$\underline{Y}_{m+1} \;=\; \begin{pmatrix} \underline{Y}_m \\ \underline{y}^T_{m+1} \end{pmatrix}; \qquad \underline{x}_{m+1} = \begin{pmatrix} \underline{x}_m \\ x_{m+1} \end{pmatrix} \tag{2.8}$$

Faßt man diese drei Gleichungen zusammen, so erhält man mit Hilfe der *Matrizenrechnung*:

$$\underline{h}_{m+1} = \underline{h}_m + Q_{m+1},$$

mit Q_{m+1} als *Korrekturglied*

$$Q_{m+1} \;=\; P_m\,\underline{y}_{m+1}\left(\underline{y}^T_{m+1}\,P_m\,\underline{y}_{m+1} + 1\right)^{-1}\left(\underline{y}_{m+1} - x_{m+1}\underline{h}_m\right)$$

$$P_m \;=\; \underline{Y}^T_m\,\underline{Y}_m$$

Das hiermit abgeleitete Verfahren ist ein sehr wirkungsvolles Mittel zur Parameterbestimmung während des laufenden Betriebes und kann auch auf Prozesse mit mehreren Ausgangsgrößen und nichtlinearem Zusammenhang erweitert werden.

Die bisherigen Beispiele betrafen das statische Verhalten von Prozessen. Will man *dynamisches Verhalten* von technischen Prozessen mittels Regressionsanalyse bestimmen, so kann man hier die *Methode der Entfaltung* (siehe Punkt a) dieses Abschnitts) anwenden. Schreibt man das Gleichungssystem (Seite 43) in Matrixform und berücksichtigt man auch hier, daß die Messungen *fehlerbehaftet* sind, so erhält man:

$$\underline{x} = \underline{Y}\,\underline{g} + \underline{v}$$

mit
   $\underline{x}$= Vektor der Werte der Eingangsgrößen
   $\underline{Y}$= Matrix der Werte der Ausgangsgrößen
   $\underline{g}$= Vektor der Werte der Gewichtsfunktion
   $\underline{v}$= Vektor für die aufgetretenen Fehler.

Durch Minimierung des quadratischen Fehlers wird der gesuchte Vektor g bestimmt.

c) Korrelationsanalyse

Der Vorteil der Korrelationsanalyse liegt darin, daß der Einfluß von Störungen auf die zu berechnenden Parameter nicht nur minimiert wird, wie bei der Regressionsanalyse, sondern theoretisch *ganz unterdrückt* werden kann (ausführlicheres siehe Anke 70). Außerdem können, müssen aber nicht, zur Analyse auch *völlig regellose Signale* verwendet werden, die analytisch nicht darstellbar sind (z.B. statistische Signale, Rauschsignale).

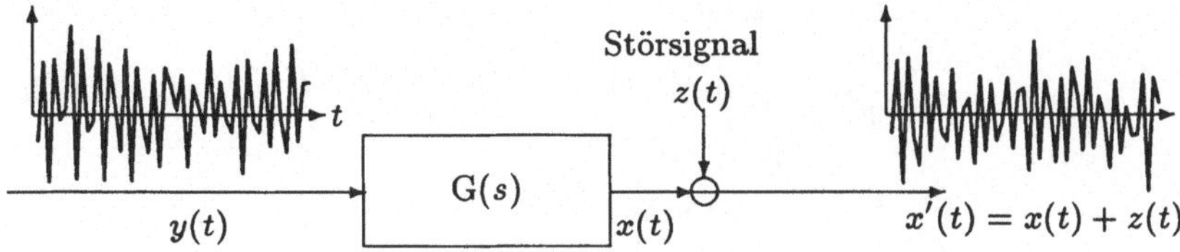

Solche statistischen Signale werden durch ihre *Autokorrelationsfunktion* (AKF) charakterisiert:

$$\emptyset_{yy}(\tau) = \lim_{T \to \infty} \int_0^T y(t)\, y(t+\tau)\mathrm{d}t \qquad \text{(AKF)} \tag{2.9}$$

Diese Gleichung gibt an wie zwei Werte im Abstand τ miteinander zusammenhängen (*korreliert* sind) und hat dann den Wert Null, wenn die beiden Werte *nicht korreliert* sind. Der Zusammenhang zwischen x und y wird durch die *Kreuzkorrelationsfunktion (KKF)* angegeben:

$$\emptyset_{yx}(\tau) = \lim_{T \to \infty} \int_0^T y(t)\, x(t+\tau)\mathrm{d}t \qquad \text{(KKF)} \tag{2.10}$$

In diese gehen über $g(t)$ *Eigenschaften* des Prozesses mit ein, da gilt:

$$\emptyset_{yx}(\tau) = \lim_{T \to \infty} \int_0^T g(t) \cdot \emptyset_{yy}(t-\tau)\mathrm{d}t \tag{2.11}$$

mit $g(t)$ = Gewichtsfunktion = Impulsantwort.

Sehr oft jedoch ist in der Praxis das Ausgangssignal $x(t)$ von einem Störsignal $z(t)$ überlagert und man erhält:

$$x'(t) = x(t) + z(t)$$

und die *Kreuzkorrelierte*

$$\emptyset'_{yx}(\tau) = \lim_{T\to\infty} \int_0^T y(t)\,x'(t+\tau)\mathrm{d}t$$

$$= \lim_{T\to\infty} \int_0^T y(t)\,x(t+\tau)\mathrm{d}t + \lim_{T\to\infty} \int_0^T y(t)\,z(t+\tau)\mathrm{d}t$$

$$= \emptyset_{yx}(\tau) + \emptyset_{yz}(\tau)$$

Für die Kreuzkorrelierte zwischen Eingangs- und Störsignal gilt:

$$\emptyset_{yz}(\tau) = 0$$

da Eingangs- und Störsignal voneinander unabhängig (nicht korreliert) sind
und die KKF zwischen zwei nicht korrelierten Größen Null ist.

Damit gilt

$$\emptyset'_{yx}(\tau) = \emptyset_{yx}(\tau)$$

und man kann aus der Korrelationsfunktion (Gl. (2.11)) die *Gewichtsfunktion g(t)* bestimmen, indem man das Integral durch eine Summe ersetzt:

$$\emptyset_{yx}(i\,\Delta\tau) \approx \sum_{n=0}^{N} g(n\,\Delta t)\,\emptyset_{yy}(n\,\Delta t - i\Delta\tau)\,\Delta t$$

$$\Delta\tau = \Delta t = \Delta$$

$$\frac{\emptyset_{yx}(i\,\Delta)}{\Delta} \approx \sum_{n=0}^{N} g(n\,\Delta)\,\emptyset_{yy}((n-i)\Delta) \qquad \text{für } i = 0, 1, \ldots, N$$

Damit hat man ein *lineares Gleichungssystem* zur Bestimmung der Werte
der Gewichtsfunktion $g(t)$ an den *Stützstellen* $n\,\Delta t$. Die AKF und die KKF
müssen mittels der beiden Gleichungen (2.9) und (2.10) aus x und y für die
Werte $\tau = i\Delta\tau$ berechnet werden.

Zur Korrelationsanalyse verwendete man früher spezielle Korrelatoren mit
analogen Bausteinen für die Zeitverzögerung und die Integration. Der Einsatz von Rechnern erleichtert die Anwendung dieser Methode erheblich.

2.3 Aufgaben der Prozeßautomatisierung

Die Prozeßautomatisierung läßt sich in die Aufgabenbereiche Datenerfassung, Auswertung, Überwachung, Steuerung, Regelung, Führung und Optimierung untergliedern, die im folgenden eingehend behandelt werden. Um Automatisieren zu können, müssen Rechner eingesetzt werden, die die von den Meßgeräten gelieferten *Daten aufnehmen, speichern und/oder verarbeiten*. Im Laufe der verschiedenen Prozeßvorgänge muß immer wieder auf einzelne Daten zurückgegriffen werden, so daß bestimmte *Datenhaltungsmechanismen* erforderlich sind. Mit diesen Daten muß der Prozeßrechner (ggf. auch mehrere Prozeßrechner) den Prozeß *Überwachen, Steuern, Regeln, Führen und/oder Optimieren*. Die dazu notwendigen Hardwareeigenschaften sind im Abschn. 3.2 erläutert.

2.3.1 Datenerfassung

Wegen seiner großen Speicherfähigkeit und seiner hohen Arbeitsgeschwindigkeit kann ein Rechner in kurzer Zeit große Mengen von Daten bewältigen. Als Resultate dieser Datenerfassung stehen die von den Meßeinrichtungen gesendeten Meßwerte in einer rechnerinternen Zahlendarstellung im Arbeitsspeicher. Von dort können sie beliebig abgerufen und weiterverarbeitet werden. Damit bildet die *Datenerfassung* die Voraussetzung für alle weiteren Stufen der Automatisierung.

Da es unterschiedliche Typen von Meßeinrichtungen gibt, die z.B. digital oder analog arbeiten, werden auch entsprechend verschiedene Signale gesendet, die eine *Prozeßeinheit* an den entsprechenden Prozeßrechner weiterleitet:

Analoge Signale
Das sind stetig veränderbare Meßwerte, wie Temperatur- oder Spannungsverläufe, mit unendlichem Wertevorrat, die stufenlos (kontinuierlich) ineinander übergehen können. In ihrer unveränderten Form können sie nur von Analogrechnern verarbeitet werden. Beispiele für analoge Signale sind: Meßwerte aus dem Prozeß, vorgegebene Führungswerte, Widerstandswerte, Strom-, Spannungssignale.

Digitale Signale
Das sind Daten, die als diskrete Zustände von Schaltelementen von der Meßeinrichtung erfaßt und gesendet werden und sich direkt von Digitalrech-

nern weiterverarbeiten lassen (z.B. Zählerstände, Verpackungsnummern, Stückzahlen und Fernwirktelegramme, die wegen der leichteren Übertragungsmöglichkeit digitalisiert werden). Ein digitales Zeichen gehört zu einem endlichen Zeichenvorrat mit gut unterscheidbaren Elementen. Der Übergang von einem Zeichen zu einem anderen geschieht „sprungartig".

Binäre Signale
Schalter-, Ventil- oder Kontaktstellungen (z.B. Zustandsmeldungen, Stellungsmeldungen, Steuerbefehle) die als Wertevorrat nur die zwei diskreten Werte 0 und 1 haben.

Alle drei Signalarten können stark in ihrer *Dauer* und *Dringlichkeit* variieren. Manche Signale (z.B. Schalterstellungen) liegen oft für längere Zeit unverändert vor, während z.B. elektronische Melder meist nur Impulse von wenigen Millisekunden Dauer liefern. Je nachdem, welche Signal- und Verarbeitungsart vorliegt, werden die Eingaben unterschiedlich erfaßt und an einen der folgenden Typen von Signaleingängen am Rechner angeschlossen:

Statischer Digitaleingang:

- für lange andauernde ($\geq$ 1 sec), weniger dringliche Signale die daher nicht gespeichert werden müssen und zum Zeitpunkt der Abfrage statisch anstehen,
- diese Eingänge werden vom Rechner zyklisch abgefragt *(Polling)*.

Dynamischer Digitaleingang:

- für Signale die nur kurzzeitig anstehen; sie werden bei Signaleingang erfaßt und bis zur ihrer Abfrage, die zyklisch erfolgt, gespeichert.

Handelt es sich bei den gesendeten Signalen um sogenannte *Alarmsignale*, so sind das die Werte 0/1 die *bitweise* erfaßt werden. Sie werden auf spezielle *Alarmeingänge* geschaltet und lösen sofort beim Eintreffen eine Programmunterbrechung *(Interrupt)* sowie ggf. eine Erfassung wichtiger Analog- oder Digitalwerte aus:

Statischer Alarmeingang:

- Signale, die hier anstehen, werden außerzyklisch (ereignisgesteuert) und mit hoher Priorität bearbeitet, wobei falls notwendig auch noch die Zeitdauer des Signals erfaßt wird,
- man schließt lange andauernde und somit nicht zu speichernde Signale hoher Dringlichkeit an.

Dynamischer Alarmeingang:

- auch Signale an diesen Eingängen werden außerzyklisch mit hoher Priorität erfaßt, wobei das jeweilige Signal allerdings gespeichert wird,
- man erfaßt hiermit kurzzeitig anstehende Signale hoher Dringlichkeit.

Die meisten heute eingesetzten Rechner sind *Digitalrechner*, so daß die von manchen Meßeinrichtungen gelieferten analogen Daten in digitale Daten umgesetzt werden müssen. Das System benötigt dafür zwischen dem Erfassungsort und dem Rechner einen *Umsetzer* (Wandler, Prozeßsignalumformer), der je nach Umsetzrichtung als *Digital/Analog-Umsetzer* (D/A) bzw. *Analog/Digital-Umsetzer* (A/D) bezeichnet wird.

Die nach der Umwandlung vorliegenden digitalen Werte werden zur Weiterverarbeitung *wortweise* zusammengefaßt, wobei die Länge eines Wortes in Bits vom jeweiligen Rechnertyp abhängt (üblich sind 8, 16, 32 oder 64 Bit pro Wort).

2.3.1.1 Ablaufbeschreibung für die Datenerfassung

Die im folgenden beschriebene Datenerfassung läuft für alle drei genannten Signaltypen nach demselben Schema ab (siehe Abb. 2.7). Als erstes holt das *Meßwerterfassungsprogramm* aus der *Adreßliste* die Adresse der augenblicklich zu erfassenden Meßstelle und liest den dazugehörenden Meßwert. In diesem Zusammenhang umfaßt das *Lesen eines Meßwertes* sowohl das *Abta-*

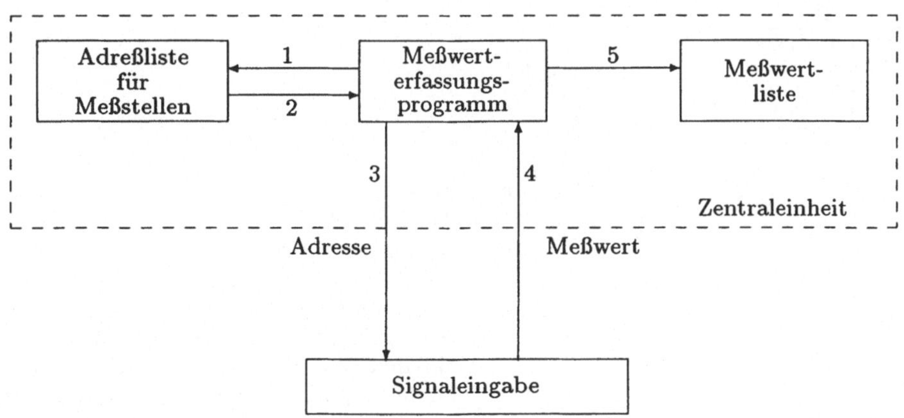

Abbildung 2.7
Ablaufplan für die Erfassung von Meßwertdaten. Die einzelnen Schritte sind der Reihenfolge nach durchnumeriert

sten, ggf. das Umwandeln und das *Eintragen* des Wertes in die *Meßwertliste*. Falls es sich dabei um einen Analogwert gehandelt hat, muß dieser vor Eintrag in die Meßwertliste noch zusätzlich *angepaßt* werden (siehe 2.3.1.2). Die Meßwertliste enthält alle erforderlichen Meßwerte und stellt so eine *Schnittstelle* dar, die ihre Einträge in einer *fest vereinbarten Form* für alle weiteren Zugriffe bereithält. Dieser Vorgang kann in mehreren Stufen erfolgen, wobei in jeder Stufe eine Vorverarbeitung und Datenkomprimierung stattfinden kann.

Das *Lesen* der einzelnen Meßwerte kann sowohl *zyklisch* als auch *azyklisch* erfolgen, was durch den jeweilige Prozeßablauf festgelegt ist. Beim *zyklischen Lesen* werden die entsprechenden Meßgeräte in festen Zeitabständen abgefragt, wobei die dazugehörenden Erfassungsprogramme von einer Echtzeituhr des Prozeßrechners (siehe Abschn. 3.4) gestartet werden. Es sind nur Abtastperioden im ganzen Vielfachen der Grundperiode möglich und man richtet sich dabei meist nach der höchsten Erfassungsrate. Im allgemeinen

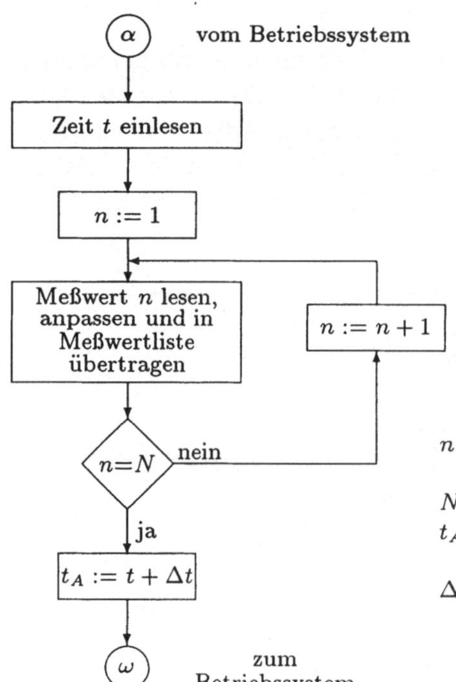

n Zelle der Adreßliste in der entsprechende Adresse steht

N Anzahl aller Meßstellen (ca. bis zu 1000)

t_A Nachricht an das Betriebssystem für Wiederstart des Programms

Δt Abfrageintervall, das von der Anwendung abhängt (mit Rücksicht auf weiterverarbeitende Programme, darf dieses nicht zu klein sein)

Abbildung 2.8
Ablaufplan für den Aufgabenbereich der zyklischen Datenerfassung

werden in der Praxis aus programmtechnischen Gründen nur wenige der möglichen Perioden ausgewählt, z.B. 1, 2, 20 und 60 Sekunden. Die zyklische Erfassung wird meist für Meßwerte und Meldungen und bei *kontinuierlichen* Prozessen (z.B. Zementwerk) eingesetzt.

Werden *regelmäßig* bei jedem Zyklus *aufeinanderfolgende Meßstellen* angesprochen, so kann auf die Adreßliste verzichtet werden, da dann, ausgehend von der Anfangsadresse, nach jeder Erfassung nur um eine Einheit weitergezählt werden muß.

Bei *diskontinuierlichen* Prozessen (z.B. Walzwerk) erfolgt das Lesen *azyklisch*, wobei der Anstoß der jeweiligen Meßgeräte durch *Alarmsignale* aus dem Prozeß erfolgt (siehe auch Abschn. 4.2), die dann ein Programm zur eigenen Datenerfassung starten. Zum Beispiel löst in Walzwerken das Walzgut beim Passieren von Lichtschranken oder ähnlichen Lagegebern über Alarme die Erfassung von Temperaturmeßwerten, Walzdruck und Drehzahl aus.

Die *Darstellungsform* der einzelnen Meßwerte nach ihrer Erfassung richtet sich nach der entsprechenden Wortgröße des verwendeten Rechners. Die folgende Abbildung 2.9 zeigt die Darstellung einer Gleitpunktzahl mit Vorzeichen, Mantisse und Exponent sowie drei zusätzlichen Informationsbits, die Aufschluß über die Güte des eingetragenen Meßwertes liefern.

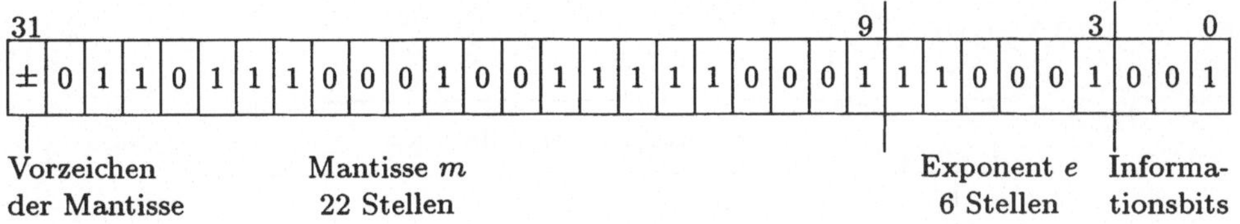

Abbildung 2.9
32 Bit-Wort zur Darstellung einer Gleitpunktzahl mit 3 zusätzlichen Kommentarbits über die Güte des Meßwertes.

Im folgenden wird eine mögliche Codierung für die Einträge in den Informationsbits angegeben:

000 = Meßwert als falsch erkannt und schon gemeldet
001 = hierfür kann der Anwender eine eigene Bedeutung zuordnen
010 = Meß- oder Rechenwert zu tief
011 = Meß- oder Rechenwert tief
100 = Meß- oder Rechenwert normal
101 = Meß- oder Rechenwert hoch
110 = Meß- oder Rechenwert zu hoch
111 = Störung

Durch Einführung dieser *normierten Schnittstelle* ist eine *weitgehende Entkopplung* der Programmsysteme für die einzelnen Aufgaben des Prozeßrechners (Überwachung, Regelung, Steuerung u.a.) möglich. Es können somit unabhängige Entwicklungen und Inbetriebnahmen der einzelnen Programmsysteme erfolgen (siehe Abb. 2.10). Bei Kopplung mehrerer Rechner mittels eines Bussystems wird ein einheitliches *Protokoll* (z.B. ISDN-/MAP-Protokoll) zur Übertragung von Informationen verwendet.

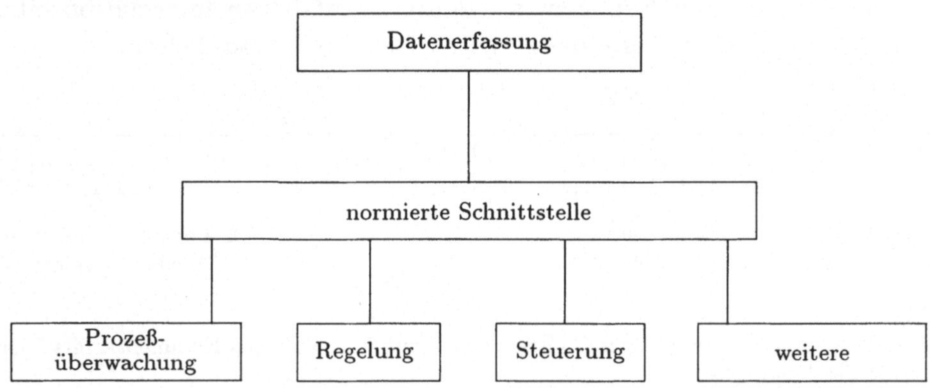

Abbildung 2.10
Eine normierte Schnittstelle ermöglicht es allen Programmteilen in gleicher Weise auf die erfaßten Daten zuzugreifen.

2.3.1.2 Analogwerterfassung

Viele Meßwertgeber (z.B. Thermoelement, Drehzahlmesser) liefern analoge Signale, die Spannungs- oder Stromverläufe bzw. Widerstandswerte angeben. Diese Analogwerte werden mittels *A/D-Umsetzer* in Digitalwerte umgewandelt und als Rohwerte abgespeichert. Die einfachsten A/D-Umsetzer sind Komperatoren oder Vergleicher. Falls die ankommenden Meßspannungen zu hoch bzw. zu niedrig für eine Weiterverarbeitung sind, müssen sie ggf. herunter- oder mittels Verstärker heraufgesetzt werden.

Um die im Prozeß verwendeten Stellgeräte auch von außen ansteuern zu können und, falls es sich um Regler handelt, mit Sollwerten zu versehen, benötigt man die entsprechenden Umsetzeinrichtungen auch in umgekehrter Richtung, d.h. D/A-Umsetzer. Bei einer A/D-Wandlung wird die Meßgröße U, meist eine Spannung, auf einen digitalen Wert abgebildet. Dafür sind verschiedene Umsetzer im Einsatz, die mit unterschiedlicher Genauigkeit und unterschiedlichem Zeitverhalten arbeiten. Auf diese hardwaretechnischen Eigenschaften wird jedoch hier nicht weiter eingegangen, sondern auf entsprechende weiterführende Literatur verwiesen (Fritzsch 87 Kap. 3.5, Strohrmann 88 Kap. 4, Färber 79 Kap. 3.5).

Die erhaltenen Digitalwerte (Rohwerte) müssen meist noch in die benötigten Prozeßgrößen umgewandelt werden, man spricht hier vom *Anpassen der Werte*. Als Beispiel sei das Thermoelement genannt, das eine Spannung U abgibt, die analog erfaßt und daher zunächst digitalisiert wird. Der so erhaltene Spannungswert steht in einem festen Zusammenhang zum gewünschten Temperaturwert, was für die Art der Anpassung entscheidend ist.

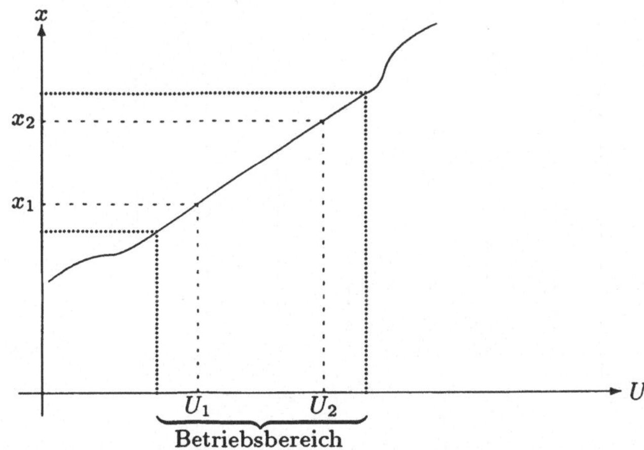

Abbildung 2.11
Kurvenverlauf mit Betriebsbereich in dem ein linearer Zusammenhang zwischen U und x besteht.

a) Linearer Zusammenhang:

Der einfachste Fall einer solchen Umrechnung besteht bei linearem Zusammenhang zwischen dem Digitalwert U und der Prozeßgröße x (siehe Abb. 2.11).

$$x = c\,U + x_0$$

Um eine lineare Anpassung durchzuführen, benötigt man:

- den Betriebsbereich, mit minimalem und maximalem Betriebswert, indem der lineare Zusammenhang der Größen bekannt ist,
- die entsprechenden Prozeßwerte x_1 und x_2 mit den dazugehörenden Rechnereingangsspannungen U_1 und U_2, aus denen man die Parameter zu obiger Geradengleichung bestimmt.

b) Nichtlinearer Zusammenhang:

Bei nichtlinearem Zusammenhang zwischen dem Digitalwert U und der Prozeßgröße x sind zwei Anpassungsverfahren möglich:

1. *Anpassung über Stützwerte*

   Hierbei werden verschiedene Prozeßgrößen x_i für (in der Regel 17) *äquidistante Stützwerte* U_i eingespeichert. Die Ermittlung der entsprechenden Prozeßgröße x, für einen gemessenen Digitalwert U, erfolgt durch *Interpolation*.

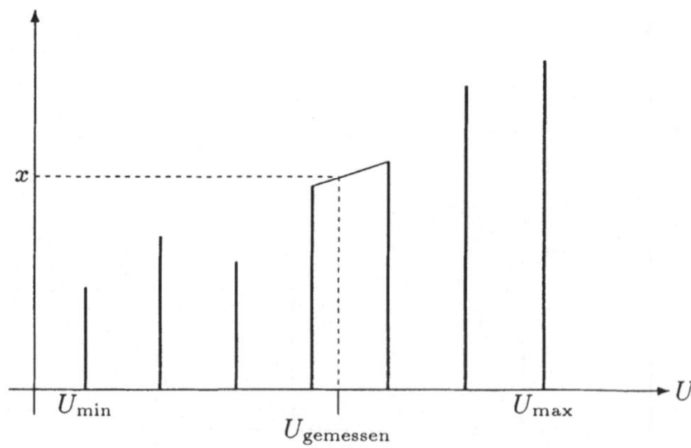

Abbildung 2.12
Das Bild zeigt die gewählten Stützwerte und die lineare Interpolation zwischen den zwei Stützwerten, um damit für den gemessenen Spannungswert U das entsprechende x zu erhalten.

2. *Anpassung durch Polynomapproximation 2. bis 8. Ordnung:*

Folgendes Polynom liegt diesem Anpassungsverfahren zugrunde:

$$x = a + bU + cU^2 + \dots$$

Die entsprechenden Koeffizienten $a, b, c, \dots$ werden bei Inbetriebnahme durch ein Eichprogramm unter Zuhilfenahme von n *Wertepaaren* (x_i, U_i) aus folgendem Gleichungssystem ermittelt:

$$x_i = a + bU_i + cU_i^2 \qquad \text{mit } i = 1, 2, 3, \dots$$

Wenn keine zu großen Krümmungen auftreten, erreicht dieses Verfahren in der Regel *höhere Genauigkeit* als die Anpassung über Stützwerte.

Grundsätzlich ist bei einer Anpassung auch eine *Bereichskontrolle* notwendig: Zum Beispiel darf der bei einem 11 Bit A/D-Wandler übermittelte Wert nicht größer als 2047 sein, sonst liegt ein Fehler vor.

2.3.1.3 Digitalwerterfassung

Digitale Signale sind zum einen Meßwerte, die von digitalen Meßeinrichtungen gesendet werden (z.B. Zähler für Drehzahlen, Durchflußmengen), zum anderen *binäre Signale*, die eine von zwei möglichen Kontaktstellungen einer Meßeinrichtung angeben. Solche Binärsignale sind z.B. *Schalter-* oder *Ventilstellungen, Meldungen von Grenzwertgebern* sowie bestimmte *Auslösesignale*. Zur Übertragung und Komprimierung können diese Signale *wortweise* als Binärwerte übernommen werden (z.B. 16 Binärsignale pro Wort). Da bei Standardmikroprozessoren nur *byte-* oder *wortweise* adressiert werden kann, werden diese Signale auch oft einzeln, d.h. *1 Binärsignal pro Byte oder Wort*, abgespeichert. Eine Verknüpfung der Werte wird dadurch wesentlich erleichtert. Auf dem Markt existieren mittlerweile bereits Mikroprozessoren, die — durch das Vorhandensein eines Datentyps „Bit" — beide Varianten in sich vereinen.

2.3.2   Auswertung („Datenreduktion")

Unter *Auswertung* versteht man allgemein die Verarbeitung der angepaßten Meßwerte durch Rechnerprogramme. Prinzipiell handelt es sich bei allen weiteren Schritten der Automatisierung (Überwachung, Steuerung, Regelung, Führung, Optimierung) um eine Auswertung. Sie sind aber so wichtig, daß sie in den nachfolgenden Abschnitten gesondert behandelt werden. In diesem

Abschnitt wird nur die einfache Form der Auswertung, die *Datenreduktion* behandelt.

Unter Datenreduktion versteht man das Ermitteln von *aussagekräftigen Kennwerten* aus einer Fülle von Einzelmeßwerten.

Beispiele für solche Kennwerte sind:

- Mittelwerte
- Glättungswerte
- Wirkungsgrade
- Drehmomente
- Mengen
- Energien
- Betriebskosten
- Gradienten

Die im Arbeitsspeicher in normierter Form vorliegenden Meßwerte werden durch Auswertungsprogramme verarbeitet. Daraus resultieren *reduzierte Daten*, die in gleicher normierter Form im Arbeitsspeicher abgelegt werden. Von dort aus erfolgt entweder eine Ausgabe, eine Verlagerung auf externe Speicher oder beides.

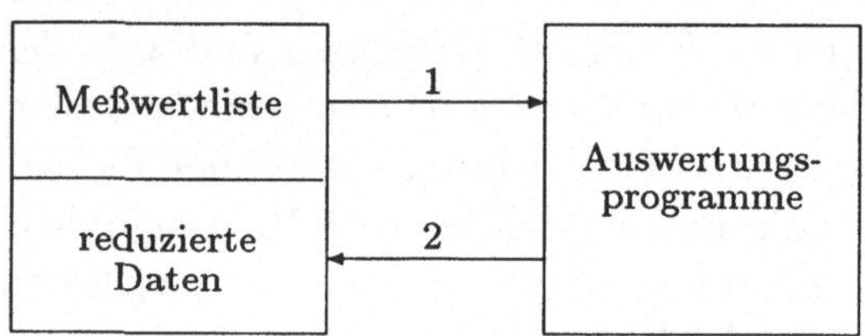

Um möglichst genaue Kenngrößen zu erhalten, ist es z.B. sinnvoll, mit *Mittelwerten* anstelle von einzelnen Meßwerten zu arbeiten, da Meßwerte oft fehlerhaft sind und sich Fehler erfahrungsgemäß fortpflanzen:

$$\overline{A} = \frac{A_1 + A_2 + \ldots + A_m}{m} \qquad A_i = \text{Meßwerte} \qquad \overline{A} = \text{Mittelwert}$$

Vom *Glättungswert* spricht man, wenn nach jedem Zyklus der augenblickliche Mittelwert bestimmt wird. Man gleicht dadurch Meßwertschwankungen aus und vermeidet so zu große Extremwerte im Kurvenverlauf *(glätten)*. Eventuelle Meßfehler werden damit in ihrer Auswirkung eingedämmt:

$$\overline{A}_m = \frac{(m-1)\overline{A}_{m-1} + A}{m} \qquad \begin{aligned} &\overline{A}_i = \text{Glättungswert nach } i \text{ Zyklen} \\ &A = \text{neuer Meßwert} \end{aligned}$$

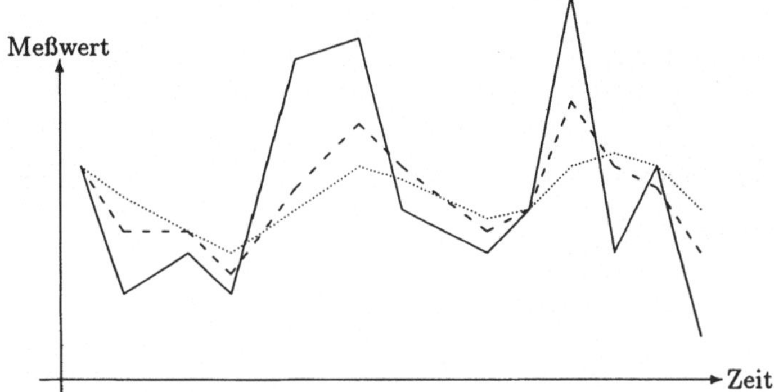

Abbildung 2.13
Glätten von Signalen durch gewichtete Mittelwertbildung
— Meßwerte - - - Mittelwerte ⋯ Glättungswerte

Damit ein zuletzt gemessener Wert nicht zu stark gegenüber den vorherigen Werten ins Gewicht fällt, denn es könnte eine Störung vorgelegen haben, werden oftmals die vorhergehenden Meßwerte durch die Verwendung von Faktoren entsprechend stärker gewichtet (s. Abb. 2.13):

$$\overline{A}_m = \frac{(2^m - 1)\overline{A}_{m-1} + A}{2^m}$$

Analysentechnik

Mit großem Erfolg werden Prozeßrechner in der Analysentechnik zum Auswerten der Meßdaten eingesetzt. Ein Beispiel für die Nutzung des Rechners als Erweiterung zu den entsprechenden anwendungsbezogenen Geräten ist die *Gaschromatographie (GCG)*. Die GCG dient zur Bestimmung der einzelnen Komponenten eines Gasgemisches nach *Art* und *Konzentration*.

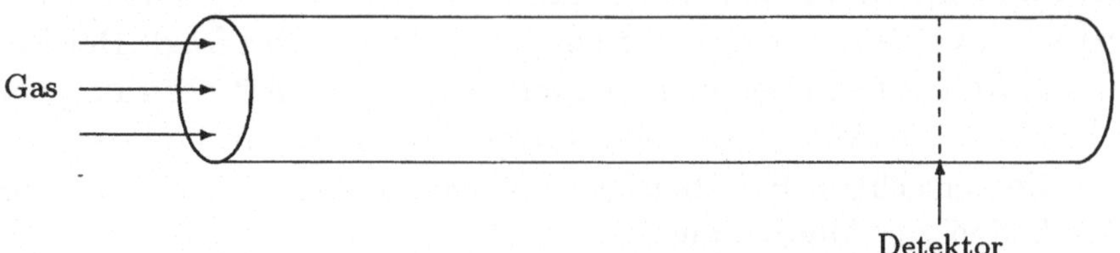

Das aus unterschiedlichen *Komponenten* bestehende Gas wird durch die Trennsäule eines Chromatographen geleitet, was dazu führt, daß aufgrund der unterschiedlichen Laufzeiten der einzelnen Bestandteile jede Komponente den am Ende des Chromatographen befindlichen *Detektor* zu einem anderen Zeitpunkt erreicht. Der Detektor selbst gibt eine Meßspannung ab, die proportional zur *Konzentration* der einzelnen Komponenten ist. Diese Meßspannung wird digitalisiert und an einen angeschlossenen Rechner übertragen. Dieser speichert die Daten und errechnet aus dem Kurvenverlauf (*Chromatogramm*) die Konzentration und die Art jeder Komponente.

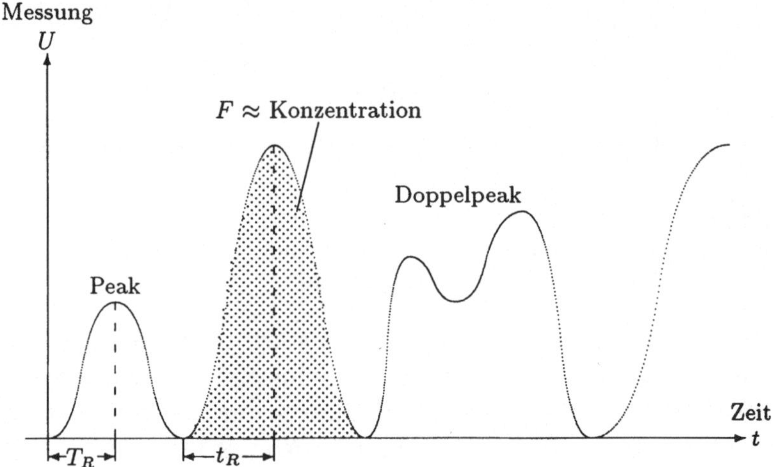

Abbildung 2.14
Das Chromatogramm zeigt den Verlauf einer solchen Meßkurve. Die *Retentionszeit* t_R, das ist die Zeit vom Analysebeginn bis zum Auftreten des jeweiligen Komponentenmaximums (Peak), läßt eine Aussage über die *Art der Komponente* zu. Die *Fläche* des Peaks ist ein Maß für die *Konzentration*. Doppel- oder Dreifachpeaks entstehen, wenn einige Peaks dicht beieinander liegen, d.h. die Komponenten ähnliche Laufzeiten haben.

Mit Hilfe eines Rechners läßt sich bei angeschlossenem Chromatographen eine sofortige Auswertung des Chromatogramms durchführen (s. Abb. 2.14). Der Start der Auswertung durch den Rechner erfolgt über ein *Interruptsignal*, das vom Chromatographen beim Aussenden des Gases an den Rechner geschickt wird. Ca. alle 1/10 sec werden die Meßwerte abgefragt. Der Rechner mißt die Retentionszeiten und bestimmt daraus die Art der Komponente. Die Fläche eines Peaks wird durch Integration bestimmt und daraus die Konzentration errechnet. Bei Mehrfachpeaks kommen besondere mathematische Methoden zur Anwendung.

Ähnlich arbeitende Analysegeräte sind:

Massen-, Kernresonanz-, Infrarotspektrometer u.a.

Werden mehrere Analysegeräte gleichen Typs an einen Prozeßrechner angeschlossen, so können die gleichen Programme zur Bearbeitung herangezogen werden. Bei einem *Gemischtbetrieb*, d.h. bei Anschluß mehrerer Geräte unterschiedlichen Typs an einen Rechner können meist Teile des Software-paketes gemeinsam benutzt werden.

Solche Analysegeräte und -verfahren werden in vielen Bereichen benötigt. Ein Beispiel ist die Medizin, in der EKG (Elektro-Kardiogramm)- und EEG (Elektro-Enzephalogramm)-Geräte eingesetzt werden.

2.3.3 Überwachung

Vor dem Rechnereinsatz erfolgte das Überwachen von Prozessen durch das Bedienungspersonal. Dieses mußte die Meßinstrumente und Registriergerä-ten (z.B. Punkt- oder Linienschreiber) ablesen, Werte protokollieren und bei Störungen bzw. Abweichungen entsprechend durch das Verändern von Stellgliedern reagieren. Die Erhöhung der Zuverlässigkeit von Rechner und Rechensystemen, durch *Redundanz* von Rechnern oder/und Einzelgeräten, ermöglichte den Einsatz von Rechnern auch im Bereich der Prozeßüberwa-chung. Das Bedienungspersonal greift dann nur noch in Ausnahmefällen aktiv in den Prozeßverlauf ein, nachdem es vom Prozeßrechner — durch meist akustische Signale — auf eine Störung aufmerksam gemacht wurde.

Die Überwachung gliedert sich in drei wesentliche Aufgabenbereiche:

- Überwachung des *störungsfrei* ablaufenden Prozesses und das Erstellen von *Betriebsprotokollen*
- *Schematische Prozeßabbildung*
- *Störungserfassung* und *-analyse* und das Erstellen von *Störungsprotokol-len.*

Wie die Überwachung in diesen Bereichen durchgeführt wird und welche Voraussetzungen dafür gegeben sein müssen, zeigen die folgenden Erläu-terungen.

2.3.3.1 Betriebsprotokolle

Ein Betriebsprotokoll enthält die gemessenen bzw. errechneten Werte, die für den Prozeßablauf entscheidend sind und ihn ausreichend beschreiben. Es werden dafür im allgemeinen feste *Formularvordrucke* mit den entsprechen-den Bezeichnungen der Prozeßgrößen verwendet, in die der Prozeßrechner die Werte *positionsgerecht* einträgt.

Zusätzlich zu den wichtigen Größen wie *Betriebszeiten* und *-kosten* können auch regelmäßig notwendige Wartungsarbeiten im Betriebsprotokoll ausgewiesen werden.

Bei *kontinuierlichen Prozessen* erfolgt eine Protokollierung entweder selbsttätig in regelmäßigen Zeitabständen (z.B. Stundenprotokoll in einem Kraftwerk) oder ereignisgesteuert, da jede Schalthandlung protokolliert werden muß, oder aber aufgrund einer expliziten Anforderung durch das Bedienungspersonal.

Bei *diskontinuierlichen Prozessen* werden Betriebsprotokolle nach *Abschluß eines Prozeßablaufes* erstellt (zum Beispiel Walzprotokoll). Zusätzlich können Schicht- oder Tagesprotokolle ausgegeben bzw. angefordert werden.

2.3.3.2 Schematische Prozeßabbildung

In diesem Fall der Überwachung eines Prozesses werden *Transportwege* (z.B. auch Elektrizitätsleitungen) und/oder *Lagerbeschreibungen* sowie aktuelle *Anlagenzustände* (Prozeßzustände) als Abbild im Prozeßrechner einschließlich ihrer momentanen *Belegung* geführt. Um eine Erfassung dieser Belegung bei *festen Materialien* zu ermöglichen, teilt man die Wege in so kleine Abschnitte ein, daß sich jeweils nur eine Einheit darin befinden kann. Die einzelnen transportierten Einheiten erhalten dazu eine *maschinenlesebare Kennung*, die z.B. mit Meßfühlern abgetastet wird. Ist es nicht möglich, eine solche Kennung anzubringen, so wird mit *Lichtschranken* und *Endkontakten* gearbeitet. Handelt es sich um Abbildungen von Abläufen so spricht man auch von *Materialflußverfolgung*.

Da die Objektkennzeichnung und damit die Erfassung durch Kontakte oder Lichtschranken bei *flüssigen Materialien* nicht möglich ist, muß man in einem solchen Fall mit Modellen zur Berechnung der *Lauf- und Verweilzeiten* rechnen.

Bei Verwendung von graphikfähigen Sichtgeräten wird der Prozeß oder seine interessierenden Teile schematisch auf dem Bildschirm abgebildet und die interessanten Prozeßgrößen an den entsprechenden Stellen eingetragen. Das Bedienungspersonal erlangt dadurch in einfacher Weise einen Überblick über den Prozeß. Dies wird noch dadurch verbessert, daß eine Störung z.B. durch *Blinken* an entsprechender Stelle angezeigt wird.

Die Abb. 2.15 zeigt einen Ausschnitt aus einer Erdgasnachverbrennungsanlage, die die schadstoffhaltige *Abluft* aus einem Chemiewerk erhitzt, un-

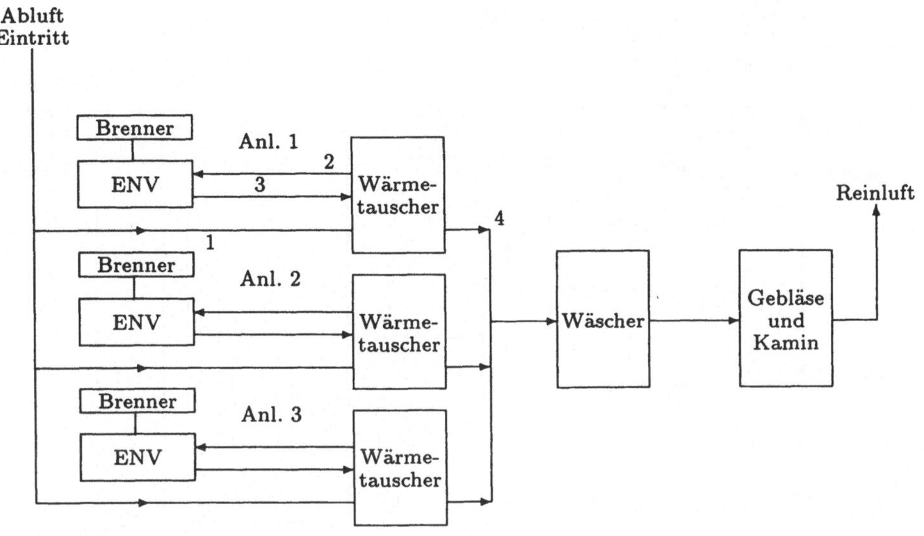

Abbildung 2.15
Gesamtbild der Nachverbrennungsanlage im Überblick

ter Zugabe von Erdgas verbrennt, wäscht und als gereinigte Luft ausstößt. Die Abb. 2.16 zeigt die einzelnen Temperaturen, Drücke und Mengenangaben am jeweiligen Meßort an. Kurze Erläuterung zum Vorgehen bei dieser Nachverbrennungsanlage:

Über 1 gelangt die *schadstoffhaltige Abluft* mit etwa 60° C Anfangswärme zum erstenmal in bestimmte Kammern des Wärmetauschers. Diese Luft strömt in dem Kammersystem des Wärmetauschers nach oben und wird dabei durch die in den anderen Kammern nach unten strömende heiße Luft um fast 600° C erwärmt, während letztere sich dabei abkühlt. Die so auf ca. 640° C erhitzte Luft wird über 2 in die Brennkammer geleitet. Dort wird dann Erdgas, Zündluft und Zündgas zugegeben und das Ganze bis auf etwa 800° C erhitzt. Über 3 gelangt diese nun *schadstoffarme Luft* ein zweites Mal in den Wärmetauscher und funktioniert hierbei jetzt als Wärmespender, wodurch sie sich auf ca. 200°C abgekühlt und wird über 4 an den Wäscher weitergeleitet. Dort wird die Luft mit Wasser in einem Düsensystem gemischt, so daß sich noch verbliebene Schadstoffe (z.B. Salzsäure) als „Film" absetzen können. Der dann etwa nur noch 60° C heiße Dampf wird über ein Gebläse abgesogen, über einen Ventilator abgekühlt und als gereinigte Luft durch den Kamin abgegeben (siehe Abb. 2.16).

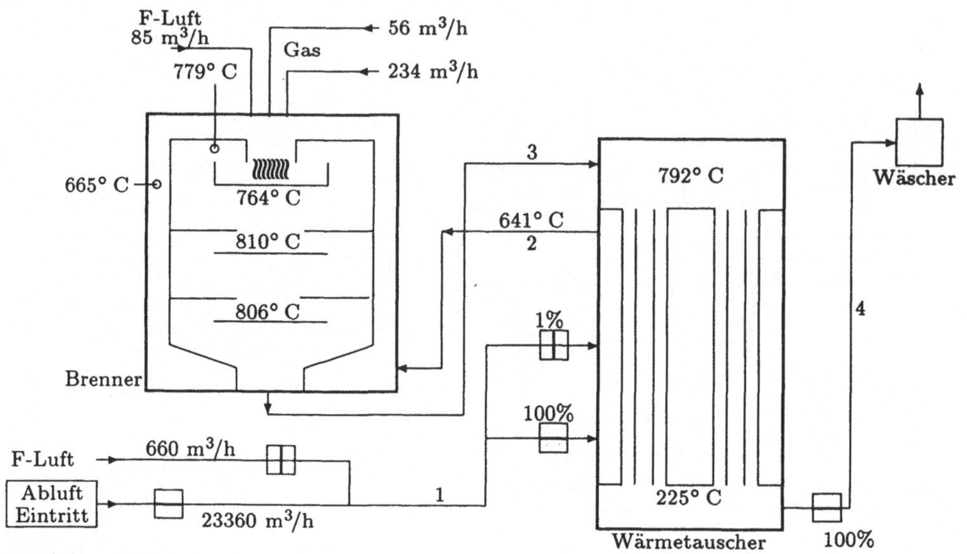

Abbildung 2.16
Flußbild (Prozeßzustandsabbild) einer Brennkammer und eines Wärmetauschers in einer
Erdgasnachverbrennungsanlage

2.3.3.3 Störungserfassung und -analyse

Ihre Aufgabe ist es, *unzulässige Prozeßzustände zu erfassen, anzuzeigen* und
ggf. das Bedienungspersonal durch entsprechende Meldungen beim Auffin-
den und Beheben der Störungsursache zu unterstützen (Analyse).

Die Störungsmeldung erfolgt je nach Prozeß und Prozeßhard- bzw. -software
auf unterschiedliche Weise: Sie kann über *externe Grenzwertmelder*, z.B. Si-
gnallampen, Hupsignale, oder *interne Grenzwertmelder*, d.h. softwaremäßig
durch den Einsatz von Prozeßrechnern plus spezieller Programme und Si-
gnaleingänge erfolgen. Bei entsprechend programmierter Grenzwertüberwa-
chung kann der Prozeßrechner selbsttätig eine Prüfung des Wertes nach jeder Erfassung durchführen. Der Vorteil dieses Verfahrens liegt darin, daß die
Grenzwerte dadurch leichter veränderbar sind und auch problemlos zusätzliche Grenzwerte eingeführt werden können.

Störungen, die unter Einsatz von Rechnern erfolgen, werden entsprechend
protokolliert. Besonders komfortable Störungsprotokolle (z.B. Flugschrei-
ber) enthalten außer der gestörten Größe auch andere *korrespondierende*
Prozeßgrößen und deren Meßwerte sowie evtl. auch deren Verlauf in den
letzten Minuten vor Auftritt der Störung (*post mortem review*, Störungsab-

laufprotokoll). Voraussetzung für eine solche Protokollführung ist natürlich das Speichern aller wichtigen Prozeßgrößen über einen festen Zeitraum hinweg (z.B. 5 min). Erst nach Ablauf dieser Frist werden sie durch neue Daten überschrieben. Diese Vorgehensweise hat sich als äußerst *wirkungsvolles* Mittel zur Störungsanalyse erwiesen.

Beispiel eines Störablaufprotokolls

Die Tab. 2.3 zeigt ein Beispiel eines Störablaufprotokolls aus einem Kraftwerk (vgl. Martin 76). Das ausschnittsweise dargestellte Protokoll wurde erstellt, nachdem im Kraftwerk der Kondensatorschutz ansprach und einen Turbinenschnellschluß auslöste. Das Protokoll beginnt mit der Auflistung der *Ursache* der Störung, ihrem genauen *Zeitpunkt* und den *Signalen*, die die Aufzeichnung verursachten. Anschließend werden die im Protokoll vorkommenden *Prozeßgrößen* mit ihren Kurzbezeichnungen aufgelistet.

Der entscheidende Teil des Störablaufprotokolls wird gebildet durch eine tabellenartige Auflistung der Prozeßgrößen und ihren gemessenen *Analogwerten*. Dabei ist der zeitliche Ablauf und die entsprechende Aufzeichnung gestaffelt. Zunächst erfolgt zwischen 8:42:20 Uhr und 8:48.20 Uhr eine *minütige* Protokollierung. Anschließend bis 8:49:50 Uhr eine Auflistung der Werte *alle 15 Sekunden* und dann zwischen 8:49:55 Uhr und 8:50:50 eine Protokollierung im *5 Sekundenabstand*.

Die gesamte Aufzeichnung geht über *16 Minuten*, wobei der Zeitpunkt der Störung genau in der Mitte, um 8:50:25 Uhr liegt. Ursache der Störung war der hohe Druck im *Kondensator 1*. Sein Grenzwert lag bei *0.600 ata*. Als dieser erreicht wurde, sprach der *Kondensatorschutz* an und löste einen *Turbinenschnellschluß* aus. Das Protokoll ist aufgeteilt in eine *Vor-* und *Nachgeschichte* für die einzelnen Prozeßgrößen. Aus der Vorgeschichte ist erkennbar, daß der *Druck im Kondensator 1* relativ schnell ansteigt. Die Nachgeschichte zeigt, daß der Druck im Kondensator 1 weiter anstieg, die *Turbinendrehzahl* jedoch absank. Der Turbinenschnellschluß wurde somit *erfolgreich* durchgeführt.

Einen weiteren Teil des Störablaufprotokolls stellen die aufgelisteten *Binärwerte* dar. Aus diesen ist erkennbar, daß um 8:42:20 Uhr der *Steuerschrank 11* ausgefallen war und um 8:42:24 Uhr das *Kühlwassereintrittsventil* zum Kondensator 1 geschlossen hat. Das Fehlen des Kühlwassers erklärt das Ansteigen des Drucks im Kondensator und dürfte somit die Ursache für die Störung gewesen sein.

Tabelle 2.3 Störablaufprotokoll

Anregende Signale für Turbinenschnellschlußauslösung
08:50:21:10:12 D0357 SD11P001 G01 Kondensatorschutz Auslsg

A0405	S010K001	Turbinen Drehzahl	U/min
A0468	RA12P002	FD Druck vor Turbine	KP/cm2
A5011	SL02P005	Lager Oeldruck	KP/cm2
A0520	SC01P002	Steuer Oeldruck vor Filter	KP/cm2
A0521	SC01P003	Steuer Oeldruck hinter Filter	KP/cm2
A0601	SD12P001	Kondensatorschutz Kond 1	ata
A0602	SD22P001	Kondensatorschutz Kond 2	ata

Uhr	A0405	A0468	A0511	A0520	A0521	A0601	A0602
08:42:20	1500	71.0	5.10	15.2	15.1	0.050	0.051
08:43:20	1500	71.0	5.12	15.1	15.0	0.051	0.050
⋮							
08:48:20	1500	70.9	5.11	15.1	15.0	0.081	0.051
08:48:35	1500	70.9	5.10	15.1	15.0	0.099	0.051
08:48:50	1500	71.0	5.13	15.1	15.0	0.101	0.050
⋮							
08:49:50	1500	71.0	5.10	15.2	15.1	0.480	0.051
08:49:55	1500	71.0	5.11	15.2	15.1	0.511	0.051
⋮							
08:50:10	1500	71.0	5.14	15.2	15.0	0.571	0.050
08:50:15	1500	71.1	5.11	15.2	15.1	0.582	0.050
08:50:20	1500	71.0	5.10	15.3	15.2	0.599	0.051
Stoerung!!!							
08:50:25	1499	71.1	5.11	15.2	15.3	**0.600**	0.050
08:50:30	1498	71.0	5.09	15.3	15.1	0.609	0.050
08:50:35	1497	71.0	5.10	15.4	15.2	0.614	0.049
08:50:40	1495	71.1	5.08	15.4	15.3	0.621	0.048
⋮							
08:50:50	1491	71.0	5.10	15.5	15.3	0.629	0.048
08:51:05	1486	71.0	5.11	15.6	15.4	0.631	0.047
08:51:20	1482	71.1	5.12	15.5	15.3	0.638	0.047
⋮							
08:52:20	1458	70.6	5.09	15.6	15.4	0.673	0.045
08:53:20	1441	70.1	5.11	15.5	15.3	0.679	0.045
⋮							
08:58:20	1378	65.1	5.10	15.6	15.4	0.711	0.040

Binaermeldungen

08:42:20:10:11	D0117	EF02H011 G51	Steuer Schrank 11	Ausgef
08:42:24	D0573	VC3S101 G01	Kuehlwasser Eintr. Ventil Kond. 1	Zu
08:50:21:10:12	**D0357**	**SD11P001 G01**	**Kondensator Schutz**	**Auslsg**
08:50:21:40:02	D0831	RA14S201 G51	Umleit Ventil 1	Auf
08:50:21:40:04	D0832	RA14S202 G51	Umleit Ventil 2	Auf
08:50:21:40:05	D0871	RA32S101 G01	Schnell Schluss	Zu
08:50:21:40:07	D0833	RA24S201 G51	Umleit Ventil 3	Auf
08:50:21:40:07	D0834	RA24S202 G51	Umleit Ventil 4	Auf
08:50:23	D1011	RA14S101 G01	Heiz Dampf Ventil 1	Zu
08:50:23	D1012	RA14S102 G01	Heiz Dampf Ventil 2	Zu

Binaersignalzustaende zum Anregungszeitpunkt

08:50:21:10:12	D0831	RA14S201 G51	Umleit Ventil 1	Zu
08:50:21:10:12	D0832	RA14S202 G51	Umleit Ventil 2	Zu
08:50:21:10:12	D0833	RA24S201 G51	Umleit Ventil 3	Zu
08:50:21:10:12	D0834	RA24S202 G51	Umleit Ventil 4	Zu

Wie das Beispiel zeigt, hilft ein Störablaufprotokoll bei der Suche nach einer Störursache durch detaillierte, chronologische Aufzeichnung der beteiligten Prozeßgrößen kurz vor und nach dem Auftreten einer Störung.

Prüfung von Analog- bzw. Digitalwerten

Die Binärwerte, die genau einen von zwei möglichen Zuständen anzeigen, werden in einem eigenen Unterpunkt behandelt, da hierbei die Prüfung einfacher als bei mehrstelligen Digitalwerten durchzuführen ist.

Zum Prüfen eines Wertes x benötigt der Rechner zwei Grenzwerte, x_{min} und x_{max}. Die Überprüfung des gemessenen Wertes erfolgt dann durch zwei einfache Abfragen (siehe Abb. 2.17). Liegt der Meßwert x *innerhalb der Grenzen*, so arbeitet der durch diese Meßstelle überwachte Teil des Prozesses *einwandfrei*.

Liegt er *außerhalb der Grenzen*, so gibt es folgende *drei* Möglichkeiten:

1. Störung im Prozeß
2. Störung der Meßeinrichtung
3. Meßeinrichtung ist ganz ausgefallen

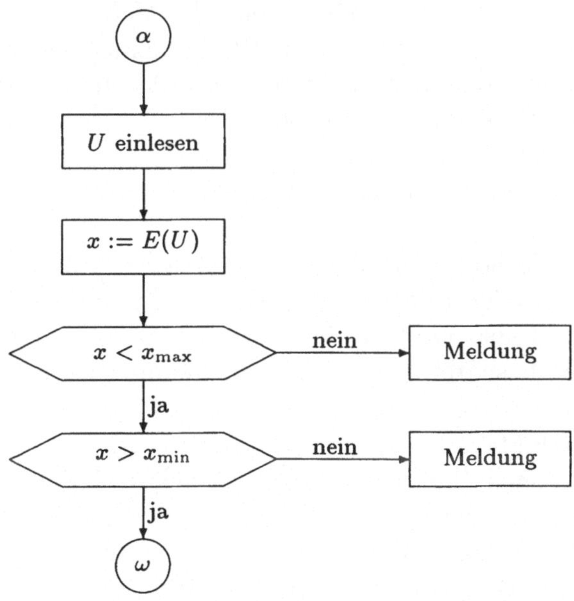

Abbildung 2.17
Überprüfung eines Meßwertes durch Grenzwertvergleich (nach H.Hotes 1967)

Evtl. kurzzeitige Störungen einer Meßeinrichtung, z.B. durch Einwirkung elektromagnetischer Felder, werden durch erneutes Lesen des Meßwertes nach einer Wartezeit festgestellt. Liegt beim erneuten Lesen der Meßwert innerhalb der Grenzen, so war eine kurzzeitige Störspannung die Ursache der Überschreitung.

Der *Ausfall einer Meßeinrichtung* kann auf unterschiedliche Weise festgestellt werden:

1. Viele Meßwerte können selbst bei gestörtem Betrieb aus *physikalischen Gründen* bestimmte Grenzen nicht überschreiten. Ein Beispiel dafür ist die Tatsache, daß Wasser bei normalem Druck keine höhere Temperatur als 100 °C haben kann, da es danach in gasförmigen Zustand übergeht. Es läßt sich somit ein weiterer Bereich angeben, $X_{\min} < x_{\min} < x < x_{\max} < X_{\max}$, in welchem der Meßwert x auch bei gestörtem Betrieb liegen muß. Ein *Überschreiten dieser äußeren Grenzen* läßt dann mit Sicherheit auf ein *Versagen der Meßeinrichtung* schließen (siehe Abb. 2.18).

2. Die *Tendenzprüfung* ist eine weitere Methode zum Erkennen solcher Fehler. Sie läßt sich dann anwenden, wenn die Meßwerte in *festen Zeitabständen* Δt abgefragt werden. Viele Werte können selbst bei Störungen ihren Wert innerhalb einer bestimmten Zeit Δt nur um einen maximalen Wert Δx ändern. Demnach gilt folgendes:
$$|x(t) - x(t + \Delta t)| < \Delta x$$
Ist obige Bedingung verletzt, so liegt ein Versagen der Meßeinrichtung vor.

3. Eine weitere Methode beruht auf der Tatsache, daß die Werte der einzelnen Prozeßgrößen immer in irgendeinem Zusammenhang zueinander stehen, sie sind also *miteinander gekoppelt*. Das *mathematische Modell* des Prozesses beschreibt den Zusammenhang zwischen den einzelnen Prozeßgrößen.
$$X_i = F_i(x_1, x_2, \ldots, x_N) \qquad i = 1, \ldots, N$$
In den wenigsten Fällen kann man ein solches Modell tatsächlich vollständig angeben: Aber es lassen sich immer zu einer Prozeßgröße x_i weitere $(x_1, \ldots, x_N)$ finden, die sich mit dieser in gleicher Weise verändern. Stellt sich bei der Überprüfung des *Primärwertes* x_i eine Grenzwertüberschreitung heraus, so werden die korrespondierenden *Sekundärwerte* x_k ebenfalls überprüft. Überschreiten auch die Sekundärwerte

ihre Grenzen, so liegt eine Störung im Prozeß vor. Andernfalls besteht ein Defekt an der Meßeinrichtung.

Die angegebenen Grenzwerte sind nur bei *stationären Prozessen konstant*. Bei *instationären Prozessen* sind sie *abhängig von der Zeit* und müssen daher zusätzlich bei Bedarf berechnet werden.

4. Für besonders wichtige Meßwerte, auf deren Zuverlässigkeit man angewiesen ist, werden *redundante Meßgeräte* eingesetzt.

5. Ausfälle von Meßeinrichtungen, die bisher weitgehend von übergeordneten Rechnern festgestellt wurden, werden in neuerer Zeit häufig von „intelligenten Meßgeräten" in sogenannten *Selbsttest*s ermittelt.

Kurzbeschreibung des Ablaufplanes für eine verknüpfte Störabfrage (siehe Abb. 2.18):

Wird eine der beiden Grenzen für den Meßwert überschritten, so wird eine entsprechende Marke gesetzt und der Wert noch ein zweites Mal abgefragt um Zufallsfehler auf der Meßleitung durch Störspannungen zu vermeiden. Blieb die Grenzwertüberschreitung auch bei der zweiten Prüfung erhalten, so wird durch einen Vergleich mit den äußeren Grenzen festgestellt, ob der Fehler in der Meßeinrichtung zu suchen ist. Das ist der Fall, wenn auch die äußeren Grenzen überschritten werden. Liegt der gemessene Wert noch innerhalb der Grenzen, so werden die Sekundärwerte überprüft, die wiederum Aufschluß über die Fehlerart geben können. Werden auch diese überschritten, so ist der Prozeß gestört, sonst die Meßeinrichtung. Der Hilfsparameter B regelt die Fehlerrichtung (Prüfung des Maximums bzw. des Minimums).

Welche der möglichen Prüfungsarten jeweils verwendet werden, hängt vom einzelnen Meßwert ab. Zweckmäßigerweise wird ein Universalprogramm für alle Meßwerte verwendet. In diesem werden pro Meßwert die Programmteile, die durchlaufen werden sollen, mittels einer Parameterliste gekennzeichnet. Die Abfrage der einzelnen Meßwerte erfolgt sequentiell durch das Programm.

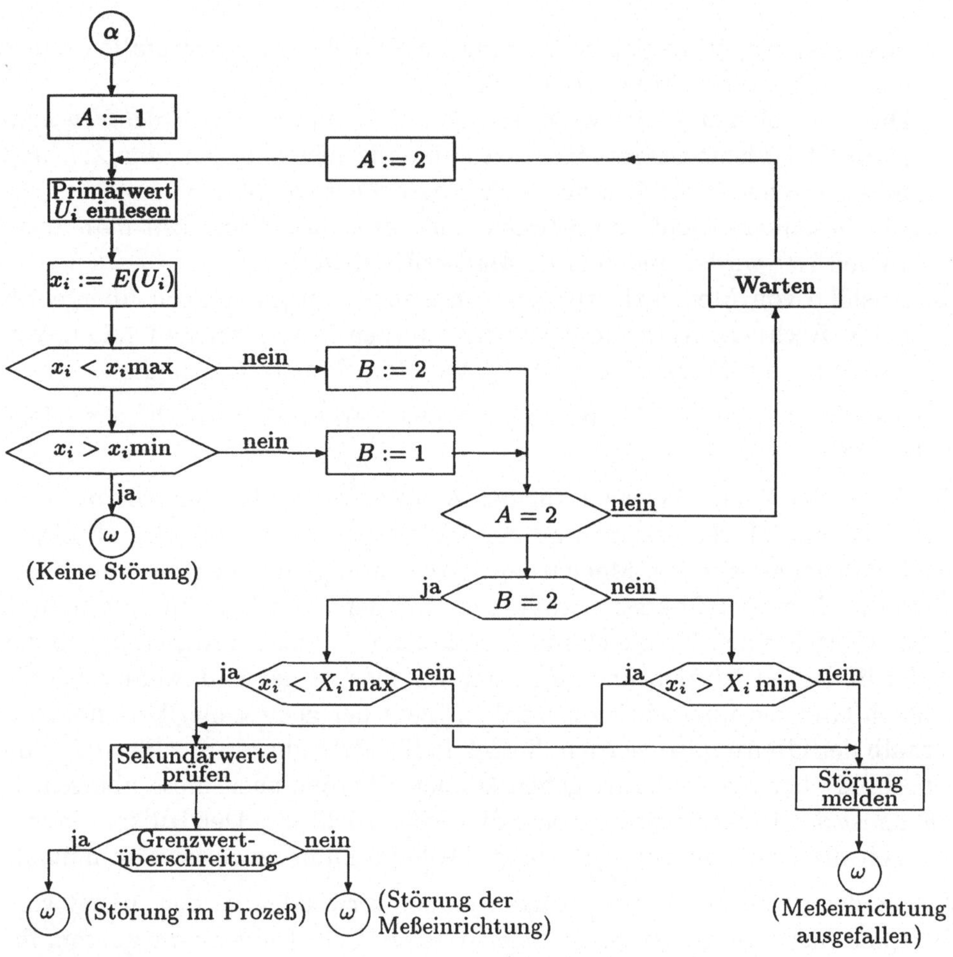

Abbildung 2.18
Ablaufplan für eine verknüpfte Störabfrage mit zweimaligem Lesen, physikalischen Grenzwerten und Sekundärwerten anderer Meßgrößen (nach H. Hotes 1967).

Prüfung von Binärwerten

Auch bei Binärwerten sind geeignete Maßnahmen möglich, die erkennen lassen, ob eine Störung in der Meßeinrichtung vorliegt. Wiederholen der Messung oder anschließende Prüfungen führen allerdings zu keinem Erfolg, da Störspannungen auf die Werte 0 und L keinen Einfluß haben. Eine gestörte Meßeinrichtung erkennt man hier erst, wenn mehrere Meßfühler eingesetzt werden. Bei der Messung von Binärwerten geht das sehr einfach durch das Verwenden von *Wechselkontakten* anstelle von einfachen Kontakten.

Das Bild 2.19 zeigt zunächst ein ungestörtes Gerät mit den beiden Stellungen
OL und LO, anschließend eine Unterbrechung 00 und dann einen Kurzschluß
LL. Nicht jede Störung läßt sich dabei erkennen, jedoch wird nie eine falsche
Stellung vorgetäuscht. Falls mit mehrfachen Störungen zu rechnen ist, so
können diese durch den Einsatz weiterer Kontakte erkannt werden (z.B.
Doppelwechsler).

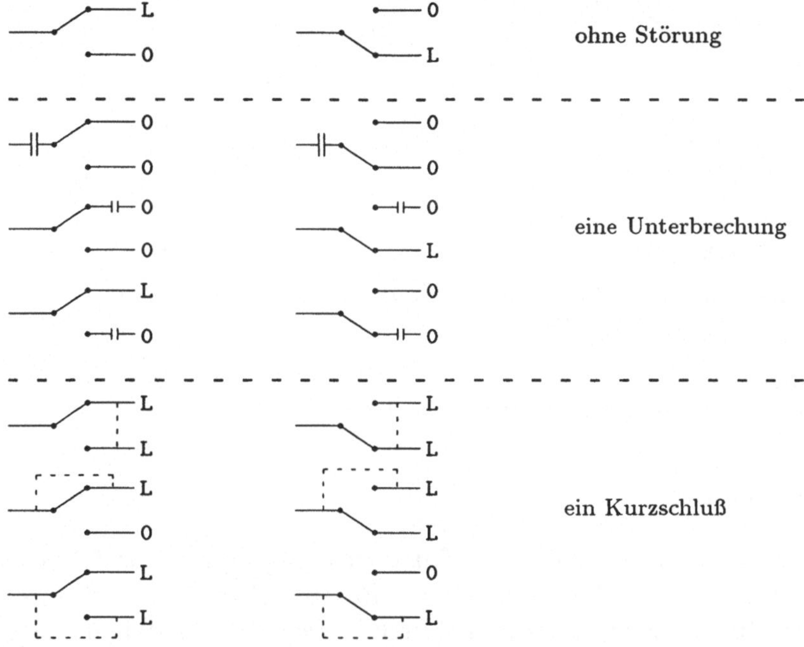

Abbildung 2.19
Störungsfreier Betrieb, Unterbrechung und Kurzschluß eines Wechselkontaktes (nach
H.Hotes 1967)

Abb. 2.20 zeigt den Ablaufplan für die Prüfung eines Wechsler. x_s ist der
Sollwert, $\overline{x}_s$ entgegengesetzter Wert. Geprüft wird zunächst ob der Kontakt ordnungsgemäß die Stellung OL oder LO hat. Ist das nicht der Fall,
wird überprüft, ob die entgegengesetzte Stellung eingenommen wurde, was
auf eine Störung im Prozeß zurückzuführen ist. Mußte auch diese Abfrage
verneint werden, so bleibt nur noch ein Kurzschluß bzw. eine Unterbrechung
als Fehlerursache.

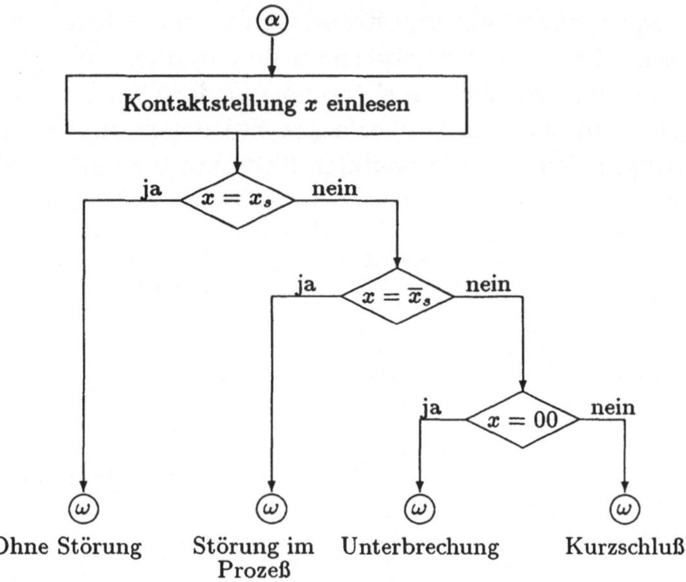

Abbildung 2.20
Ablaufplan für die Prüfung eines Wechslers (nach Hotes 1967)

2.3.4 Steuerung

Umgangssprachlich wird der Begriff der Prozeßsteuerung als Oberbegriff
für viele Aufgabenbereiche, insbesondere für jede Form des korrigierenden
Eingreifens, in der Prozeßautomatisierung verwendet. Im folgenden steht
Steuerung jedoch für eine klar umrissene Aufgabe: Die Steuerung *verknüpft
binäre Prozeßsignale* und greift anschließend über das *Senden binärer Signale* in das Prozeßgeschehen ein. Werden bei diesem Vorgehen *Zeitkriterien*
berücksichtigt, so spricht man von *Ablaufsteuerung*.

Beispiele für binäre Eingangssignale sind:

- Signale von Schaltern und Stellgliedern (z.B. Ventile)
- Signale von Grenzwertmeldern (z.B. Druck-, Niveau-, Drehzahlwäch-
  tern)
- die vom Rechner aufgrund der Überwachung erzeugten binären Signale
  bei Grenzwertüberschreitung von analogen Meßgrößen
- Zeitkriterien
- Signale aus einer logischen Vorverarbeitung

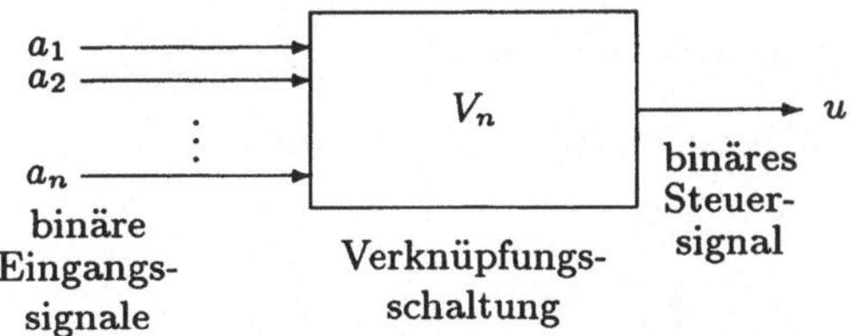

Abbildung 2.21
Schematische Darstellung einer Verknüpfung der binären Eingangssignale für die anschließende binäre Steuerung.

- Signale über die Weichenstellung bei Transportsystemen.
- Signale von Lichtschranken

Ein anschauliches Beispiel für eine Prozeßsteuerung ist das *Ein-* und *Ausschalten* des *Brenners eines Ölofens* für eine Zentralheizung in Abhängigkeit von der *Uhrzeit*, der *Zimmertemperatur*, der *Wassertemperatur*, dem *Wasserstand* in den Heizkörpern und dem *Ölstand* im Tank. In anderen Bereichen sind weitaus mehr Signale zu verknüpfen und zu beachten. Ein Beispiel für das Verknüpfen von besonders vielen Signalen ist das Zünden einer Rakete.

Wofür heute hauptsächlich Rechner eingesetzt werden, verwendete man früher Relais und elektrische Bauelemente. Die Vorteile eines Rechnereinsatzes für solche Aufgaben liegen jedoch auf der Hand: Steuerprogramme können, im Gegensatz zu festverdrahteten Verknüpfungsschaltungen leichter verändert werden. Außerdem ist ein Rechner bei vielfältigen Steuerungsaufgaben billiger und obendrein in der Lage, zusätzliche andere Aufgaben wie Überwachung und Optimierung durchzuführen.

2.3.4.1 Anfahrvorgang einer Pumpe

Als Beispiel für eine *Ablaufsteuerung* wird im folgenden der *Anfahrvorgang* einer Pumpe erläutert:

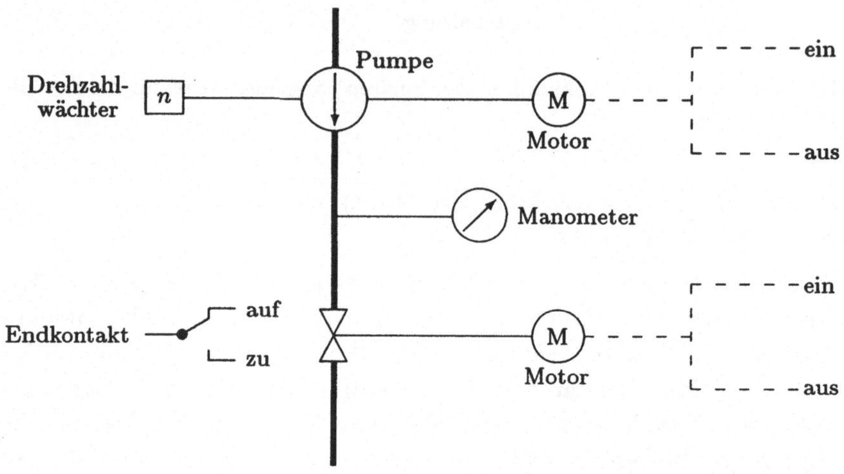

Abbildung 2.22
Schema einer Pumpe mit zugehörigem Druckventil (nach Hotes 1967)

Vor dem Einschalten des Pumpenmotors muß das Ventil in der Druckleitung geschlossen sein, was durch eine Abfrage überprüft wird(Endkontakt). Wurde der Motor eingeschaltet, so wird anschließend mittels eines Manometers überprüft, ob ein bestimmter Druck in der Leitung erreicht wurde. Erst wenn auch das der Fall ist, kann das Ventil wieder geöffnet werden. Bleibt dieser Druck aus, so deutet das auf einen Fehler hin.

Dieser Fehler kann zwei Ursachen haben:

Entweder ist die Pumpe nicht richtig angelaufen oder es ist keine Flüssigkeit in der Ansaugleitung. Die Abfrage eines Drehzahlwächters, der an der Pumpe angeschlossen ist, gibt darüber Auskunft (siehe Abb. 2.22 und Abb. 2.23).

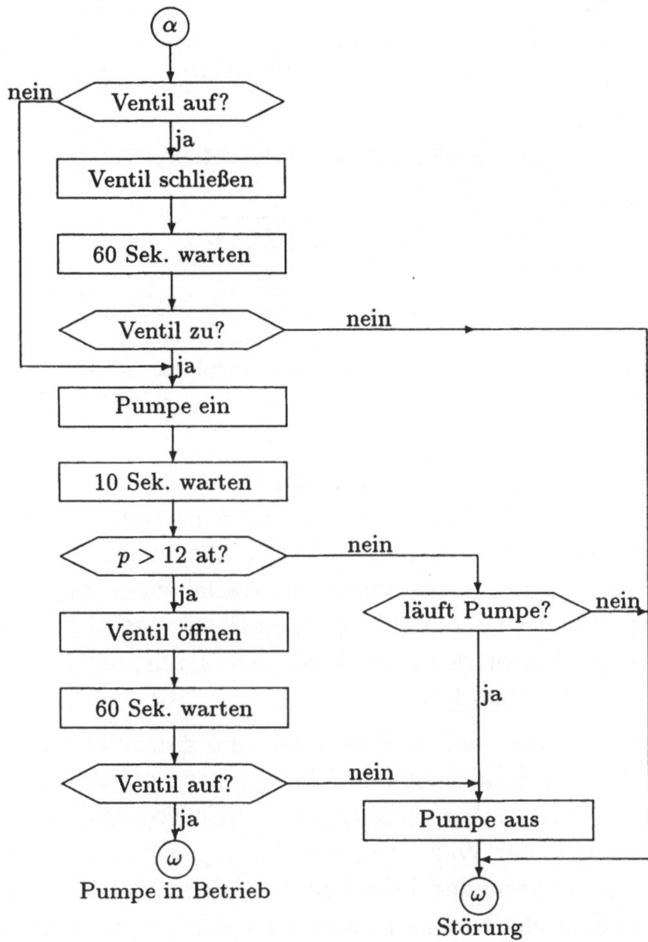

Abbildung 2.23
Entsprechender Ablaufplan für den oben beschriebenen Anfahrvorgang einer Pumpe (nach Hotes 1967)

2.3.4.2 Positionierung einer Säge

Mittels einer Säge werden Holzplatten maßgerecht zugeschnitten, indem sie (einseitig an einem *Anschlag anliegend*) durch die Säge hindurch geschoben werden. Ohne Automatisierung wurde das Sägeblatt handgesteuert unter Zuhilfenahme eines in Drehzahl und Drehrichtung umschaltbaren Antriebsmotors für die Verstellspindel des Sägeschlittens. Nun soll eine überlagerte Steuerung die Säge automatisch positionieren (siehe Abb. 2.24). Als Vorlage

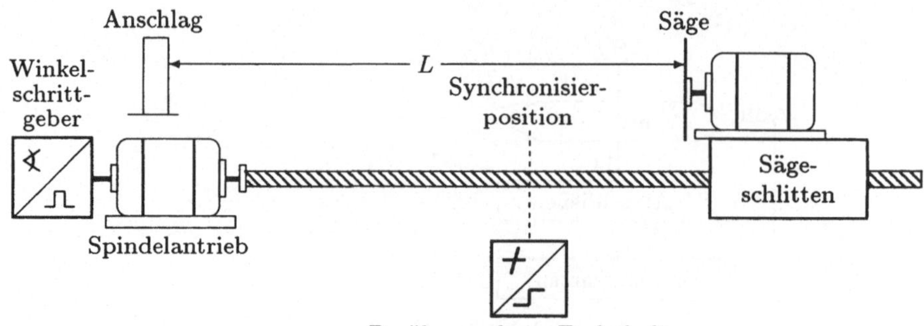

Abbildung 2.24

Das Bild zeigt den prinzipiellen Aufbau der Sägeeinrichtung mit den für die Automatisierung notwendigen *Gebern*.

erhält sie den Sollwert L der zu schneidenden *Holzlänge*, der an einem nahe der Säge installierten Bedienpult über das Einstellen von entsprechenden Ziffern eingegeben wird. Von diesem Bedienpult aus wird nach Sollwertvorgabe der Start der Automatik durch den Bedienenden veranlaßt. Nach der Rückmeldung „Position erreicht" aus dem System wird der Spindelantrieb gestoppt und der Motor der Säge sowie der Transport der Platten eingeschaltet (siehe auch Ablaufplan).

Der *Winkelschrittgeber* liefert Drehwinkel- und damit wegproportionale Impulse. Jeder Impuls entspricht einer bestimmten vom Schlitten zurückgelegten *Wegeinheit* (Impulsmaßstab). Der *berührungslose Endschalter* dient der Synchronisation der Weg-Istwert-Erfassung. Das bedeutet, daß *vor der tatsächlichen Einstellung des Sollwertes* L zunächst der Sägeschlitten auf die Position dieses Endschalters gebracht wird und dann erst die Einstellung von L beginnt.

Der folgende *Programmablaufplan* (siehe Abb. 2.25) beschreibt den zeitlichen Verlauf der Vorgänge innerhalb der Steuerung und damit ihr Programm. Der dabei abgefragte Wert D ist die *Differenz* zwischen dem Sollwert L und dem Istwert P (die Position des Sägeschlittens).

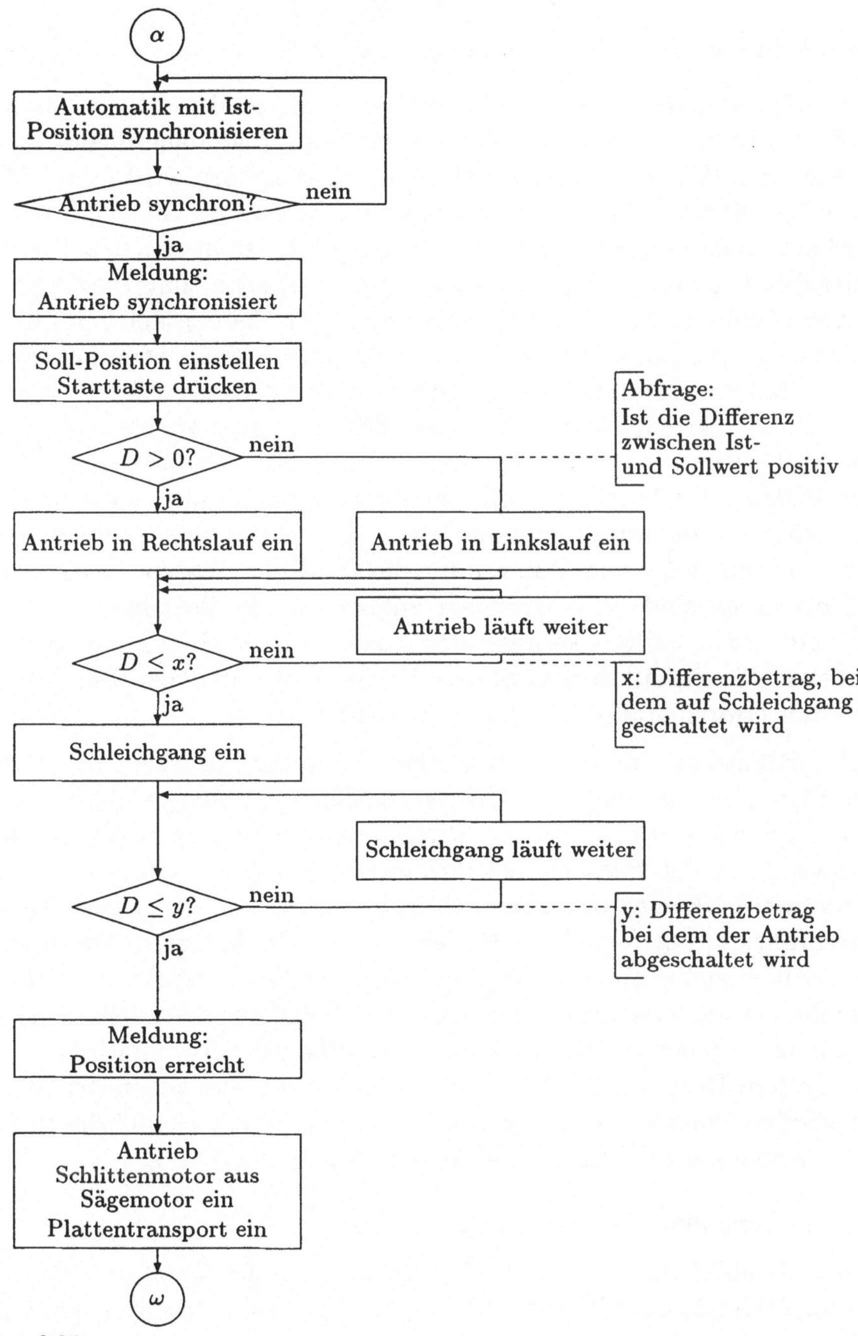

Abbildung 2.25
Ablaufplan für die Steuerung einer Sägeeinrichtung

2.3.4.3 Steuerung einer Malztransportanlage

Das Zielprodukt einer Mälzerei ist der zur Bierherstellung wichtigste Grundstoff, das Malz. Dieses wird in einem mehrere Tage dauernden Prozeß aus Gerste oder Weizen gewonnen. Das angelieferte Korn wird in der Mälzerei gereinigt, eingeweicht, zur Keimung gebracht und anschließend wieder getrocknet. Das so gewonnene Endprodukt Malz ist in seiner äußeren Form weitgehend unverändert, d.h. kornförmig geblieben, unterliegt jedoch als Naturprodukt starken Qualitätsschwankungen, die von der Güte des angelieferten Korns abhängen. Durch das *Mischen* des in verschiedenen Silos untergebrachten Malzes (jede Malzsorte muß getrennt gelagert werden) lassen sich definierte Qualitäten bzw. Spezialmalzsorten erzielen, wie z.B. dunkles Malz, Rauchmalz, Sauermalz oder Brühmalz. Dafür wird eine *flexible Handhabung* der Transportanlage benötigt, die man mit einem *Steuerungsalgorithmus automatisieren* kann, da „nur" Ventile und Klappen zu öffnen bzw. zu schließen sowie Motoren für die einzelnen Transportwege ein- bzw. auszuschalten sind. Eine Transportanlage wie sie die folgende Abbildung darstellt, ist in weitaus komplexerer Ausführung in einer Erlanger Mälzerei realisiert. Sie enthält dort 17 Silos, 4 Becherwerke, 18 Schnecken, 7 Klappen, 5 Redler (Horizontalförderer) und 20 Ventile.

Ziel der Automatisierung einer solchen Förderanlage ist es, durch Angabe des *Startsilos, Zielsilos und der gewünschten Zielmenge* die entsprechenden *Förderelemente richtig zu stellen*, bzw. in der richtigen Reihenfolge (insbesondere der *Becherwerke, Schnecken und Redler*) zu starten und die *elektronische Waage* mit dem richtigen *Sollwert* zu versorgen. Neben der Durchführung des regulären Betriebs wurde die Anlage so konzipiert, daß sie unzulässige Zustände anzeigt und ein entsprechendes Fehlerprotokoll mit Angabe der Fehlerstelle ausgibt. Eine Bestandsliste über die aktuelle Silobelegung ist zu jeder Zeit abrufbar. Als Grundlage der Automatisierung diente das System Braumat PA 5400 der Siemens AG, das neben der Steuerung der Förderelemente die *Kommunikation mit der Waage* und die Bedienung des Prozesses ermöglicht (siehe Gewalt 89 Kap. 2).

Beschreibung eines Lager- und Mischvorgangs

In der abgebildeten Transportanlage kommt das *fertige Malz*, das aus *einer Kornart* (Gerste oder Weizen) und *einem Keimvorgang* gewonnen wurde, in Silo 0, um von dort zur Zwischenlagerung in einen der Silos 1 bis 3 transportiert zu werden. Wird z.B. Silo 2 zur Lagerung gewählt, so muß die

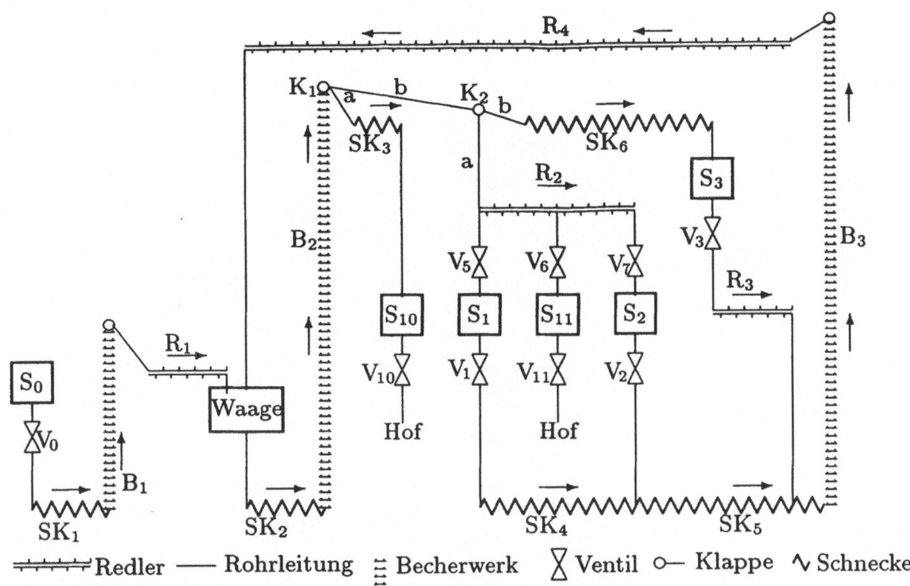

Abbildung 2.26
Vereinfachte Malztransportanlage zur Lagerung und Mischung verschiedener Malzsorten.
Zur Zwischenlagerung dienen die Silos 1,2,3. Die Abfüllung an die Brauereien erfolgt
entweder über Silo 10 oder Silo 11

Steuerung die Transportanlage vom *Ziel aus* in Betrieb setzen. D.h., daß
als erstes überprüft werden muß, daß die VENTILE 2, 5 und 6 geschlossen
sind. Danach muß das VENTIL 7, der REDLER 2, die KLAPPEN 2 und 1, das
BECHERWERK 2, die SCHNECKE 2, der REDLER 1, das BECHERWERK 1 und
erst zuletzt die SCHNECKE 1 und das VENTIL 0 geöffnet bzw. angefahren
werden. Die Gesamtmenge, die an SILO 2 übergeben wurde, wird von der
Waage registriert und entsprechend gespeichert. Das *Beenden des Transpor-
tes* nach SILO 2 erfolgt *zeitverzögert in umgekehrter Reihenfolge*, damit alle
Transportwege leergefahren werden (siehe Abb. 2.26 und 6.1).

Wird von einer Brauerei ein bestimmtes Mischungsverhältnis aus den in
SILO 1 und 3 gelagerten Malzsorten direkt gewünscht und die Abfüllung
erfolgt unter SILO 10, so sieht die Steuerung dazu folgendermaßen aus: Es
werden die entsprechenden Mengenangaben für das Malz aus SILO 1 und 3 in
das Steuerungssystem mittels entsprechender *Erfassungsmasken* eingegeben
und SILO 10 mit der ersten Malzsortenmenge gefüllt. Der Weg führt über
VENTIL 1, die SCHNECKEN 4 und 5, das BECHERWERK 3, den REDLER 4,

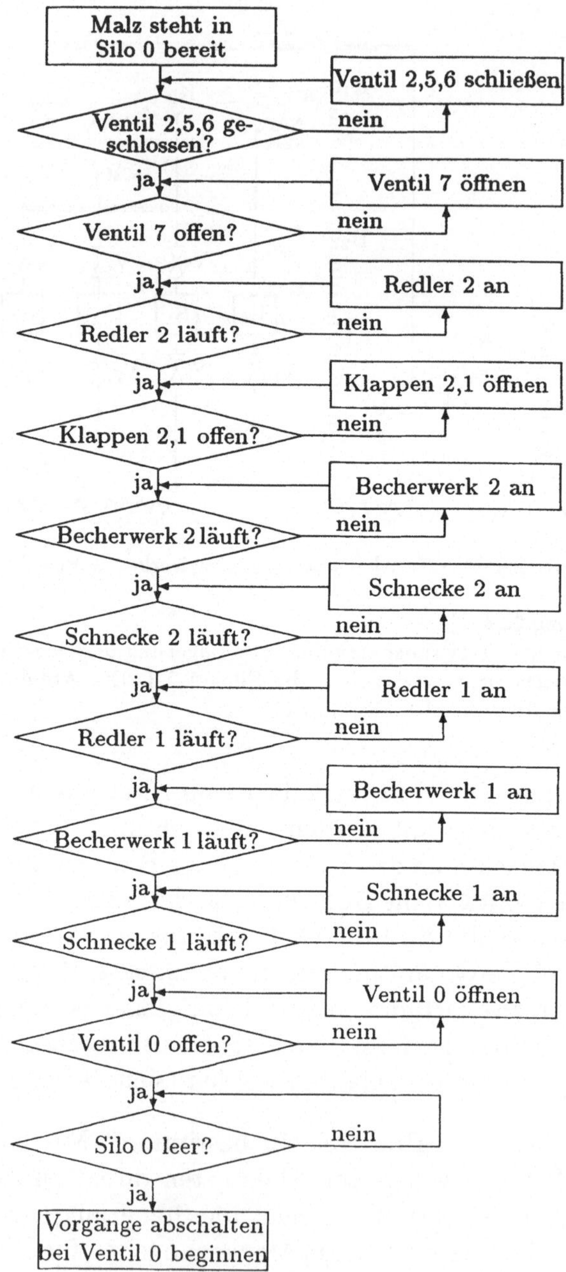

Abbildung 2.27

Ablaufplan für den im Text beschriebenen Lager- und Mischvorgang.
Malz wird gewogen und transportiert, bis Silo 0 leer ist. Der Abschaltvorgang beginnt umgekehrt bei Ventil 0.

die SCHNECKE 2, das BECHERWERK 2 und die SCHNECKE 3. Währenddessen
ist VENTIL 10 noch geschlossen. Danach erfolgt der entsprechende Mengen-
transport für das Malz aus SILO 3. Nachdem SILO 10 die gewünschte Gesamtmenge der Mischung enthält, wird der Transport wie oben beschrieben
in umgekehrter Reihenfolge gestoppt. Anschließend kann das Malzgemisch
über das VENTIL 10 in die entsprechenden Wagen abgelassen bzw. „abge-
sackt" werden.

2.3.4.4 Programmierbare Steuerungen

Die im vorangegangenen Teil beschriebenen Steuerungsaufgaben werden seit
Ende der siebziger Jahre von eigens dafür entwickelten Geräten übernommen, den *Programmierbaren Steuerungen*. Diese Bausteine sind Kleinstrechner mit einer eigenen CPU, einem Anwenderspeicher und evtl. weiteren
Speicherbaugruppen. Sie können z.B. mit eigens für sie entwickelten Sprachen relativ leicht programmiert werden. Die heutigen Steuerungen sind so
konzipiert, daß sie für vielfältige Anwendungsgebiete einsetzbar sind, definierte Reaktionszeiten garantieren und zum Teil bereits *multiprozessorfähig*
sind. Die Verknüpfung der einzelnen Steuerungen untereinander und zu
übergeordneten Rechnern erfolgt meist über *lokale Netze*, wobei sich Bussysteme sehr bewährt haben. Der in diesem Kapitel eindeutig eingegrenzte
Steuerungsbegriff ist jedoch nicht das einzige Einsatzgebiet von programmierbaren Steuerungen. Neben der Aufgabe des Steuerns können sie auch
für Regelungen und Überwachungsfunktionen sowie für das Sammeln und
Verarbeiten von Daten eingesetzt werden.

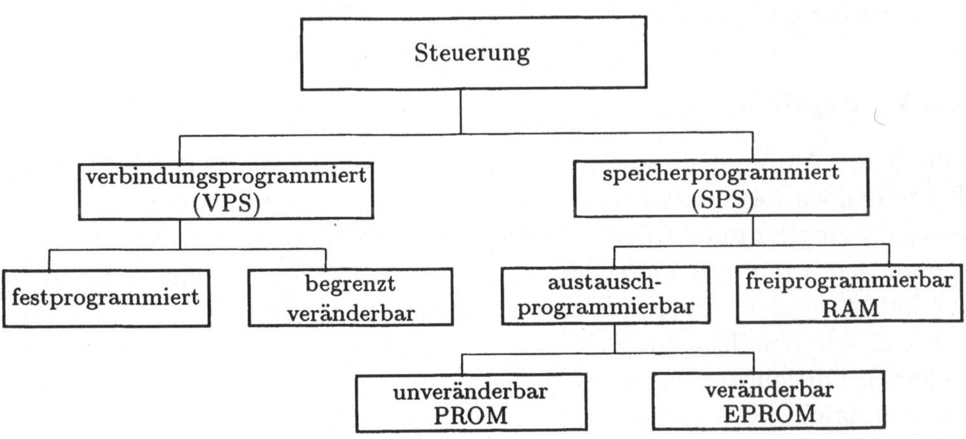

Das Programm einer Steuerung kann prinzipiell entweder durch die Art der Funktionsglieder und deren Verbindungen (*VPS VerbindungsProgrammierte Steuerung*) oder als eine in Speichern hinterlegte Reihe von Anweisungen (*SPS SpeicherProgrammierte Steuerung*) festgelegt werden.

Verbindungsprogrammierte Steuerungen

VPS können entweder *festprogrammiert*, d.h. unveränderbar, z.B. durch feste Draht- oder Leiterplattenverbindungen oder *begrenzt veränderbar*, z.B. durch steckbare Drahtverbindungen, Diodenmatrizen, änderbare Kreuzschienenverteiler, austauschbare Bauelemente, verwirklicht werden.

Speicherprogrammierte Steuerungen

Bei den SPS unterscheiden sich *freiprogrammierbare* von *austauschprogrammierbaren* Steuerungen.

Bei freiprogrammierbaren Steuerungen ist der Programmspeicher ein Schreib-Lese-Speicher (RAM), dessen gesamter Inhalt ohne mechanischen Eingriff in die Steuerungseinrichtung frei, d.h. in beliebig kleinem Umfang geändert werden kann.

Austauschprogrammierbare Steuerungen sind Steuerungen mit Nur-Lese-Speichern (ROM) als Programmspeicher, deren Inhalt nach erfolgtem Programmieren nur durch mechanischen Eingriff in die Steuerungseinrichtung verändert werden kann. Hierbei lassen sich noch Steuerungen mit Nur-Lese-Speichern unterscheiden, die nach der Herstellung programmiert und mehrmals *verändert* werden können (EPROM) sowie solche, die nur einmalig bei oder nach der Herstellung programmiert werden können und dann *unveränderbar* sind (PROM).

2.3.5 Regelung

Durch die Automatisierung will man vor allem erreichen, daß bestimmte Prozeßgrößen (*Ausgangsgrößen*) auf vorgegebene Werte gebracht und auf diesen auch gehalten werden. Diese Prozeßausgangsgrößen lassen sich jedoch nur in den *seltensten Fällen direkt beeinflussen* (z.B. muß ein Widerstand verändert werden um den Strom zu beeinflussen oder ein Ventil verstellt werden, d.h. eine Eingangsgröße ist zu variieren, um z.B. den Durchfluß zu ändern). Oft sind es sogar *mehrere* Eingangsgrößen die verändert werden müssen damit die Ausgangsgröße ihren vorgegebenen Wert erreicht

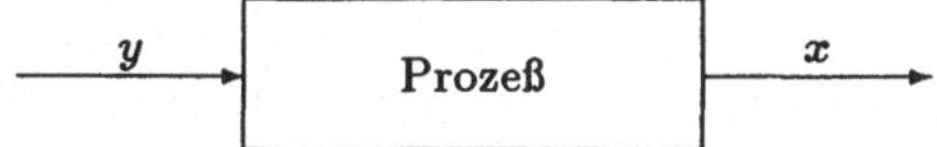

Um die Werte der relevanten *Eingangsgrößen* (Stellgrößen) so zu bestimmen, daß die Ausgangsgrößen ihre Sollwerte erreichen, müßte der mathematische Zusammenhang (*das mathematische Modell*) exakt bekannt sein, um damit bei gegebener Ausgangsgröße x die dazugehörige Eingangsgröße (Stellgröße) y berechnen zu können. In den meisten Fällen läßt sich dieses exakte Modell jedoch nicht angeben.

Daher wendet man die Prozeßregelung an, die dafür sorgt, daß bei Abweichung einer Ausgangsgröße x vom *Sollwert W* (der in der Regelungstechnik als *Führungsgröße* bezeichnet wird) die Eingangsgröße y so verändert wird, daß die Differenz zwischen x und W, die *Regelabweichung x_W*, verschwindet bzw. möglichst klein wird. Dabei müssen allerdings noch die *Störgrößen z* berücksichtigt werden. Durch ihren Einfluß auf den Prozeßablauf vergrößern diese im allgemeinen noch zusätzlich die Regelabweichung, ohne daß man die Werte dieser Störgrößen selbst direkt messen kann (siehe folgende Skizze). Durch geeignete Regelung läßt sich jedoch auch diese Abweichung kompensieren.

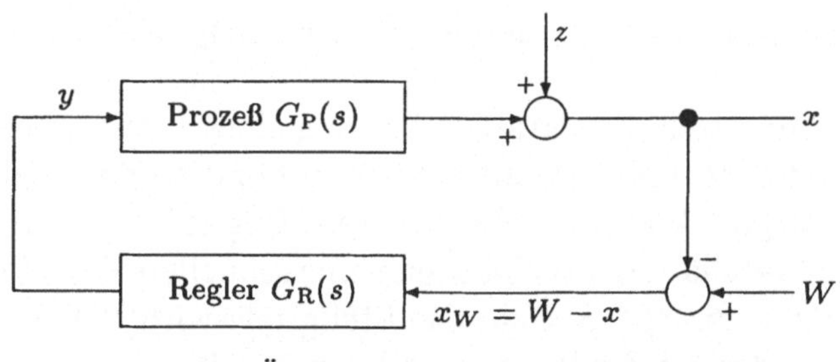

$$G_\text{P}(s) = \text{Übertragungsfunktion des Prozesses}$$
$$G_\text{R}(s) = \text{Übertragungsfunktion des Reglers}$$

Abbildung 2.28
Blockschaltbild für einen Regelkreis

Für den oben beschriebenen Aufgabenbereich verwendet man in der Prozeßautomatisierung *Regler* bzw. Rechner mit speziell implementierten *Regelalgorithmen*, man spricht dann von *Direct Digital Control* (DDC). Regler können in ihrer Bauweise unterschiedlich konzipiert sein, z.B. *pneumatisch* oder *elektrisch*. Ihre wesentlichen Aufgaben sind:

- der Vergleich zwischen dem *Istwert x* und dem *Sollwert W* einer Prozeßgröße sowie das Feststellen der aufgetretenen Differenz (*Regelabweichung*) $x_W = W - x$ nach Betrag und Richtung,
- das Ermitteln der *Stellgröße* unter Berücksichtigung der erhaltenen Regelabweichungen mit Hilfe der im Regler implementierten Funktionen (Regelalgorithmen).

Es gibt je nach Art des Prozesses (in diesem Zusammenhang oft als *Regelstrecke* bezeichnet) unterschiedliche Reglertypen, da man nicht bei allen Regelstrecken in gleicher Weise auf die Regelabweichung reagieren darf. Als Beispiel sei die Einstellung der Temperatur des Duschwassers genannt, bei der der Mensch die Funktion eines Reglers übernimmt. So wird er bei zu niedriger Duschwassertemperatur versuchen den Warmwasserhahn *langsam* zu öffnen. Eine zu heftige Reaktion würde die Regelgröße zum *Überschwingen* bringen, d.h. die Wassertemperatur würde zunächst zu heiß, er würde das Warmwasser wieder abdrehen, dann würde es wieder zu kalt usw. Je nach Regelstrecke benötigt man somit geeignete und richtig eingestellte *Reglerparameter*. Die drei wichtigsten Reglertypen werden hier herausgegriffen und im nächsten Abschnitt in ihrer Wirkungsweise genauer erläutert:

- der *P-Regler* reagiert mit einem der *Regelabweichung proportionalen Betrag*,
- der *I-Regler* reagiert mit einer der *Regelabweichung proportionalen Geschwindigkeit*,
- der *PI-Regler*, der durch die Parallelschaltung eines *Integralgliedes* zu einem P-Glied entsteht, reagiert mit einer Kombination der beiden, einer *Proportional-Integral-Wirkung*. Wird diesem Regler noch ein *Differentialglied* parallel geschaltet, so erhält man eine schnellere Reaktionsfähigkeit und spricht vom *PID-Regler*. Die Stellgröße wird dabei um einen Betrag geändert, der der Änderungsgeschwindigkeit der Regelgröße proportional ist.

2.3.5.1 P-Regler, PI-Regler und PID-Regler

P-Regler

Der P-Regler gehört zu den einfachsten Reglertypen und enthält ein Proportionalglied mit dem Parameter K_P, der bewirkt, daß der Regler sein Stellsignal proportional zur Regelabweichung ändert. Die Regelabweichung wird dadurch *verkleinert*, jedoch nur in speziellen Fällen Null. Je größer K_P, desto kleiner wird zwar die Regelabweichung, bei zu großem K_P jedoch wird der Regelkreis *instabil* und gerät ins Schwingen (s. Abb. 2.29; S. 93).

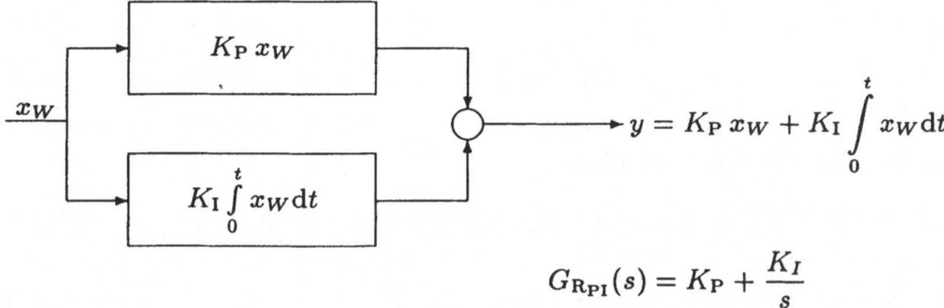

$$G_{R_P}(s) = \frac{Y(s)}{X_W(s)} = K_P$$

PI-Regler

Der *Intergralteil* in einem Regler antwortet auf die Regelabweichung durch Integration, d.h. der Berechnung der Fläche unterhalb der Reglerkurve (siehe folgende Skizze). Die Reaktionsgeschwindigkeit des Reglers ist dabei der Regelabweichung proportional. Der Unterschied zum P-Regler besteht darin, daß, nachdem die Regelabweichung Null wurde, das Stellsignal seinen augenblicklichen Wert beibehält, während es sich beim P-Regler ändert. Die Schwingungsneigung des Reglers kann durch den I-Anteil vermindert werden, tritt aber wegen des P-Anteils meist trotzdem noch auf (vgl. Abb. 2.29).

$$G_{R_{PI}}(s) = K_P + \frac{K_I}{s}$$

PID-Regler

Schnelles Reagieren auf Änderungen erreicht man durch ein *Differentialglied* (D-Glied), das man einem PI-Regler parallelschalten kann. Dies ist dann der Fall, wenn schnelles „Ausregeln" gefordert ist (siehe folgende Skizze). Allerdings ergeben sich durch den D-Anteil im Regler zusätzliche Stabilitätsprobleme.

Als Beispiel sei hier die Druckregelung in einem Kessel aufgezeigt: Steigt der Druck infolge einer Störung sehr schnell an, so würde vorsichtiges Reagieren zu lange dauern. Deshalb wird erst einmal kräftig entgegen gesteuert, wofür der D-Anteil des Reglers sorgt, bis der Druck wieder etwas gefallen ist. Dann wird langsam über den PI-Anteil nachjustiert. Es handelt sich dabei also

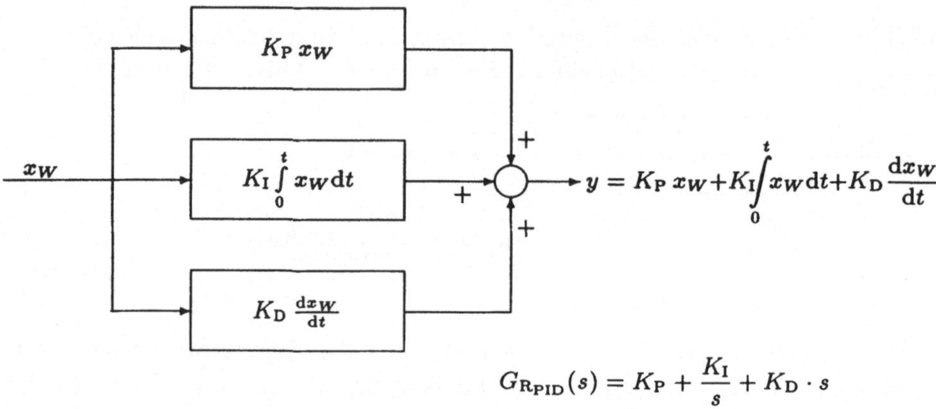

$$G_{R_{PID}}(s) = K_P + \frac{K_I}{s} + K_D \cdot s$$

um eine Art *Schreckreaktion*. Nicht besonders sinnvoll ist dieses Vorgehen bei einer Duschwasserregelung. Hingegen ist eine solche Reaktion bei der Regelung einer Raumtemperatur durchaus sinnvoll, da dabei die bisherige Temperatur noch einige Zeit vorhält, d.h. sie wird für eine Weile im Raum *gespeichert*, so daß sich eine schnelle Gegenreaktion erst langsam bemerkbar machen wird (vgl. Abb. 2.29, S. 93).

Stör- und Führungsverhalten

Wie der Verlauf der Ausgangsgröße $x(t)$ bei einem gegebenen Verlauf der Störgröße $z(t)$ bzw. der Führungsgröße $W(t)$ berechnet werden kann, soll im folgenden kurz gezeigt werden.

Aus dem Blockschaltbild für den Regelkreis (siehe Abb. 2.28) ergibt sich unmittelbar für die Laplacetransformierte $X(S)$ der Ausgangsgröße $x(t)$ mit Hilfe der Übertragungsfunktionen $G_P(s)$ für den Prozeß, $G_R(s)$ für den Regler und den Regeln für die Laplace-Transformation (Abschn. 2.2.3.3)

$$X(s) = Z(s) + (W(s) - X(s))G_P(s) \cdot G_R(s)$$

und hieraus

$$X(s) = \frac{Z(s) + G_P(s) \cdot G_R(s) \cdot W(s)}{1 + G_P(s) \cdot G_R(s)} \tag{2.12}$$

Für die sogenannte Führungsübertragungsfunktion $G_W(s)$ ergibt sich aus Gl. (2.12) mit $Z(s) = 0$:

$$G_W(s) = \frac{G_P(s) \cdot G_R(s)}{1 + G_P(s) \cdot G_R(s)} \tag{2.13}$$

und für die Störübertragungsfunktion $G_z(s)$ mit $W(s) = 0$:

$$G_z(s) = \frac{1}{1 + G_P(s) \cdot G_R(s)} \tag{2.14}$$

Kennt man $z(t)$ und $W(t)$, so kann man z.B. mit Hilfe der Tabellen die Laplacetransformierte $Z(s)$ und $W(s)$ berechnen, in die Gl. (2.12) einsetzen und $X(s)$ bestimmen, und daraus durch die inverse Laplace-Transformation, z.B. wieder mit Tabellen, die gesuchte Ausgangsgröße $x(t)$ ermitteln.

Wählt man zum Beispiel einen P-Regler mit $G_R(s) = K_P$, so erhält man aus Gl. (2.12) mit etwas Umformen

$$X(s) = \frac{Z(s)/K_P + G_P(s) \cdot W(s)}{1/K_P + G_P(s)}$$

und damit für sehr großes K_P

$$X(s) \approx W(s) \quad \text{bzw.} \quad x(t) \approx W(t)$$

oder für die Führungsübertragungsfunktion:

$$G_W(s) \approx 1$$

und die Störübertragungsfunktion:

$$G_z(s) \approx 0$$

d.h. der Einfluß der Störung wird eliminiert und die Ausgangsgröße folgt der Führungsgröße.

In praktischen Fällen kann K_P allerdings meist nicht zu groß gewählt werden, da der Regelkreis ab einem bestimmten Wert von K_P instabil wird.

Wie der exakte Verlauf von $x(t)$ berechnet wird, soll an einem einfachen Beispiel gezeigt werden.

Wir nehmen an, es liegt eine sprungförmige Störung vor:

$$z(t) = \begin{cases} z_0 & \text{für } t \geq 0 \\ 0 & \text{für } t < 0 \end{cases} \quad \rightarrow \quad Z(s) = \frac{z_0}{s}$$

und für die Führungsgröße gilt:

$$W(t) = 0 \quad \rightarrow \quad W(s) = 0.$$

Dann ergibt sich aus Gl. (2.12) oder mithilfe der Störungsübertragungsfunktion (Gl. (2.14)), wenn wir einen P-Regler verwenden und der Prozeß durch ein einfaches Verzögerungsglied mit $G_\mathrm{P}(s) = K/(1 + s \cdot T)$ approximiert wird:

$$X(s) = \frac{z_0}{s} \cdot \frac{1}{1 + \dfrac{K \cdot K_\mathrm{P}}{1 + s \cdot T}}$$

und daraus

$$X(s) = \frac{z_0}{s} \cdot \frac{1 + s \cdot T}{1 + K \cdot K_\mathrm{P} + s \cdot T}$$

$$= \frac{z_0}{s \cdot T} \cdot \frac{1 + s \cdot T}{a + s} \quad \text{mit} \quad a = \frac{1 + K \cdot K_\mathrm{P}}{T}$$

Durch inverse Laplace-Transformation ergibt sich hieraus z.B. mit Hilfe von Tabellen:

$$x(t) = z_0 \left(\frac{1}{a \cdot T} + \mathrm{e}^{-at} \left(1 - \frac{1}{a \cdot T} \right) \right)$$

und damit

$$x(0) = z_0 \quad \text{und} \quad x(\infty) = \frac{z_0}{1 + K \cdot K_\mathrm{P}}$$

Da K_P zwar sehr groß, aber nicht ∞ werden kann, bleibt immer eine kleine Abweichung bestehen.

Entsprechend geht man bei anderen Störungen, Führungswerten und Reglern vor.

Reglerentwurf:
Beim Reglerentwurf, d.h. der Bestimmung optimaler Werte für die Parameter K_P, K_I und K_D sind folgende Forderungen zu erfüllen:

- Der Regelkreis muß stabil sein (Mindestanforderung)
- Schnelles Ausregeln von Störungen und gutes Führungsverhalten, d.h. die Ausgangsgröße soll möglichst gut der Führungsgröße folgen.

Der ideale Zustand

$$G_\mathrm{W}(s) = 1 \quad \text{und} \quad G_\mathrm{z}(s) = 0$$

läßt sich aus physikalischen Gründen nicht realisieren. Deshalb muß bei dem jeweiligen Anwendungsfall eine möglichst hohe „Regelgüte" angestrebt werden. Hat man nur wenig Kenntnisse über das Verhalten des Prozesses (das Prozeßmodell), so geht man häufig so vor, daß man die Parameter mit empirischen Werten voreinstellt und dann im Betrieb nachjustiert. In der Regelungstechnik stehen aber auch eine Reihe von Verfahren zur Verfügung, mit deren Hilfe man aufgrund des Prozeßmodells, der Stör- und Führungsübertragungsfunktion und bestimmten Forderungen an die Regelgüte, optimale Werte für die Regelparameter bestimmen kann. Als Forderungen an die Regelgüte gibt es z.B.:

- Die Regelfläche, die Fläche zwischen Führungswert $W(t)$ und Istwert $x(t)$, soll minimal sein ($\int\limits_0^\infty |x_W(t)|\, \mathrm{d}t \to \min$)

- die quadratische Regelfläche ($\int\limits_0^\infty x_W^2(t)\, \mathrm{d}t$) soll minimal sein, diese Forderung verhindert zu großes Überschwingen

- *dead beat response*, d.h. die Ausgangsgröße soll bei sprungförmigen Änderungen der Führungsgröße möglichst schnell ohne Überschwingen auf den neuen Wert gebracht werden

Zwei einfache Verfahren sind die Einstellregeln von Ziegler/Nichols 1942.

Wir gehen, wie beim Wendetangentenverfahren zur Prozeßidentifikation (Abschn. 2.2.4.2), von der Übergangsfunktion (Sprungantwort) des zu regelnden Prozesses aus, bestimmen die Wendetangente und können aus den Kennwerten T_v (Verzugszeit), T_a (Ausgleichzeit) und K ($= x(\infty)/u_0$) unmittelbar die Reglerparameter bestimmen:

	K_P	K_I	K_D
P	$\dfrac{1}{K} \cdot \dfrac{T_a}{T_v}$	–	–
PI	$\dfrac{0.9}{K} \cdot \dfrac{T_a}{T_v}$	$\dfrac{K_P}{3.33 \cdot T_v}$	–
PID	$\dfrac{1.2}{K} \cdot \dfrac{T_a}{T_v}$	$\dfrac{K_P}{2T_v}$	$0.5 \cdot T_v \cdot K_P$

Eine andere Einstellregel besteht darin, daß man den Regelkreis mit einem P-Regler schließt und K_P solange erhöht, bis sich eine Dauerschwingung mit konstanter Amplitude einstellt. Aus der Schwingungsdauer T_{krit} und dem dazugehörigen Wert von $K_{P_{\text{krit}}}$ werden die Reglerparameter wie folgt bestimmt:

	K_P	K_I	K_D
P	$0.5 \cdot K_{P_{\text{krit}}}$	–	–
PI	$0.4 \cdot K_{P_{\text{krit}}}$	$\dfrac{K_P}{0.85 \cdot T_{\text{krit}}}$	–
PID	$0.6 \cdot K_{P_{\text{krit}}}$	$\dfrac{K_P}{0.5 \cdot T_{\text{krit}}}$	$0.12 \cdot T_{\text{krit}} \cdot K_P$

Mit beiden Verfahren erhält man eine für viele Anwendungsfälle ausreichende Regelgüte. Auf weitere Verfahren, die die Forderungen bezüglich der Regelgüte noch besser erfüllen und die alle von Gl. (2.12) ausgehen, soll in dieser einführenden Darstellung nicht eingegangen werden.

Das gleiche gilt für komplexe Regelstrukturen, die bei komplizierten Aufgaben vorliegen, wie z.B. beim Lenken von Flugkörpern. Verwiesen wird auf weiterführende Literatur (Föllinger 92; Schlitt 88; Strohrmann 88 Kap. 2; Syrbe 72 Kap. 4).

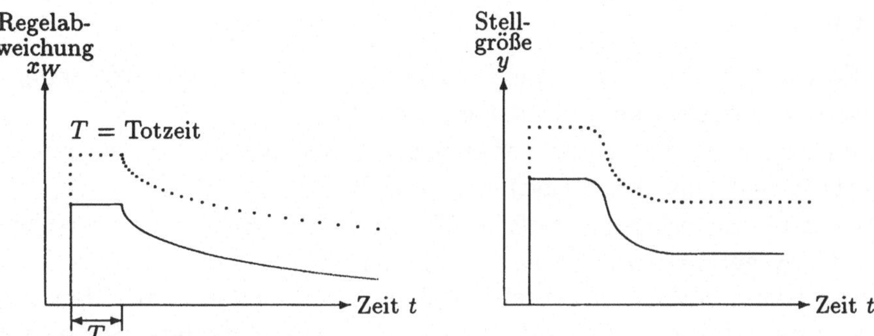

P-Regler im geschlossenen Regelkreis.
Der P-Regler kann einen Lastwechsel nicht voll ausgleichen. Es bleibt eine Regelabweichung bestehen, die umso kleiner ist, je größer K_p

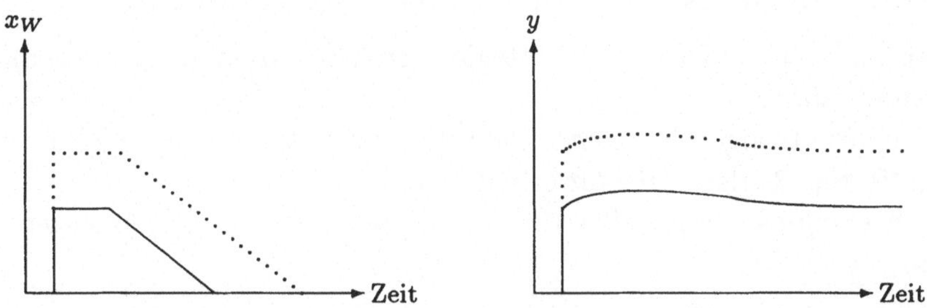

PI-Regler im geschlossenen Regelkreis; er kann einen Lastwechsel voll ausgleichen

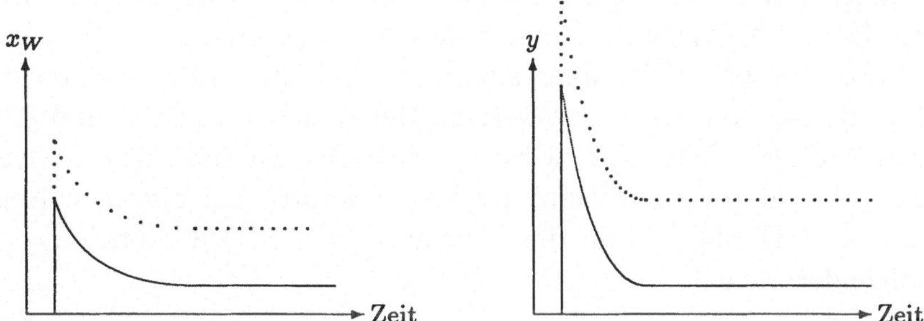

PD-Regler im geschlossenen Regelkreis.
Er reagiert zunächst stärker auf eine Regelabweichung

Abbildung 2.29
Skizziertes Verhalten der einzelnen Reglertypen

2.3.5.2 Realisierung eines PID-Reglers auf dem Rechner

Die Ersetzung von analogen Reglern durch Rechner erfolgte in mehreren
Schritten:

1. zunächst gab es nur einzelne Geräte, die unabhängig voneinander im
   Prozeß verteilt waren und analog arbeiteten;
2. dann wurde ein Prozeßrechner eingesetzt, der diesen Geräten ihre Sollwerte vorgab und ihre Reaktionen protokollierte;
3. als sich die Zuverlässigkeit der Rechner erhöhte, setzte man sie vollständig für Regelungs- und Steuerfunktionen ein;
4. heute verwendet man *dezentrale Mikrorechner* die digital arbeiten. Jeder
   übernimmt für sich die Aufgabe eines analogen Reglers. Seine Werte
   werden nur noch zur Koordination an einen *Hostrechner* weitergeleitet.
   Der Hostrechner gibt dem Mikrorechner die Sollwerte vor.

Im wesentlichen gibt es drei Gründe für diese Vorgehensweise:

- Werden in einem Prozeß viele Regler benötigt, so ist die softwaremäßige
  Lösung *billiger*.
- Bei einer etwaigen Prozeßveränderung kann die *Anpassung* bei imple-
  mentierten Reglern *leichter* erfolgen.
- Auch *komplizierte Regelfunktionen* können dadurch implementiert wer-
  den.

Digitale Regler und Mikrorechner unterscheiden sich von analogen Regel-
einrichtungen durch die Art der *internen Signalverarbeitung* (siehe Strohrmann 88, Kap. 4.3). Während analoge Regler *integrieren* und *differenzieren*
können, muß bei einem Rechner *summiert* und die Differentiation durch
einen *Differenzquotienten* ersetzt werden. Bei analogen Reglern sind *alle Signale dauernd verknüpft* , z.B. wird der Sollwert dauernd mit dem Istwert
verglichen, d.h. die Verarbeitung geschieht *parallel*, bei digitalen Reglern
dagegen *seriell*. Die Formel für die Gleichung eines PID-Reglers ändert sich
somit folgendermaßen:

$$y(t) = K_{\mathrm{P}}\, x_W(t) + K_{\mathrm{I}} \sum_{i=0}^{n} x_W(t - iT)\, T + K_{\mathrm{D}} \frac{x_W(t) - x_W(t - T)}{T}$$

In *festen Zeitabständen T* wird die Regelabweichung $x_W(t)$ eingelesen und
die neue Stellgröße $y(t)$ berechnet, d.h. x_W und y werden als *Treppenkurven*
mit den Stützwerten $0, T, 2T, \ldots$ approximiert (siehe Abb. 2.30).

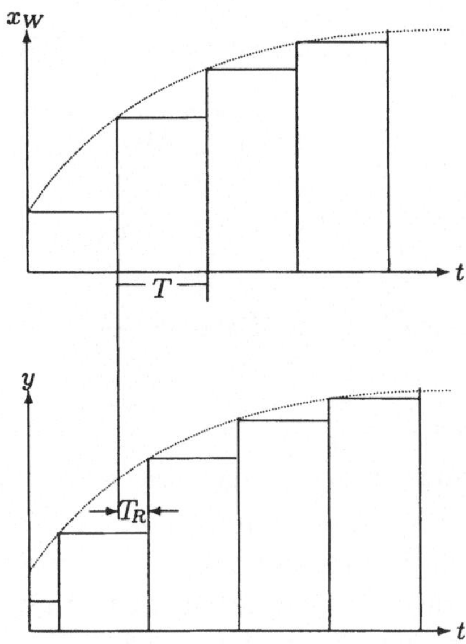

Abbildung 2.30
Annäherung der Eingangs-und Ausgangsgrößen eines Analogreglers durch Treppenfunktionen

Die Ausgabe von y erfolgt verschoben um die Berechnungszeit T_R. Die Abtastperiode T muß klein gehalten werden, um den analogen Regler genügend genau zu approximieren.

Beispiele für verschiedene Abtastintervalle:

Durchflußregelung	1 sec
Druck und Behälterstand	5 sec
Temperaturen	10 bis 200 sec

Da y immer in festen Zeitabständen berechnet wird, kann die Zeit auch durch einen *Index* angegeben werden und man erhält:

$$y_n = K_\mathrm{P}\, x_{W_n} + K_\mathrm{I}\, T \sum_{i=1}^{n} x_{W_i} + K_\mathrm{D}\, \frac{x_{W_n} - x_{W_{n-1}}}{T}$$

Wird jeweils nur die *Änderung* $\Delta y = y_n - y_{n-1}$ des neuen Wertes y im Vergleich zum alten Wert berechnet, so erspart man sich die aufwendige Summation:

$$\Delta y = y_n - y_{n-1} \;=\; K_{\mathrm{P}}(x_{W_n} - x_{W_{n-1}})$$

$$+ K_{\mathrm{I}}\, T \left(\sum_{i=1}^{n} x_{W_i} - \sum_{i=1}^{n-1} x_{W_i} \right)$$

$$+ K_{\mathrm{D}}\, \frac{1}{T}(x_{W_n} - x_{W_{n-1}} - x_{W_{n-1}} + x_{W_{n-2}})$$

$$\Delta y = K_{\mathrm{P}}(x_{W_n} - x_{W_{n-1}}) + K_{\mathrm{I}}\, T\, x_{W_n} + \frac{K_{\mathrm{D}}}{T}\left(x_{W_n} - 2x_{W_{n-1}} + x_{W_{n-2}}\right)$$

2.3.5.3 Abtastregelung

Wie im vorigen Abschnitt bereits erläutert, kann die Abtastung der Signale und damit der Regelabweichung in festen Zeitabständen erfolgen, d.h., daß die Stellgröße in Form einer Treppenkurve ausgegeben wird (siehe Abb. 2.30). Berücksichtigt man das schon beim Entwurf eines Reglers, so erhält man die *Abtastregelung*, die sich speziell für die Anwendung eines Digitalrechners eignet, da sie seiner Arbeitsweise entgegenkommt.

Zur Erläuterung sei hier der Zusammenhang zwischen Stellgröße und Regelabweichung bei einem *linearen Abtastregler* dargestellt mit T als Abstand für die Abtastung:

$$y(t) \;=\; c_0 x_W(t) + c_1 x_W(t - T) + \ldots + c_n x_W(t - nT)$$
$$+ d_1 y(t - T) + \ldots + d_n y(t - nT)$$

mit $nT \leq t$.

Der Wert der Stellgröße zum Zeitpunkt t berechnet sich aus dem neuen Wert der Regelabweichung $c_0 x_W(t)$ und den Regelabweichungen sowie den Werten der Stellgröße zu den vorhergehenden Abtastzeitpunkten. Dabei können die Parameter c_i und d_j so gewählt werden, daß bestimmte Forderungen bzgl. des *Regelverhaltens* erfüllt werden. Eine einfache und sinnvolle Forderung ist z.B., bei einer sprungförmigen Änderung des Sollwertes und damit verbunden natürlich auch der Regelabweichung, diese möglichst schnell und vollständig der Null anzunähern, d.h., die Regelgröße möglichst schnell auf den neuen Wert zu bringen (*dead-beat-response*). Aus der Theorie ergibt sich, daß bei einem System n-ter Ordnung (das dazugehörige mathematische Modell wird durch eine Differentialgleichung n-ter Ordnung beschrieben), $n + 1$-Abtastschritte erforderlich sind. Eine weitere mögliche Forderung an die Regelung ist, daß die *quadratische Abweichung* zwischen der Regelgröße und der Führungsgröße *minimal* wird. Die Theorie der Abtastregelung stellt verschiedene Verfahren zur Bestimmung der Reglerparameter zur Verfügung.

Als Beispiel dient ein einfacher Prozeß erster Ordnung mit der Differentialgleichung

$$a\,\dot{x} + x = c\,y$$

Daraus ergibt sich die Übertragungsfunktion durch *Laplacetransformation*:

$$a\,s\,X(s) + X(s) = c\,Y(s)$$
$$G(s) = \frac{X(s)}{Y(s)} = \frac{c}{1+a\,s}$$

Die Übergangsfunktion (Sprungantwort) erhält man (siehe Abschn. 2.2.3.4), wenn man für $Y(s)$ die Laplacetransformierte $1/s$ des Sprunges (siehe Tab. 2.2) einsetzt und dann $X(s)$ rücktransformiert:

$$
\begin{aligned}
X(s) &= G(s)\,Y(s)\\[2mm]
X(s) &= G(s)\frac{1}{s} = \frac{c}{1+as}\,\frac{1}{s}\\[2mm]
h(t) &= \begin{cases} 0 \\ c(1 - \mathrm{e}^{-at}) \end{cases} \text{für} \quad \begin{matrix} t < 0 \\ t \geq 0 \end{matrix}
\end{aligned}
\qquad (2.15)
$$

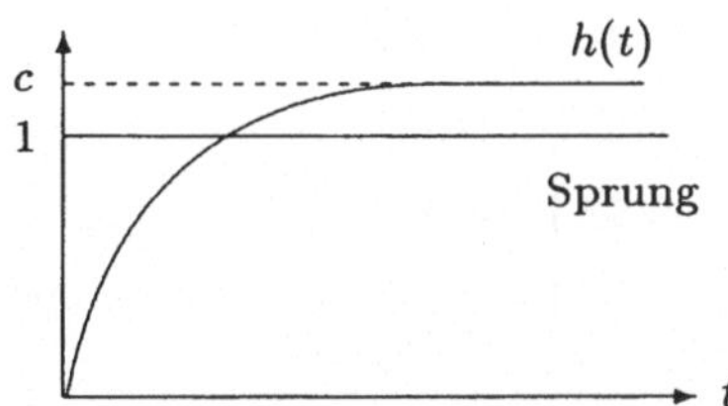

Da die Ausregelung nach zwei Abtastschritten erfolgt, lautet die Gleichung des Reglers

$$y(t) = a_0 x_W(t) + a_1 x_W(t - T) + b_1 y(t - T) \qquad (2.16)$$

und Stellgröße $y(t)$ und Regelgrößen $x_W(t)$ haben folgenden prinzipiellen Verlauf:

Die Reglerparameter können bestimmt werden, indem man x_W und y an den Stellen 0, T und $2T$ so bestimmt, daß die dead-beat-response-Bedingung

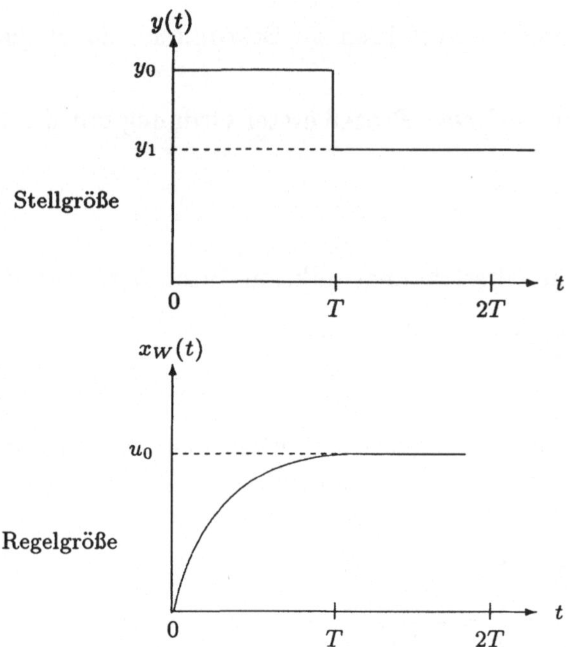

erfüllt ist und diese Werte in Gl. (2.16) einsetzt. x_W läßt sich einfach bestimmen.

Aus den Kurven für $y(t)$ und $x_W(t)$ erkennt man

$$
\begin{aligned}
x_W(0) &= u_0 - x(0) &= u_0 \\
x_W(T) &= u_0 - x(T) &= 0 \\
x_W(2T) &= u_0 - x(2T) &= 0
\end{aligned}
\tag{2.17}
$$

Für y

$$
\begin{aligned}
y(0) &= y_0 \\
y(T) &= y_1 \\
y(2T) &= y_1
\end{aligned}
\tag{2.18}
$$

Die Werte für y_0 und y_1 müssen so gewählt werden, daß bei der gegebenen Strecke x für $t \geq T$ konstant u_0 bleibt. Man bestimmt zuerst mit unbekanntem y_0 und y_1 den Verlauf von $x(t)$.

Die Stellgröße ist die Summe zweier Sprungfunktionen und damit ergibt sich die Regelgröße aus der Summe zweier Übergangsfunktionen:

$$x(t) = y_0\, h(t) - (y_0 - y_1)\, h(t - T) \tag{2.19}$$

mit Gl. (2.3.5.3)

$$\begin{aligned} x(t) &= y_0\, c\, (1 - e^{-at}) - (y_0 - y_1)\, c\, (1 - e^{-a(t-T)}) \\ &= c\, [y_1 - e^{-at}(y_0 - (y_0 - y_1)e^{aT})] \end{aligned} \tag{2.20}$$

für $t > T$ muß $x(t)$ konstant $= u_0$ bleiben, das ergibt:

$$\begin{aligned} u_0 &= c\, y_1 \\[2mm] 0 &= y_0 - (y_0 - y_1)e^{aT} \\[2mm] y_1 &= \frac{u_0}{c} \\[2mm] y_0 &= \frac{u_0}{c} \cdot \frac{e^{aT}}{e^{aT} - 1} \end{aligned} \tag{2.21}$$

Damit ergibt sich das Gleichungssystem zur Bestimmung der Parameter:

$$\begin{aligned} y(0) &= a_0\, x_W(0) + a_1\, 0 + b_1\, 0 \\ y(T) &= a_0\, x_W(T) + a_1\, x_W(0) + b_1\, y(0) \\ y(2T) &= a_0\, x_W(2T) + a_1\, x_W(T) + b_1\, y(T) \end{aligned}$$

mit (2.17), (2.18) und (2.21)

$$\begin{aligned} y_0 &= a_0\, u_0 \\[2mm] \frac{u_0}{c} &= a_1\, u_0 + b_1\, y_0 \\[2mm] \frac{u_0}{c} &= b_1\, \frac{u_0}{c_0} \end{aligned}$$

und damit schließlich:

$$\begin{aligned} b_1 &= 1 \\[2mm] a_0 &= \frac{1}{c} \cdot \frac{e^{aT}}{e^{aT} - 1} \\[2mm] a_1 &= \frac{1}{c} - a_0 \end{aligned}$$

Die Realisierung des Abtastreglers auf dem Rechner mit Gl. (2.16) ist sehr einfach; im Gegensatz zum PID-Regler muß keine Integration oder Differentiation nachgebildet werden. Weitergehende Ausführungen zur Abtastregelung finden sich z.B. bei Isermann 87.

2.3.5.4 Fuzzy Regelung (Fuzzy Control)

a) Fuzzy Logik

1965 führte Lotfi A. Zadeh den Begriff der *Fuzzy Sets* ein (Zadeh 1965). Während es in der Wahrscheinlichkeitsrechnung den Begriff der „Unsicherheit" gibt, beschäftigt sich die *Fuzzy Logik* mit der Modellierung von *Unschärfe (fuzziness)* oder *Vagheit*.

Um diese *Unschärfe* etwas verständlich werden zu lassen, seien hier Beispiele angeführt, die aus dem täglichen Leben stammen und keine eindeutige Beschreibung von Zuständen zulassen:

Worte wie *schnell, nahe, weit, alt, warm,* werden von jedem Menschen anders verstanden und lassen sich somit auch nicht so klassifizieren, daß sie in der *zweiwertigen Logik* eindeutig beschrieben werden können.

Typische Fragen bzgl. der *unscharfen* Begriffe sind:

Was ist ein schnelles Auto?
Wie alt ist eine junge Frau?

Zadeh führte zur Beschreibung dieser umgangssprachlichen Begriffe die *Fuzzy Mengen* ein. In der üblichen (zweiwertigen) Mengenlehre gibt es für ein Element nur zwei Möglichkeiten: entweder es gehört zur Menge oder es gehört nicht zur Menge. Bei einer Fuzzy Menge wird der Zugehörigkeitsgrad eines Elements zu einer Menge entweder explizit angegeben oder durch eine *Zugehörigkeitsfunktion* (*membership function*) beschrieben.

Ein klassisches Beispiel ist die Menge der ganzen Zahlen, die „nahe" bei 5 sind:

Gewöhnliche, zweiwertige Logik:

$$M_{\text{nahebei5}} = \{3, 4, 5, 6, 7\}$$

Fuzzy Logik:

$$M_{\text{nahebei5}} = \{(3, 0.2), (4, 0.6), (5, 1), (6, 0.6), (7, 0.2)\}$$

Bei der gewöhnlichen Menge gehören alle angeführten Elemente zum gleichen Grad dazu, sie unterscheiden sich nicht. Die Fuzzy Menge macht hier Unterschiede: so gehört die Zahl 6 (Zugehörigkeitsgrad 0.6) mehr zu der *Menge der Zahlen nahe bei 5* als die Zahl 7 (Zugehörigkeitsgrad 0.2). Es werden nur die Elemente zu einer Fuzzy Menge gezählt, die einen *Zugehörigkeitsgrad echt größer als Null* haben. Die Festlegung der Zugehörigkeitsgrade ist i.a. intuitiv.

Erweitert man solche Aussagen auf den Bereich der reellen Zahlen, so ist es sinnvoll, die explizite Aufzählung der Elemente zu verlassen und zu einer *Funktion* überzugehen, die die entsprechende Fuzzy Menge beschreibt.

So kann die Fuzzy Menge der *angenehmen Raumtemperatur* beschrieben werden als (Abb. 2.31):

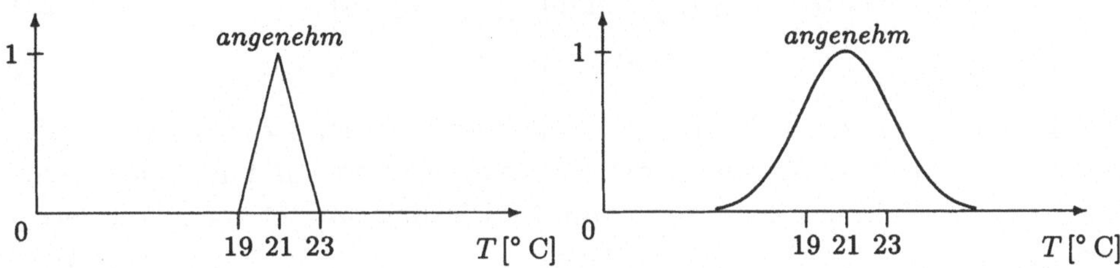

Abbildung 2.31
Verschiedene Zugehörigkeitsfunktionen für den Term "*angenehm*".

Dabei wird die Temperatur (angegeben in Grad Celsius) als *Basisvariable* bezeichnet. Die Raumtemperatur (RT) ist dabei eine *Linguistische Variable*, die aus sogenannten *Termen* besteht. Man kann einer umgangssprachlichen, linguistischen Variablen drei bis neun Terme zuordnen. Für die Linguistische Variable *Raumtemperatur* z.B. die Terme *eisig, kühl, angenehm, warm und heiß*, die sich als Funktion folgendermaßen darstellen lassen (Abb. 2.32).

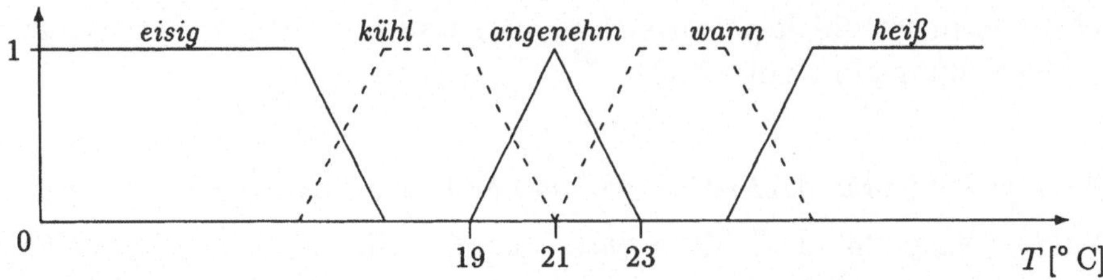

Abbildung 2.32
Die Linguistische Variable „Raumtemperatur".

Als darstellende Zugehörigkeitsfunktionen verwendet man *konvexe* Funktionen, wobei aus Effizienzgründen Dreiecke und Trapeze bevorzugt werden.

Bei Fuzzy Mengen werden die Mengenoperationen *Durchschnitt, Vereinigung* und *Komplementbildung* wie bei gewöhnlichen Mengen mit Hilfe der logischen Verknüpfungen *„und, oder, nicht"* definiert. Die Definition der Operatoren ist, seitens der Theorie, nicht zwingend festgelegt, so daß bis 1990 bereits ca. 15 verschiedene Definitionen allein für das *„und"* bei Fuzzy Mengen existierten (vgl. Zimmermann 90 und Tilli 91). Am häufigsten verwendet werden jedoch die, bereits 1965 von L. A. Zadeh vorgeschlagenen, Operatoren *Minimum* (Gl. (2.23)) und *Maximum* (Gl. (2.22)) (vgl. Zadeh 65):

$$C \;=\; A \cup B \qquad \mu_C(x) = \max(\mu_A(x), \mu_B(x)) \tag{2.22}$$

$$C \;=\; A \cap B \qquad \mu_C(x) = \min(\mu_A(x), \mu_B(x)) \tag{2.23}$$

$$\overline{C} \qquad\qquad\quad \mu_{\overline{C}}(x) = 1 - \mu_C(x) \tag{2.24}$$

Die *Hauptanwendungen* der Fuzzy Logik liegen in der Prozeßautomatisierung, in der Mustererkennung, bei Expertensystemen und im Operations Research. Im Rahmen der Prozeßautomatisierung spricht man von *Fuzzy Control*.

b) Fuzzy Control

Im Rahmen dieses Buches soll nur die einem PID-Regler nachempfundene Fuzzy Control vorgestellt werden (vgl. Palm und Hellendoorn 1991). Bei Fuzzy Control ist i.a. kein exaktes mathematisches Modell des technischen Prozesses notwendig. Häufig wird versucht, die Vorgehensweise eines menschlichen Bedieners nachzuahmen und in *Regeln* zu fassen. In eine solche *Regel* gehen meist die *Regelabweichung* x_W und die *zeitliche Änderung* der Regelabweichung ein (Abb. 2.33).

$$\text{WENN } RT = \textit{kühl } \text{UND } \mathrm{d}RT/\mathrm{d}t = \textit{fallend } \text{DANN} \quad \text{Klimaanlage} = \textit{heizen} \tag{2.25}$$

$$\text{WENN } RT = \textit{eisig } \text{UND } \mathrm{d}RT/\mathrm{d}t = \textit{null} \quad \text{DANN} \quad \text{Klimaanlage} = \textit{heizen} \tag{2.26}$$

Abbildung 2.33
Aufbau von Regeln.

Bei der eigentlichen *Fuzzy Regelung* (Abb. 2.35) werden, aus den von der technischen Anlage gelieferten Meßdaten, die *Zugehörigkeitsgrade* der einzelnen Terme bestimmt (*„Fuzzifizierung"*). In der *Inferenzkomponente* erfolgt das *unscharfe Schließen* aller Regeln.

Die sogenannte *Regelbasis* stellt eine Zusammenfassung aller Regeln dar (Abb. 2.34):

Raumtemperatur

		eisig	kühl	angenehm	warm	heiß
	fallend	*stark heizen*	*heizen*	*heizen*	*ok*	*kühlen*
$\dfrac{dRT}{dt}$	*null*	*heizen*	*heizen*	*ok*	*kühlen*	*kühlen*
	steigend	*heizen*	*ok*	*kühlen*	*kühlen*	*stark kühlen*

Abbildung 2.34
Regelbasis für die Linguistische Variable *Klimaanlage*.

Beim *unscharfen Schließen* von Regeln ergibt das Minimum der Zugehörigkeitsgrade der Eingangsvariablen den Zugehörigkeitsgrad der Ausgangsvariablen.

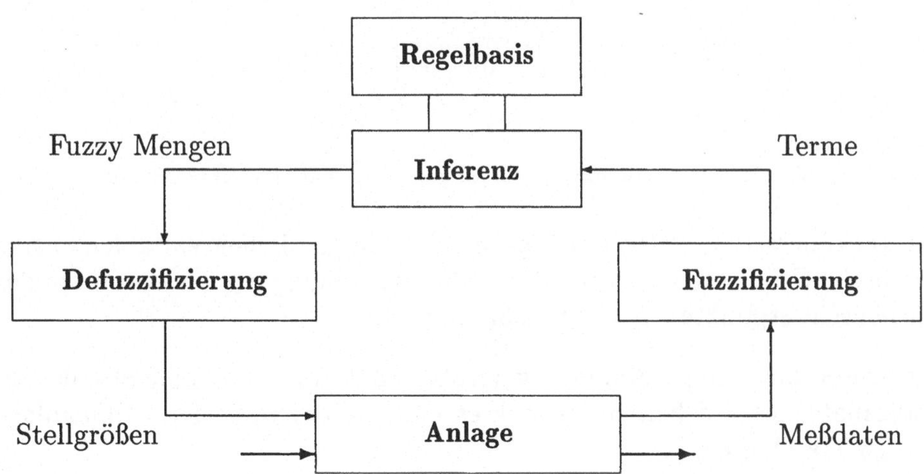

Abbildung 2.35
Grundprinzip einer Fuzzy Regelung

Beispiel: Die gemessene Raumtemperatur betrage 19.7°C und falle mit 0.8°C pro Minute. Die Regel aus Gl. (2.25) liefert somit einen Zugehörigkeitsgrad von 0.55 für *heizen* (Abb. 2.36).

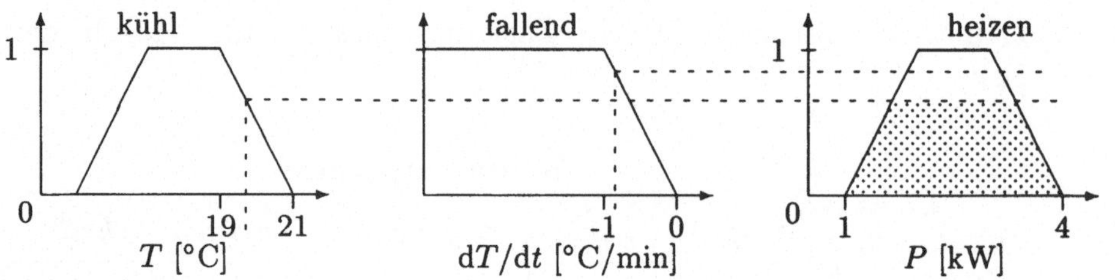

Abbildung 2.36
Unscharfes Schließen, ein Beispiel für die Auswertung der Regel aus Gl. (2.25).

Nachdem alle einzelnen Regeln ausgewertet wurden, ermittelt man für all jene Regeln, die denselben Term der Ausgangsvariablen betreffen, das Maximum (*Max-Min-Inferenz*) . Das Inferenzergebnis aller Terme unserer Linguistischen Variablen *Klimaanlage* läßt sich wie folgt darstellen (Abb. 2.37):

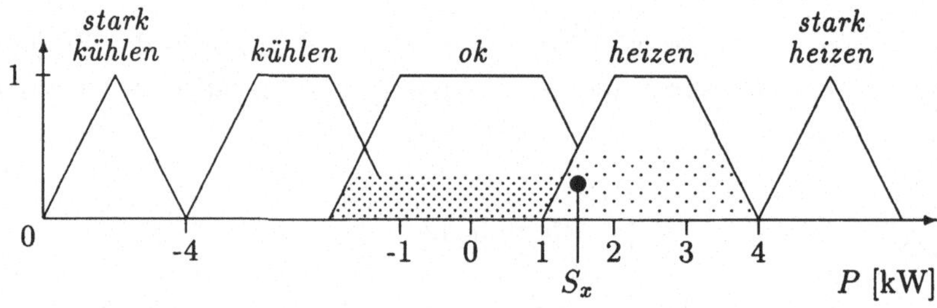

Abbildung 2.37
Auswertung aller Regeln (Inferenz) für die Linguistische Variable *Klimaanlage*.

Die Rückübersetzung *(Defuzzifizierung)* der Linguistischen Variablen in eine technische Größe erfolgt häufig durch die Berechnung der x-Koordinate des Flächenschwerpunktes S_x (Abb. 2.35 und 2.37).

Betrachtet man obige Abbildung (Abb. 2.37), so kann man aus der x-Koordinate des Flächenschwerpunktes eine Heizleistung der Klimaanlage von 1,6 kW ablesen.

Da die Regelung mittels *Fuzzy Control* in sehr kurzen Abständen erfolgt, ist es vorteilhaft, möglichst einfache Zugehörigkeitsfunktionen und Operatoren zu verwenden. Eine Reduzierung des Rechenaufwandes erreicht man dadurch, daß nicht alle denkbaren, sondern möglichst wenig Regeln verwendet werden. Ungenauigkeiten können durch eine schnelle *Nachregelung* ausgeglichen werden.

Die Probleme bei der Anwendung der Fuzzy Control liegen im Ermitteln der Zugehörigkeitsfunktionen und im Aufstellen der Regelbasis. Es gibt Ansätze, die Zugehörigkeitsfunktionen und die Regeln mit Hilfe *Neuronaler Netze* erlernen zu lassen.

Fuzzy Regler sind *kein Ersatz* für klassische Regler. Sie sollten nur dann eingesetzt werden, wenn man sich durch sie einen begründbaren Vorteil erhofft. Fuzzy Control wird dort verwendet, wo es bisher keine klassischen Lösungsmöglichkeiten gab, oder wo die Robustheit und Stabilität eines Fuzzy Reglers den klassischen Reglern gegenüber (bzgl. Parameterschwankungen) deutlich überlegen ist. Fuzzy Logik eignet sich hervorragend dazu, Expertenwissen, das in Form von Daumenregeln vorliegt, im Rechner abzuspeichern.

2.3.5.5 Adaptive Regelung

Die bisherigen Ausführungen zur Regelung eines Prozesses haben gezeigt, daß sich die Reglerparameter direkt aus den Parametern des zu regelnden Prozesses bestimmen lassen. Ein optimal arbeitendes System kann aber aufgrund von Änderungseinflüssen instabil werden bzw. nicht mehr zufriedenstellend arbeiten. Die Parameter des Systems ändern sich also *zeitabhängig* während des Betriebes in *nichtvorhersehbarer Weise*. Ziel der *adaptiven Regelung* ist es, die Reglerparameter so zu verändern, daß das gewünschte Prozeßverhalten wieder erreicht wird. Ein adaptiver Regler kann dann erforderlich sein, wenn sich die Übertragungsfunktion eines Prozesses in ihren Parameterwerten ändert, z.B. dadurch, daß sich das System selbst abnutzt.

Am häufigsten tritt der Fall auf, daß zwar die Struktur der Regelstrecke erhalten bleibt, sich jedoch die Prozeßparameter zeitlich verändern. Ein solches Verhalten läßt sich z.B. bei *Flugregelungen* feststellen, bei denen sich die Parameter in Abhängigkeit von der Geschwindigkeit und der Höhe stark verändern. Ähnliches läßt sich beobachten bei *Triebwerksregelungen*, deren Parameter mit dem Druck, der Fluggeschwindigkeit und der relativen Luftfeuchtigkeit schwanken und bei *Konzentrations-, Druck- sowie Mengenregelungen* von Mischgasnetzen, bei denen die Verstärkungsfaktoren (z.B. für den notwendigen Druck) stark von den zugeführten Mengen abhängen. Bei der Regelung einer *Raketenflugbahn* hat der flüssige Treibstoff, der durch Beschleunigungen und Lageveränderungen zu Bewegungen angeregt wird, einen erheblichen Einfluß auf die Dynamik des Systems: Bei zunehmender Brenndauer vermindert sich die Treibstoffmenge, wodurch sich der Schwerpunkt der Maschine verändert, was wiederum Auswirkungen auf ihre Flugbahn hat (näheres siehe Weber 71).

Erst durch die Verwendung von Rechnern ist diese Art der Regelung mit vertretbarem Aufwand möglich geworden. Die entsprechenden Parameter müssen schnell erfaßt und die Reglerparameter entsprechend schnell und korrekt verändert werden. Adaptive Regelsysteme können für unterschiedliche Prozeßbereiche konzipiert sein. Es besteht die Möglichkeit eine Adaption durch direkte Änderung von Konstanten und Parametern, *parameteradaptive Regelsysteme*, durch Reaktion auf Eingangssignale, *signaladaptive Regelsysteme* oder durch Reaktionen auf die Systemstruktur des Prozesses, *strukturadaptive Regelsysteme* durchzuführen.

2.3.5.6 Beispiel: Die automatische Regelung in Destillationskolonnen

Bei der chemischen Fabrikation (z.B. Alkoholherstellung, Erdölverarbeitung) hat man häufig ab einer gewissen Betriebsgröße kontinuierlich und stationär betriebene Destillationskolonnen, deren gleichmäßig stationärer Betrieb durch Schwankungen in der Zusammensetzung der zugelieferten Gemische (Einsatzgemische) gestört werden kann. Eine automatische Regelung, wie sie im folgenden skizziert ist, ist in der Lage solche Unregelmäßigkeiten abzufangen. Sie benötigt jedoch im Schnitt zwischen einer und drei Stunden bis sich der gewünschte Erfolg einstellt (siehe Abb. 2.38).

Das Endprodukt der Destillationskolonne ist ein möglichst reines Destillat (z.B. Alkohol), das sich aus einem Gemisch von verschiedenen Bestandteilen (Einsatzgemisch) erzeugen läßt. Die einzelnen Zusatzstoffe werden der Kolonne zugeführt, wo sie sich absetzen und mittels eines Heizrohres, durch das heißer Dampf geleitet wird, erhitzt werden. Das dadurch erzeugte Dampfgemisch wird abgeführt, abgekühlt und man erhält das gewünschte Destillat. Eine regelmäßig durchgeführte Temperaturmessung des Dampfes gibt Aufschluß über die Reinheit des Destillats. Ist der geforderte Sollwert dafür nicht erreicht, so wird das Destillat der Kolonne wieder zugeführt und erneut vermischt und erhitzt. Je nachdem erhöht bzw. erniedrigt sich die Entnahmemenge des Destillats, bzw. die Entnahmemenge des sich absetzenden Gemisches (Sumpfprodukt) um die notwendige Verdampfung zu gewährleisten.

Das zugeführte Einsatzgemisch (z.B. eine Mischung von Benzol und Toluol) läßt sich in seiner Menge über ein Ventil, Regler 1 (sinnvoll ist an dieser

Stelle ein PI-Regler) und vorgelagerte Pufferbehälter leicht konstant halten. Ändert sich jedoch die Zusammensetzung des Einsatzgemisches, so muß dies über eine Mengenregelung am Destillatausgang R5 und des Sumpfproduktes R3 (z.B. ein PI-Regler) kompensiert werden, um die *Reinheit* des Destillats auch weiterhin zu gewährleisten.

Steigt z.B. der Gehalt an schwersiedenden Anteilen im Einsatzgemisch, so ändert sich der Zustand des Dampfes in der Kolonne und die Reinheit des Destillats geht zurück, was Regler 2 (z.B. ein PD-Regler) durch Erhöhung der Temperatur registriert. Er vermehrt daraufhin die Rücklaufmenge des Destillats. Dieser Rücklauf steigert den Sumpfstand, woraufhin Regler 3 die Sumpfproduktentnahme und Regler 4 gleichzeitig die Heizdampfmenge vermehrt. Das sorgt dafür, daß der zusätzliche Rücklauf verdampft wird. Durch den erhöhten Rücklauf des Destillats in die Kolonne sinkt der Stand in der Destillatvorlage, was dazu führt, daß Regler 5 (PID-Regler, da schnelles Reagieren erforderlich) die Destillatentnahme vermindert. Vermehrte Rückstands- und verminderte Destillatentnahme entsprechen den Veränderungen im Einsatzgemisch.

Mittels der bereits bei der Auswertung erläuterten Analysegeräten und des Einsatzes von Rechnern kann die hier beschriebene Regelung, die ja erst einsetzt nachdem Störungen auftraten, wesentlich verbessert werden. Vorausschauend analysiert man das Einsatzgemisch durch geeignete Detektoren, vergleicht diese mit den gespeicherten Werten und schafft, durch Änderung entsprechender Reglerparameter, eine *Vorausregelung*, die die Umstellung der Kolonne auf die neuen Verhältnisse rechtzeitig ermöglicht.

2.3.6 Führung

Aufgabe der automatischen Prozeßführung ist es, die Zustandsgrößen des Prozesses durch Vorgabe von *übergeordneten Sollwerten* (Prozeßanforderungen) für die Regler bzw. durch direkten Eingriff über die Stellglieder so zu beeinflussen, daß der Prozeß in gewünschter Weise abläuft. Bei einer großen Zahl von Anwendungen ist gerade die automatische Prozeßführung das eigentliche Ziel des Rechnereinsatzes. Das Bedienungspersonal ist dadurch weitgehend entlastet und hat nur noch die Aufgabe, im Störungsfall geeignete Maßnahmen zu ergreifen und evtl. bei Rechnerausfall einen Notbetrieb zu fahren.

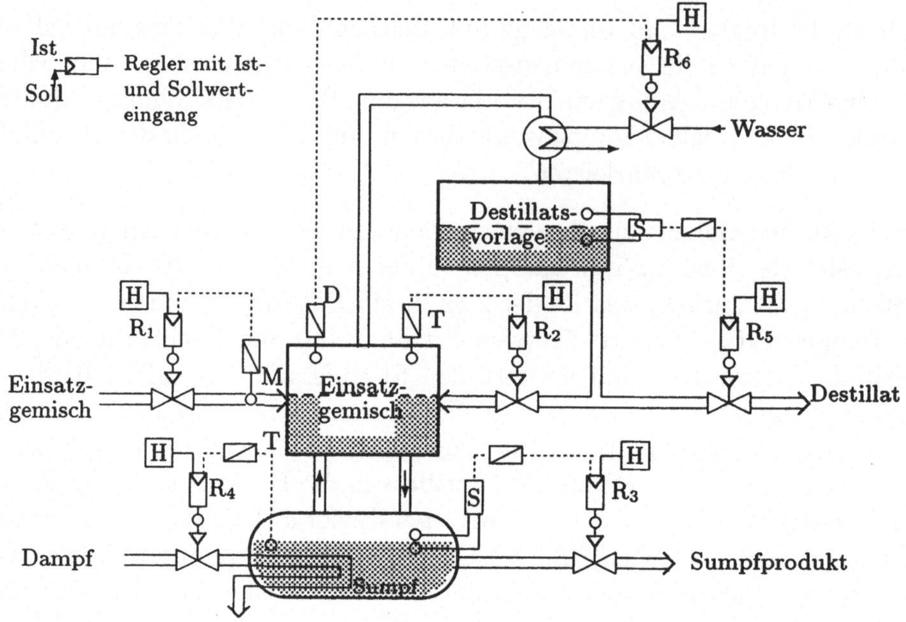

Abbildung 2.38
Automatische Regelung einer Destillationskolonne mit D = Druckmeßgerät, S = Standanzeige, M = Mengenmeßgerät und T = Temperaturmeßgerät, die ihre Ergebnisse als Istwerte an die Regler R_i weiterleiten. H = Hostrechner für Sollwertvorgabe.

2.3.6.1 Führung nach Festprogramm

Die einfachste Form der Prozeßführung ist die Führung nach einem fest vorgegebenen Programm. Abhängig von logischen und zeitlichen Bedingungen liegen feste Werte und Befehlsabläufe vor, die aus dem Speicher des Rechners abgerufen und als Sollwerte an die entsprechenden Regelungen und Steuerungen ausgegeben werden (siehe Abb. 2.39). Ein solches Verfahren wird z.B. in *Walzwerken* und *Sprühanlagen* eingesetzt.

Der Rechner wird bei diesen Aufgaben als Datenspeicher sowie zur Verknüpfung logischer Bedingungen benutzt. Die Sollwerte werden *nicht* vom Rechner selbst ermittelt sondern müssen ihm vorgegeben werden.

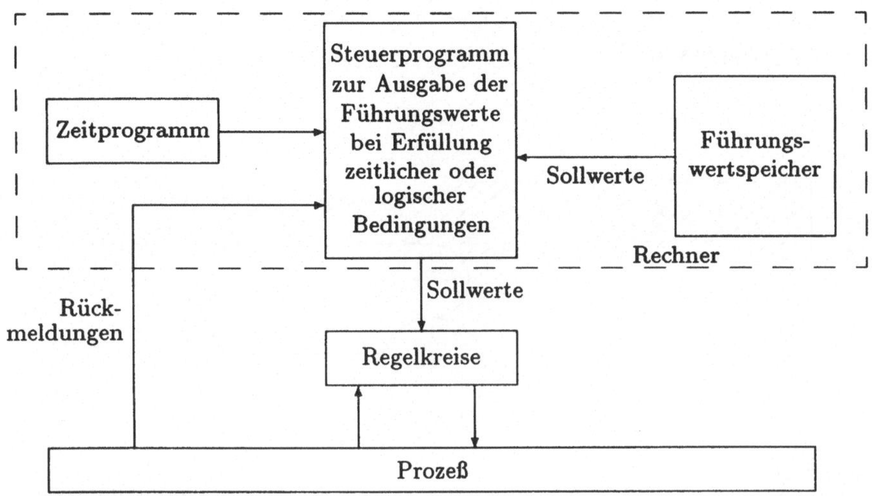

Abbildung 2.39
Skizze für die Prozeßführung nach Festprogramm

Prozeßführung nach Festprogramm am Beispiel eines Walzprozesses

Viele Fertigungsprozesse wurden automatisiert um den Durchsatz zu erhöhen und die Fehlerquote zu erniedrigen. Um eine Automatisierung des Walzprozesses bei Blechstraßen vornehmen zu können, ist die genaue Kenntnis der einzelnen Schritte — den *Stichen* — notwendig. Über Meßgeräte bzw. durch von außen eingegebene Daten erhält der Rechner beim Eintreffen einer neuen *Bramme* (Walzstück, Eisenblock) Informationen über die Eingangs- bzw. Endabmessungen, das Gewicht und die Materialeigenschaften des jeweiligen Walzgutes. Diese Werte werden an das zu startende *Walzprogramm* weitergegeben, das dafür sorgt, daß die Sollwerte (Führungsgrößen) für die Walzeneinstellung (Drehzahl, Position des Walzgutes auf den Rollgängen, Walzspalt), je nach gewünschtem Ausgangsprodukt, *zeitrichtig* weitergeleitet werden. Die gesamte angelieferte Bramme wird mit diesem *Festprogramm*, welches Bleche einer bestimmten *Dicke* und *Qualität* erzeugt, abgefahren (siehe Abb. 2.40).

Um *das Führen* des Walzprozesses zu ermöglichen, erhält der Rechner ständig, durch entsprechende Signale von Meßfühlern (z.B. Fotozellen, Preßduktoren), die auf *Alarmeingänge* geschaltet sind, Rückmeldungen aus dem Pro-

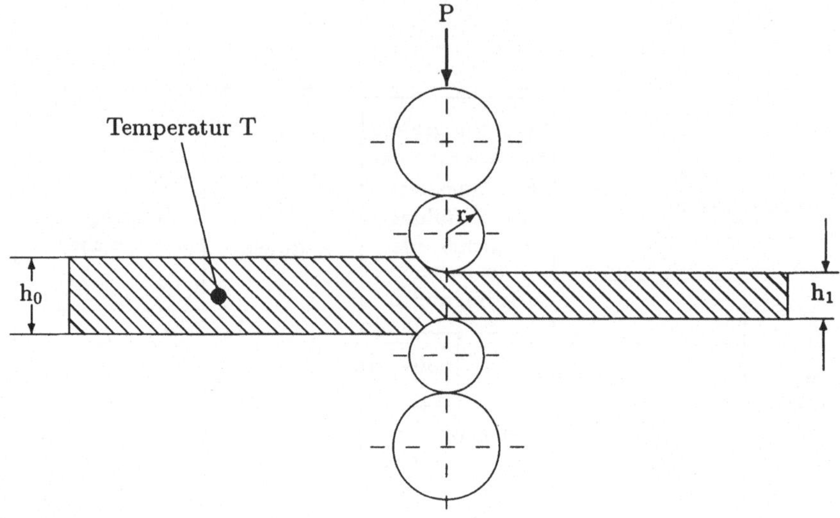

Abbildung 2.40
Walzkraft P, Arbeitswalze mit Radius r, Walzgut mit Temperatur T, Anfangshöhe h_0 und Endhöhe h_1.

zeß über die Lage des Walzgutes innerhalb der Walzstraße (nähereres siehe Anke 70, Kap. 6).

Prozeßführung nach Festprogramm am Beispiel einer Besprühungsanlage

Ein weiteres Beispiel für die Führung nach Festprogramm ist eine Besprühungsanlage, die für mehrere verschiedene Werkstücktypen eingesetzt werden kann (siehe Abb. 2.41).

Auf der rechten Seite wird der fahrbare Schlitten mit dem jeweilig zu besprühenden Werkstücktyp *be-* bzw. *entladen*. Nachdem der Schlitten bestückt wurde, wird durch Betätigung eines Starttasters der Schlitten bei noch ausgeschaltetem Sprühstoff nach einem *wegabhängigen Geschwindigkeitsprogramm* 1 bis zum Umkehrpunkt und dann mit einem weiteren *wegabhängigen Geschwindigkeitsprogramm* 2 bis zum entsprechend einprogrammierten Haltepunkt, der in Düsennähe liegt, gefahren. Gleichzeitig mit dem Beginn des Programms 2 wird ein *wegabhängiges Blasprogramm* 3 und *wegabhängiges Absaugprogramm* 4 gestartet, die beide am Haltepunkt beendet sind. An dieser Schlittenposition wird, während einer softwaremäßig festgelegten Wartezeit, ein *zeitabhängiges Blasprogramm* 5 und ein *wegabhängiges Absaugprogramm* 6 gestartet. Nach Ablauf der Zeitprogramme wird gleichzeitig mit dem *wegabhängigen Geschwindig-*

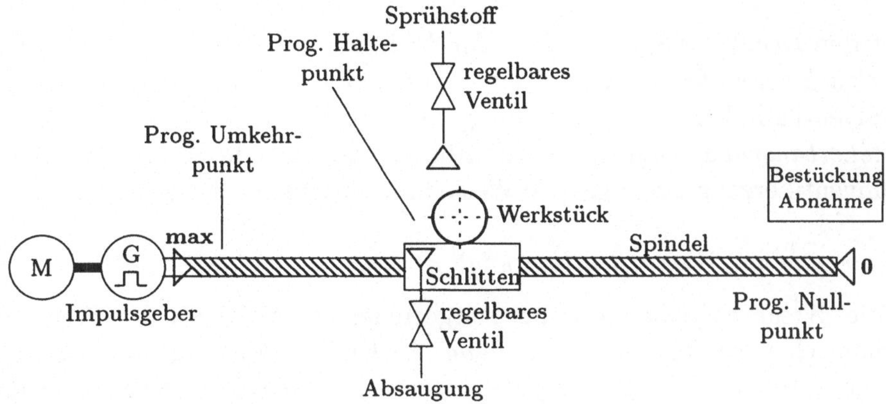

Abbildung 2.41
Funktionsschema einer Besprühungsanlage für verschiedene Werkstücktypen die auf einem Schlitten an ihre gewünschte Position gebracht und entsprechend ihres Typs zeit- und wegeabhängig von einem ebenfalls verfahrbaren Ventil besprüht werden.

keitsprogramm 7 das *wegabhängige Blas-* bzw. *Absaugprogramm 8/9* gestartet, nach deren Ablauf der Schlitten wieder in Grundstellung steht. Dann wird nochmals Programm 1 gestartet, so daß der Schlitten bis zum Umkehrpunkt fährt, wo dann das *wegabhängige Geschwindigkeitsprogramm* 10 mit voll aufgesteuertem Sprühstoff und maximaler Absaugung gestartet wird. Nach Beendigung des Programms 10 steht der Schlitten wieder am programmierten Nullpunkt zur *Abnahme* des Werkstücks.

Ein Werkstück wird somit *mehrmals*, in Abhängigkeit von seiner jeweiligen Position und seines Typs, besprüht. Die Eingabe und Veränderung von Daten, der Umkehr- und Haltepunkte sowie der Wartezeiten kann nur am *programmierten Nullpunkt* über ein entsprechendes Gerät zu Beginn des Besprühungsvorgangs erfolgen. Die beschriebenen zehn Programme, die Wartezeit und die Haltepunkte sind als *Verfahrprogramm* (Festprogramm) einem bestimmten Werkstücktyp zugeordnet.

Ansteuerung der Stellglieder

Die Geschwindigkeit des Verfahrmotors (der die Spindel rotieren läßt) wird direkt vom gestarteten Festprogramm als Sollwert (0 bis 10 V) einem Regler übergeben, die Richtung des Antriebs wird über Digitalausgänge und Umkehrschütze realisiert. Der Weg des Schlittens wird mit einem Impulsgeber über eine Zählbaugruppe verfolgt, die ihre Werte wiederum dem Verfahrprogramm zurückmeldet. Ein angestoßenes Sprühprogramm regelt zum einen den *Druck des Sprühstoffs* — für die Istwerterfassung ist im Sprührohr ein *Druckmeßumformer* eingebaut — und zum anderen die Position des Sprühventils indem es einen Stellungssollwert (0 bis 10 V) auf eine *Ventil-Ansteuerbaugruppe* abgibt, die dann das entsprechende Stellsignal für das Sprühventil erzeugt. Auf gleiche Weise funktioniert die Absaugung.

Erläuterung zur Wegmeßeinrichtung

Da die *Wiederholgenauigkeit* bei zeitgesteuertem Abfahren der Wege von mechanischen Einflüssen wie *Reibung, Viskosität, Nachlauf* abhängt, und eine gegenseitige *Beeinflussung* der einzelnen Geschwindigkeitsprogramme bei Änderungen vorhanden ist, muß das Sprühen an die Schlittenposition relativ zur Düse gekoppelt werden. Dazu ist eine *Wegemeßeinrichtung*, bestehend aus einem Zahnrad mit zwei induktiven Gebern und einer Zählbaugruppe, notwendig. Dabei sind Zahnbreite und -lücke vom Durchmesser des induktiven Gebers abhängig (siehe Abb. 2.42).

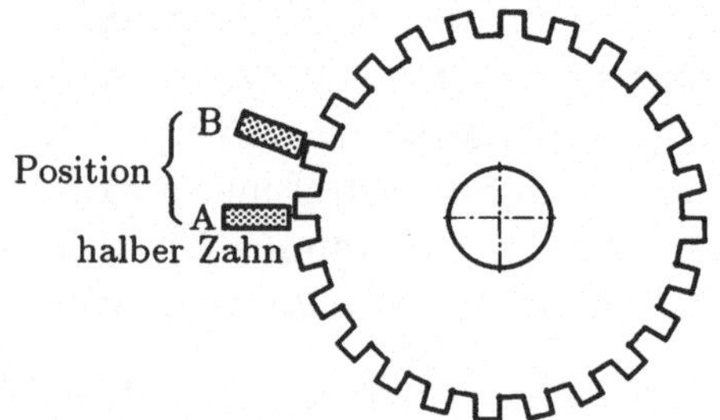

Abbildung 2.42
Das zur Wegmessung notwendige Zahnrad mit der Position der beiden induktiven Geber A und B, von denen einer in Höhe eines Zahns, der andere zwischen zwei Zähnen steht.

2.3.6.2 Sollwertführung nach Prozeßgleichungen

Bei der Sollwertführung nach Prozeßgleichungen werden die Sollwerte (Führungsgrößen) für die entsprechenden Regelkreise durch den Rechner bestimmt, mit dem Ziel, einige *ausgewählte Prozeßausgangsgrößen* auf vorgegebenen Werten zu halten, (siehe Abb. 2.43). Voraussetzung dafür ist, daß diese Prozeßgrößen selbst gemessen werden können, was z.B. beim Hochofenprozeß durch die hohen Temperaturen nicht möglich ist.

Über eine Reihe von Prozeßgleichungen ermittelt der Rechner aufgrund der *übergeordneten Sollwerte* (Prozeßanforderungen) und den Rückmeldungen

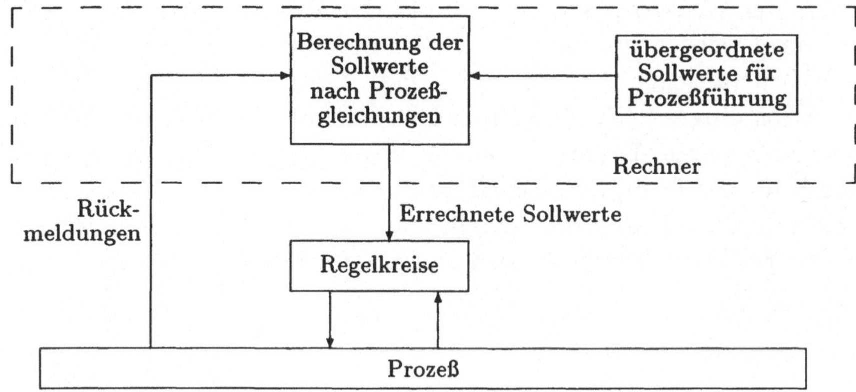

Abbildung 2.43
Schematische Darstellung der Führung nach Prozeßgleichungen

aus dem Prozeß, die Sollwerte für die unterlagerten Regelkreise (vgl. auch Merz 88).

Prozeßführung nach Prozeßgleichungen am Beispiel eines chemischen Reaktors

Die Abb. 2.44 zeigt, in schematischer Darstellung, wie, unter Verwendung eines Rechners, dem chemischen Reaktor eines Kraftwerkes das Einsatzgemisch in der richtigen *Menge* M_E mit dem richtigen *Druck* D_E und insbesondere der richtigen *Temperatur* T_E zugegeben wird. Die Istwerte von Menge, Temperatur und Druck des Einsatzgemisches werden, direkt vor

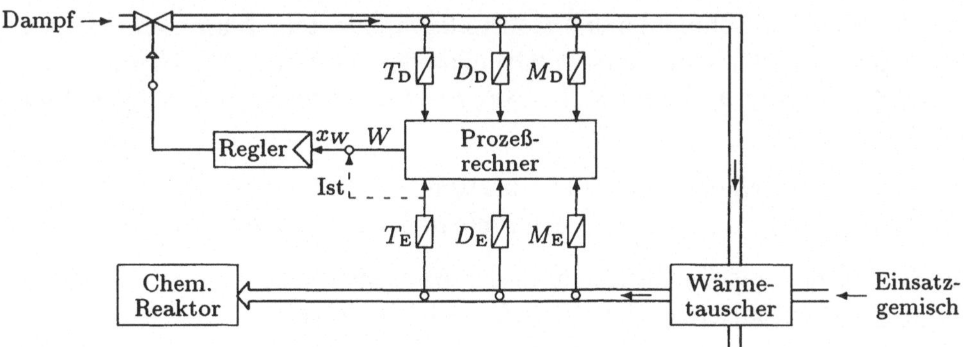

Abbildung 2.44
Prozeßführung eines chemischen Reaktors nach Gleichungen

Eintritt in den Reaktor, gemessen und an den Prozeßrechner weitergeleitet. Parallel dazu werden die Istwerte des Dampfes, der das Einsatzgemisch in einem Wärmetauscher erhitzen soll, erfaßt. Der Rechner ermittelt daraus, aufgrund von eingespeicherten Prozeßgleichungen, die *Sollwerte W* und die *Regelabweichung* x_W. Diese wird an den *Regler* weitergeleitet, der daraufhin das Ventil für die Dampfmenge entsprechend einstellt. Es erfolgt so, durch das Verändern der Dampfmenge, ein ständiger Abgleich des Istwertes mit dem Sollwert für die Temperatur des Einsatzgemisches.

Prozeßführung nach Prozeßgleichungen am Beispiel der Rohmehlaufbereitung zur Herstellung von Zement

Für die Herstellung von Zement benötigt man Ausgangsrohstoffe wie Kalkstein und Ton. Diese werden gemahlen und als *Rohmehl* mit festgelegten Mischungsspezifikationen in einem *Brennprozeß* zum sogenannten *Klinker* gesintert. Das Mischungsverhältnis der Grundstoffe (Ca, Fe, Al, Si) im Rohmehl ist entscheidend für die Qualität des Klinkers und des Endprodukts, dem Zement. Aufgabe des entsprechenden *Führungsprogramms* ist es, die gleichmäßige chemische Zusammensetzung des Rohmehls sicherzustellen. Der Istwert, die chemische Zusammensetzung des Rohmehls, wird mittels eines Analysegerätes, dem *Mehrkanal-Röntgenspektrometer* (MRS), erfaßt. Mit den, dem Rechner ebenfalls mitgeteilten, Analysewerten der Rohstoffkomponenten und den gemessenen Istwerten bestimmt der Rechner die *Stellgrößen* für die Waagen der Rohstoffkomponenten. Für diese Berechnungen benötigt er das Wissen um die mathematischen Zusammenhänge der einzelnen Parameter, die *Prozeßgleichungen* (vgl. Anke 70 S. 540–544).

Um die Herleitung der Prozeßgleichungen aufzuzeigen, sei davon ausgegangen, daß sich das Rohmehl aus n Rohstoffkomponenten zusammensetzt, von denen jede selbst wieder aus m Grundstoffen besteht. Der Grundstoff g ($1 \leq g \leq m$) ist im Rohstoff s ($1 \leq s \leq n$) in der *Konzentration* k_{gs} enthalten.

Der *Gewichtsanteil* des Rohstoffs s im Rohmehl beträgt:
w_s ($1 \leq s \leq n$), das ist die *zu ermittelnde Waageneinstellung*.

Der Grundstoff g ist im Rohmehl in der *Konzentration* r_g ($1 \leq g \leq m$) enthalten (r_g ist der geforderte *Sollwert*).

Bezogen auf einen Grundstoff g errechnet sich die Zusammensetzung einer Rohmehlmischung mit n Rohstoffkomponenten aus der *Summe der Ge-*

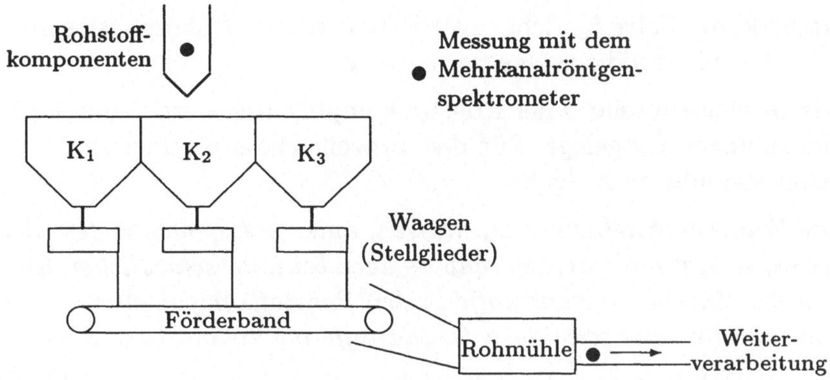

Abbildung 2.45
Messung der Rohstoffkomponenten mit dem Mehrkanalröntgenspektrometer

wichtsanteile der einzelnen Rohstoffkomponenten die jeweils mit den zugehörigen Konzentrationen multipliziert werden:

$$r_g = \sum_{s=1}^{n} w_s\, k_{gs} \qquad \text{mit } (1 \le g \le m);$$

d.h. man hat folgendes Gleichungssystem:

$$
\begin{aligned}
r_1 &= w_1\, k_{11} + w_2\, k_{12} + \ldots + w_n\, k_{1n} \\
&\;\;\vdots \\
r_m &= w_1\, k_{m1} + w_2\, k_{m2} + \ldots + w_n\, k_{mn}
\end{aligned}
$$

Voraussetzung für diese Berechnung ist das Wissen um die Zusammensetzung der einzelnen Rohstoffkomponenten k_{gs}.

In Matrizenschreibweise erhält man:

$$
\begin{aligned}
\underline{r} &= \underline{K}\,\underline{w} \qquad \text{oder} \\
\underline{w} &= \underline{K}^{-1}\,\underline{r} \qquad \text{fall } \underline{K} \text{ invertierbar}
\end{aligned}
$$

mit

$$
\underline{r}^T = (r_1, \ldots, r_m), \qquad \underline{w}^T = (w_1, \ldots, w_n)
$$

$$
\underline{K} = \begin{pmatrix} K_{11} & \cdots & K_{1n} \\ \vdots & & \vdots \\ K_{m1} & \cdots & K_{mn} \end{pmatrix}
$$

Anmerkung: Falls $\underline{K}$ nicht invertierbar, gibt es Näherungslösungen, auf die hier aber nicht näher eingegangen wird.

Die Gewichtsanteile w der Rohstoffkomponenten werden durch die Waageneinstellungen festgelegt. Für den Prozeßrechner ergibt sich damit folgende exakt formulierte Aufgabe:

Die Waageneinstellungen w_s müssen, unter Zuhilfenahme des Gleichungssystems, so bestimmt werden, daß — auch bei unterschiedlichen Konzentrationen der einzelnen Grundstoffe in den Rohstoffkomponenten — die Gesamtkonzentration der jeweiligen Grundstoffe im Rohmehl r_m konstant bleibt.

Bei der Führung nach Prozeßgleichungen wird deutlich, daß hier die Fähigkeit eines Rechners, parallel zum Prozeßablauf umfangreiche arithmetische Operationen in kurzer Zeit auszuführen, verstärkt genutzt wird.

2.3.6.3 Führung nach Prozeßgleichungen unter zusätzlicher Verwendung mathematischer Prozeßmodelle

Falls die zu führenden Prozeßgrößen nicht direkt meßbar sind (z.B. sehr hohe Temperaturen in Hochöfen), so muß diese — unter Zuhilfenahme von anderen, meßbaren Prozeßgrößen und beschreibenden Prozeßgleichungen — berechenbar sein. Ein Beispiel dafür ist das Errechnen der Temperatur im Hochofen über ein mathematisches Modell aus Energiezufuhr, Einsatzgewicht des Ofens, der Wärmestrahlung und anderen meßbaren bzw. bekannten Einflußgrößen.

2.3.7 Optimierung

Bei der Prozeßoptimierung geht man noch einen Schritt weiter als bei der Prozeßführung. Der Rechner hat hier die Aufgabe, die *optimalen Sollwerte* für die Prozeßführung zu ermitteln. Hinsichtlich der Optimierung lassen sich zwei Gruppen von Prozessen unterscheiden:

a) Prozesse mit *ständig gleichbleibenden Produktionsprogrammen*. Diese können bereits bei der Planung optimiert werden (z.B. Wärmekraftwerke).

b) Prozesse mit *häufig wechselnden Produktionsprogrammen*. Diese müssen bei jedem Produktionswechsel optimiert werden (z.B. Transportsysteme, elektrische Netze). Die Optimierung muß hierbei *schritthaltend mit dem Prozeßablauf* durchgeführt werden.

Wichtig für die Optimierung ist die *Zielgröße*, von deren Art es abhängt, welche Optimierungsaufgabe zu lösen ist:

Minimierung der Rohstoffkosten, z.B. durch Ausnutzung zulässiger Toleranzen bei der Chargierung oder kontinuerlicher Mischung; bestmögliche Ausnutzung von preiswerten Rohstoffsorten.

Minimierung der Betriebskosten durch Ausnutzung der jeweils billigsten Anbieter oder Tarife.

Minimierung des Verschnitts bei der Aufteilung von Fertigungslosen in Auftragsabmessungen, indem alle möglichen Aufteilungen der Lose nach der günstigsten durchsucht werden.

Minimierung der Fertigungszeit, indem die Zugriffe auf Werksteile in ihrer Anzahl so klein wie möglich gehalten und alle benötigten Teile rechtzeitig angefordert werden.

Minimierung der Umweltbelastung durch Verringerung der Schadstoffaustritte und rechtzeitigen Prozeßabbruch im Falle einer Störung.

Maximierung des Prozeßwirkungsgrades durch Auswahl der jeweils effektivsten Produktionseinheiten oder durch Wahl des günstigsten Betriebspunktes unter Ausnutzung eines erlaubten Spielraums für die Produktionsleistung.

Maximale Ausnutzung der Produktionskapazität durch optimale Bearbeitungsfolge verschiedener Produktionsprogramme. Damit können bei neuen Anlagen Investitionskosten gespart oder die Kapazität bereits bestehender Anlagen durch Einsatz eines Rechners erhöht werden (z.B. Transportsysteme, Galvanikanlagen).

Maximierung der Produktqualität durch rechtzeitige Prüfung von Substanzen (z.B. durch Analyseverfahren) und schnelle Reaktion bei veränderten Ausgangsbedingungen.

Optimierung der Lastverteilung um z.B. eine gleichmäßige Ausnutzung von elektrischen Versorgungsnetzen zu gewährleisten und damit den Ausfall einzelner Netzteile durch Überlast zu vermeiden.

Nachdem alle Zielgrößen des Prozesses bekannt sind, muß das eigentliche *Optimierungsverfahren* gewählt werden. Bei den verschiedenen Optimierungsverfahren handelt es sich um Methoden, mit deren Hilfe es möglich ist, diejenigen Werte der Einflußgrößen eines Prozesses zu finden, für die die

Zielgrößen einen optimalen Wert annehmen (siehe z.B. Anke 70 Kap. 3.5, Bronstein 81).

2.3.7.1 Mathematische Formulierung eines Optimierungsproblems

Für eine *Zielfunktion* $Z = f[x_1, x_2, \ldots, x_n]$ sind die *Variablen* x_1 bis x_n so zu bestimmen, daß Z ein *Maximum* oder ein *Minimum* annimmt. Dabei ist zu berücksichtigen, daß bestimmte *Nebenbedingungen* $g_i(x_1, x_2, \ldots, x_n)$ fest vorgegebene *Schranken* b_i nicht über- bzw. unterschreiten.

2.3.7.2 Lineare Optimierung

Die *lineare Optimierung* und der in diesem Zusammenhang verwendete *Simplexalgorithmus* von Georg Dantzig haben große Bedeutung für die Lösung vieler praktischer Probleme bei denen Wechselwirkungen zwischen einer Reihe veränderlicher Größen auftreten. Unter linearer Optimierung, die auch als *lineare Programmierung* bezeichnet wird, versteht man das Erstellen von exakten mathematischen Gleichungen, die die auftretenden Wechselwirkungen erfassen und das vorliegende Problem auf ein einfacheres mathematisches Problem zurückführen. Eine Lösung der Gleichungen entspricht dann einer Lösung des Problems.

Bei mathematischen Optimierungsaufgaben liegt eine Menge von *Variablen* vor, die durch eine Menge mathematischer Gleichungen (*Nebenbedingungen*) miteinander verknüpft sind, und eine die Variablen enthaltende *Zielfunktion*, die unter Einhaltung der Nebenbedingungen zu maximieren(minimieren) ist. Falls alle auftretenden Gleichungen einfache Linearkombinationen der Variablen sind, spricht man von *linearer Optimierung*.

Ermittelt wird das Minimum oder Maximum einer Zielfunktion der Form $Z = \sum_{j=1}^{n} c_j x_j$, wobei die Variablen x_j endlich vielen *linearen Nebenbedingungen* (Restriktionen) $g_i(x_1, x_2, \ldots, x_n) = \sum_{i=1}^{m} a_{ij} x_j$ genügen müssen, mit a_{ij} bzw. c_j als bekannten Konstanten.

Der Bereich der linearen Optimierung bzw. Programmierung ist sehr gründlich erforscht und eine vollständige Beschreibung würde den Rahmen dieses Buches sprengen. Es sei hier auf mathematische Fachbücher verwiesen. Eine gute Erklärung anhand von Beispielen findet sich bei Sedgewick 91. Im folgenden wird, unter Verwendung eines Beispiels, eine geometrische Betrachtung einer solchen Optimierungsaufgabe vorgenommen.

Zu maximieren sei

$$Z = \frac{1}{2}x_1 + x_2$$

unter Berücksichtigung der Nebenbedingungen

N_1: $x_1 \geq 0$

N_2: $x_2 \geq 0$

N_3: $-\frac{1}{2}x_1 + x_2 \leq 5$

N_4: $x_1 + x_2 \leq 11$

N_5: $x_1 \leq 6$

Diese lineare Optimierungsaufgabe ist geometrisch in Abb. 2.46 veranschaulicht. Jede Ungleichung definiert eine Halbebene, in der jede Lösung der linearen Optimierungsaufgabe liegen muß. Da die Lösung der Optimierungsaufgabe *allen* Nebenbedingungen genügen muß, definiert das Gebiet der *Schnittmenge all dieser Halbebenen* die Menge aller möglichen Lösungen (zulässiger Bereich). Gefunden werden muß nun der Punkt aus der Schnittmenge, der die *Zielfunktion maximiert*.

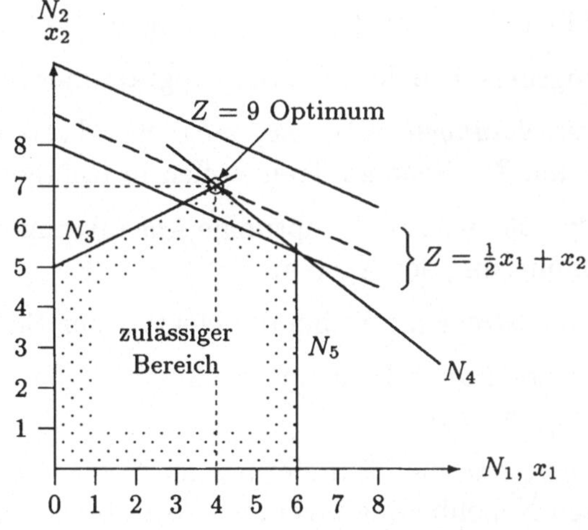

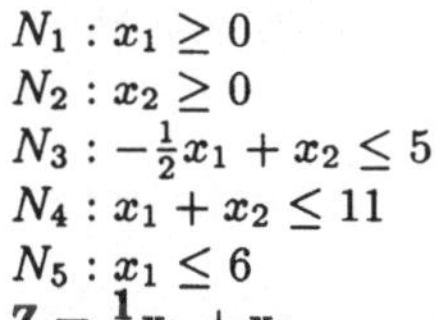

$N_1 : x_1 \geq 0$
$N_2 : x_2 \geq 0$
$N_3 : -\frac{1}{2}x_1 + x_2 \leq 5$
$N_4 : x_1 + x_2 \leq 11$
$N_5 : x_1 \leq 6$
$Z = \frac{1}{2}x_1 + x_2$

Abbildung 2.46
Beispiel eines Simplexalgorithmus, zur Bestimmung des Maximums von $Z = \frac{1}{2}x_1 + x_2$ (ergibt die Schar paralleler Zielgeraden) unter den fünf Nebenbedingungen N_1 bis N_5.

Eine grundlegende Eigenschaft der Simplexmethode besteht darin, daß die Zielfunktion ihr Maximum in einem der *Eckpunkte* annimmt; daher müssen wir auch nur die Eckpunkte als Lösungsmöglichkeiten in Betracht ziehen und nicht die Punkte im Inneren der Schnittmenge. Geometrisch stellt sich die Zielfunktion als eine Schar paralleler Geraden mit fester Steigung dar (siehe Abb. 2.46). Von einem zu bestimmenden Anfangspunkt (Basislösung) — meist der Nullpunkt, falls er zum zugelassenen Bereich gehört — werden diese Geraden durch die einzelnen Eckpunkte des eingeschränkten Bereichs gelegt. Derjenige Eckpunkt, dessen Koordinaten ein Maximum für Z liefern, stellt die geforderte Lösung dar. In dem von uns konstruierten Beispiel ergibt sich der Eckpunkt mit den Koordinaten (4,7) als Maximum für die Zielfunktion Z, die in diesem Punkt den Wert „9" als gesuchtes Optimum annimmt.

Wie anhand des Beispiels deutlich wurde, ermittelt dieses Verfahren nicht sofort die explizite Lösung, sondern sucht sie nach einem iterativen Verfahren. Solche Methoden lassen sich auch bei vielen Veränderlichen leicht systematisieren und programmieren. Der vom Simplexalgorithmus ausgewählte Weg ist nicht unmittelbar der kürzeste, führt aber nach einer endlichen Anzahl von Schritten notwendig zum Optimum. Da der Rechenaufwand dieser Verfahren im allgemeinen recht beträchtlich ist, kann eine Anwendung nur unter Zuhilfenahme von Rechnern erfolgen.

Anwendungsbeispiele der linearen Programmierung sind:

Mischungsrechnungen, z.B. das möglichst kostengünstigste Mischen von Benzinen und Zusätzen zu Treibstoffen in Raffinerien;

Transportprobleme, z.B. die optimale Ausnutzung von Transportkapazitäten unter Minimierung der Kosten;

Lastverteilungsfragen, z.B. bei der elektrischen Stromversorgung in Netzen;

Verschnittreduktion, z.B. beim Zuschneiden von Tafelglas, so daß der Verschnitt minimal wird;

Kostenfragen, z.B. die Minimierung der Kosten in einem Verbundnetz unter bestimmten Nebenbedingungen, wie feste Rechnerleistung.

2.3.7.3 Nichtlineare Optimierung

Ist mindestens eine der in der Optimierungsaufgabe vorkommende Funktion nichtlinear, so heißt die Aufgabe nichtlinear. Als Beispiel läßt sich die Gebührenberechnung in Netzen anführen, die entfernungs-, volumen- und tageszeitabhängig ist.

Zur Lösung solcher Probleme werden klassische Optimierungsverfahren verwendet, wie die *Lagrangemethode, Gradientenverfahren* oder *Approximationsverfahren*, die das Problem so aufbereiten, daß der Simplexalgorithmus anwendbar wird.

Gradientenverfahren

Die verschiedenen Gradientenverfahren machen alle in irgendeiner Form Gebrauch von der Tatsache, daß der *Gradient* in Richtung des steilsten Anstiegs bzw. der negative Gradient in Richtung des steilsten Abstiegs von Z zeigt. Diese Verfahren benutzen die Größe und das Vorzeichen der Gradienten der entsprechenden Zielgrößen um — ausgehend von einer bestimmten Basis — durch schrittweise Verbesserung der Betriebsparameter in Richtung des jeweiligen Gradienten zum Optimum zu kommen.

Die einzelnen *Verbesserungsschritte* V werden nach folgender Rechenvorschrift durchgeführt:

$$V_{K+1} = V_K + \sigma \nabla Z.$$

Dabei bedeutet K die Anzahl der Verbesserungsschritte, σ die Schrittweite und ∇Z den Gradienten der Zielgröße. Die Unterschiede der einzelnen Verfahren der Gradientenmethode liegen in der Wahl der Schrittweite σ und des Richtungsvektors ∇Z.

Bei der Methode des *optimalen Gradienten* wird die anfangs eingeschlagene Richtung so lange beibehalten, bis die Zielgröße nicht mehr zunimmt. Erst dann wird eine neue optimale Gradientenrichtung berechnet. Bei der Methode des *steilsten Anstiegs* wird nach *jedem Rechenschritt* eine neue Gradientenrichtung berechnet, so daß man dadurch auf kurzem Weg zum Optimum kommt.

Um Gradientenverfahren zur Optimierung von Zielgrößen anwenden zu können, müssen eine Reihe von *Voraussetzungen* erfüllt sein:

- der zu optimierende Prozeß muß mittels Gleichungen beschreibbar sein,
- die Zielgröße muß kontinuierlich sein,
- die Topologie des Systems muß zeitlich konstant sein
- und es ist eine günstige Voraussetzung, wenn die Zielgröße im Optimum durch Berechnung der zweiten Ableitung genügend sicher bestimmt ist.

Daraus ergibt sich, daß Gradientenverfahren vorwiegend bei *kontinuierlichen Prozessen* angewendet werden.

2.3.7.4 Diskrete (ganzzahlige) Optimierung

Bei diesen Problemstellungen handelt es sich um sehr schwierige Aufgaben, wie z.B. Mischungsprobleme, bei denen die Mischungskomponenten nur in bestimmten Portionen zugesetzt werden können, oder um Kapazitätsauslastungen, wenn von vorhandenen Kapazitäten nicht beliebige Anteile genutzt werden können.

Bekannteste Lösungsverfahren hierfür sind:

- *Schnittebenenverfahren,*
- *kombinatorische Verfahren,* z.B. Branch-and-Bound
- *stochastische Suchverfahren* (siehe folgende Beispiele).

2.3.7.5 Stochastische Suchverfahren

Diese Art von Suchmethoden sind sowohl im Bereich der linearen, der nichtlinearen, der diskreten als auch der kontinuierlichen Optimierung einsetzbar. Sie werden häufig implementiert, da die heutigen Rechner in der Lage sind, in relativ kurzer Zeit alle in Betracht zu ziehenden Möglichkeiten durchzuspielen und so das Optimum zu finden.

Probierverfahren — *„Trial and Error"* — werden für kleinere Problemstellungen herangezogen, und man versteht darunter Optimierungen, bei denen die Zielgröße *probeweise* für eine Reihe von Wertekombinationen ermittelt wird. Nach Vorliegen einiger Funktionswerte, werden — je nach Verfahren mehr oder weniger zufällig — diejenigen Kombinationen von Variablen ausgewählt, welche einen Höchst- bzw. Minimalwert für die Zielgröße ergaben. Diese Verfahren eignen sich besonders dann, wenn die vorliegenden *Zielfunktionen nicht analytisch behandelbar* sind.

Die *Suche ohne System* (Zufallssuche) ist ein Optimierungsprinzip, das in der Praxis kaum anwendbar ist, da die Ermittlung der optimalen Kombination der Einflußgrößen des Prozesses einen *meist nicht vertretbaren* Rechen- und Speicheraufwand erfordert. Es werden hierbei in dem Gebiet, in dem die Zielgröße zu finden ist, (möglichst viele) zufällige Wertekombinationen herausgegriffen und für diese die jeweilige Zielgröße berechnet. Ausgewählt wird dann die Kombination, für die die Zielgröße den optimalen Wert angenommen hat.

Die *faktorielle Methode* stellt eine wesentliche Verbesserung gegenüber der Zufallssuche dar, da bereits im einfachsten Fall die Zielgröße für eine systematisch ausgewählte Wertekombination ausgerechnet wird. Über das zu betrachtende Gebiet wird ein „Raster" (Netz) von Linien gelegt, das sich aus durchgerechneten Variablenkombinationen ergibt. Über die so entstehenden Schnittpunkte tastet man sich an das Teilgebiet heran, in dem das Optimum liegt. Dieses kleinere Gebiet wird dann auf die gleiche Weise mit einem Netz überspannt und erneut nach dem Bereich, in dem das Optimum liegt, durchsucht (siehe Abb. 2.47).

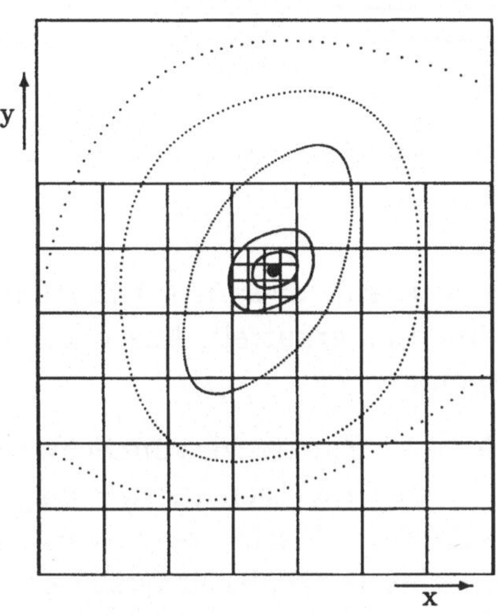

Abbildung 2.47
Prozeßtopologie mit Linien gleicher Zielgrößenwerte

Die *Ein-Faktor-Methode* ist ein weiteres Probierverfahren, bei dem man den Wert der Zielgröße zunächst nur in Abhängigkeit von *einer Einflußgröße* („Faktor") ermittelt. Man erhält für diese einen „*bedingten*" Optimalwert. Nachfolgend wird dann ein „*Faktor*" nach dem anderen behandelt (siehe Abb. 2.48). Diese Berechnung muß bei fortlaufender Verbesserung der bedingten Optimalwerte solange fortgesetzt werden, bis der Verbesserungsschritt *kleiner als eine vorgegebene Schranke* geworden ist. Nur bei einer relativ geringen Anzahl von Einflußgrößen läßt sich dieses Verfahren sinnvoll einsetzen.

Die *Simplexmethode* von Spedley, Hext und Himsworth ist nicht mit dem Simplexalgorithmus von Dantzig zur Lösung linearer Optimierungsprobleme zu verwechseln. Zu Beginn der Suche werden $n+1$ Punkte im n-dimensionalen Raum so festgelegt, daß sie die Ecken eines regulären Simplex (Startsimplex) bilden. Im zweidimensionalen Raum entspricht ein regulärer Simplex

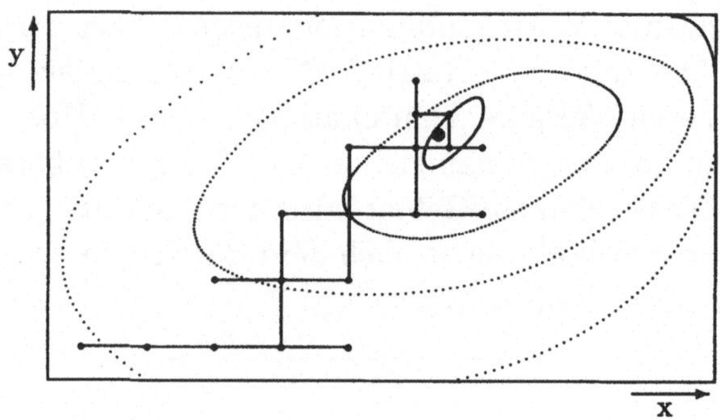

Abbildung 2.48
Ein-Faktor-Methode, bei der solange verbessert wird, bis die Verbesserung unter einer
vorgegebenen Schranke liegt.

einem gleichseitigen Dreieck. Für diese $n + 1$ Startsimplexpunkte wird jeweils der Wert der Zielfunktion ermittelt. Anschließend wird mit der Suche
nach dem Optimum begonnen.

Der schlechteste Wert der $n+1$ Punkte wird am Schwerpunkt der verbleiben-
den n Ecken gespiegelt. Dies ergibt einen neuen Punkt, der den alten ersetzt.
Ist der neue Punkt wieder der schlechteste, so wird, um ein Oszillieren zu
vermeiden, der zweitschlechteste gespiegelt (siehe Abb. 2.49). Ergeben sich
nach m Spiegelversuchen nur schlechtere Punkte, so hat sich der Simplex

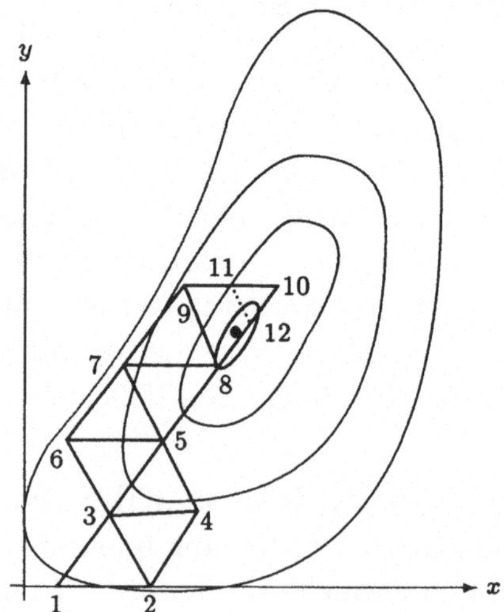

Abbildung 2.49
Voranschreiten eines Simplex

um den besten Punkt gedreht und befindet sich nun wieder in der gleichen Position wie vor den m Spiegelungen.

Da sich der Simplex dann entweder in einer sehr engen Schlucht oder in der Nähe des Optimums befindet, wird er verkleinert, indem die Abstände aller Punkte zu dem Punkt, um den sich der Simplex dreht, halbiert werden.

2.3.7.6* Dynamische Programmierung

Die dynamische Optimierung stellt eine allgemeine Lösungskonzeption für sehr verschiedenartige Optimierungsaufgaben — *nichtlineare* und *lineare* — mit meist vielen Variablen dar. Eine Lösung wird durch eine stufenförmige Folge von parametrischen Optimierungsaufgaben erhalten, wobei ein *n-stufiger Entscheidungsprozeß* auf n *einstufige* Entscheidungsprozesse zurückgeführt wird.

Das Prinzip der dynamischen Programmierung wird im folgenden an einem einfachen mathematischen Beispiel erläutert:

Gegeben sei eine Folge von Funktionen: $g_1(x)$, $g_2(x), \ldots, g_n(x)$ und die Summe: $z = z_1 + z_2 + \cdots + z_n \quad (z_i \geq 0)$.

Gesucht ist ein Satz von z_i-Werten, so daß gilt:

$$\sum_{i=1}^{n} g_i(z_i) = \text{Max}$$

Das Maximum ist sicher eine Funktion von z und dem Index n.

Mathematische Definition:

$$R_n(z) = \underset{z_i \geq 0}{\text{Max}} \sum_{i=1}^{n} g_i(z_i) \qquad (2.27)$$

mit der Nebenbedingung:

$$z = \sum_{i=1}^{n} z_i$$

R_n läßt sich aufspalten in:

$$R_n(z) = \underset{z_i \geq 0}{\text{Max}} \left\{ g_n(z_n) + \sum_{i=1}^{n-1} g_i(z_i) \right\}$$

Wegen des Optimalitätsprinzips,

> „Eine optimale Entscheidungspolitik hat die Eigenschaft, daß, ungeachtet des Anfangszustandes und der ersten Entscheidung, die verbleibenden Entscheidungen eine optimale Entscheidungspolitik hinsichtlich des aus der ersten Entscheidung resultierenden Zustandes darstellen",

genügt es, die Maximumbestimmung auf $g_n(z_n)$ anzuwenden:

$$R_n(z) = \operatorname*{Max}_{z_n \geq 0} \left\{ g_n(z_n) + \operatorname*{Max}_{z_i \geq 0} \sum_{i=1}^{n-1} g_i(z_i) \right\}$$

Damit lautet die Rekursionsformel:

$$R_n(z) = \operatorname*{Max}_{z_n \geq 0} \left\{ g_n(z_n) + R_{n-1}(z - z_n) \right\} \tag{2.28}$$

mit dem Anfangszustand für $n = 1$:

$$z_1 = z \quad \text{und} \quad R_1(z) = g_1(z)$$

Man erkennt hier den Vorteil des dynamischen Programmierens:

Der n-stufige Entscheidungsprozeß Gl. (2.27) ist auf n einstufige Entscheidungsprozesse Gl. (2.28) zurückgeführt worden, die vom Rechner viel besser zu bearbeiten sind.

Hier noch ein spezielles Beispiel:

$$g_1(x) = g_2(x) = \ldots = g_n(x) = \sqrt{x}$$

d.h. die Anfangsbedingung lautet:

$$R_1(z) = \sqrt{z}$$

Erste Rekursion:

$$\begin{aligned} R_2(z) &= \operatorname*{Max}_{z_2} \left\{ g_2(z_2) + R_1(z - z_2) \right\} \\ &= \operatorname*{Max}_{z_2} \left\{ \sqrt{z_2} + \sqrt{z - z_2} \right\} \\ &= \operatorname*{Max}_{z_2} \left\{ \emptyset(z_2) \right\} \end{aligned}$$

Das Maximum läßt sich hier direkt ermitteln.

Man erhält wegen:

$$\frac{\partial \emptyset}{\partial z_2} = \frac{1}{2}z_2^{-\frac{1}{2}} - \frac{1}{2}(z-z_2)^{-\frac{1}{2}} = 0$$

$$z_2 = \frac{1}{2}z$$

$$R_2(z) = \sqrt{z/2} + \sqrt{z/2} = \sqrt{2z}$$

Die weitere Berechnung liefert entsprechend

$$R_n = \sqrt{nz} \qquad \text{und } z_n = z/n.$$

Am Beispiel der *optimalen Aufteilung eines Brennstoffstroms* soll das Optimalitätsprinzip, das auf Richard Bellman zurückgeht, weiter verdeutlicht werden:

Ein Brennstoffstrom x wird in zwei Anteile y und $x-y$ aufgespalten. Diese Stoffströme werden nun in zwei verschiedenen Prozessen verwendet, aber nicht in einem einmaligen Durchlauf verbraucht. Dabei führt y zur Erzeugung eines Produktwertes $g(y)$ pro Zeiteinheit im ersten Prozeß und $x-y$ zur Erzeugung eines Produktwertes $h(x-y)$ im anderen Prozeß.

Der Brennstoffstrom wird nach dem einmaligen Durchlauf zu ay ($a < 1$) vermindert, mit dem verminderten Brennstoffstrom $b(x-y)$ ($b < 1$) wieder zusammengeführt und zum zweiten Durchlauf rückgespeist. Mit dem verminderten Strom $(ay + b(x-y))$ wiederholt sich der Prozeß, wobei wieder über die Aufteilung verfügt werden kann. Der Prozeß wird bis zum restlosen Verbrauch von x n-mal durchgeführt. Bei jedem Durchlauf ist eine Entscheidung über das *optimale Aufteilungsverhältnis* fällig. Die — mit Hilfe des Brennstoffverbrauchs entstehenden — Produktwerte über alle Durchläufe sollen ein Maximum sein. Nach üblichem Vorgehen müßte man wie folgt rechnen:

Anfangsbrennstroffstrom: x
Brennstoffströme: $y,$ $x-y$
Einzelproduktwerte: $g(y),$ $h(x-y)$

nichtoptimaler Gesamtproduktwert:

$$g(y) + h(x-y) = f_1(x,y) \tag{2.29}$$

optimaler Gesamtproduktwert:

$$R_1(x) = \max_{0 \le y \le x} \{g(y) + h(x-y)\} \tag{2.30}$$

Restbrennstoffstrom:

$$x_1 = ay + b(x - y) \tag{2.31}$$

neue Aufteilung: $y_1,$ $x_1 - y_1$
neue Einzelproduktwerte: $g(y_1),$ $h(x_1 - y_1)$

nichtoptimaler Gesamtproduktwert:

$$f_2(x, y, y_1) = g(y) + h(x - y) + g(y_1) + h(x_1 - y_1) \tag{2.32}$$

optimaler Gesamtproduktwert:

$$R_2(x, x_1) = \max_{\substack{0 \leq y \leq x \\ 0 \leq y_1 \leq x_1}} \{g(y) + h(x - y) + g(y_1) + h(x_1 - y_1)\} \tag{2.33}$$

und schließlich nach n Stufen (Durchläufen):

$$R_n(x, x_1, \ldots, x_{n-1}) = \tag{2.34}$$

$$\max_{\substack{0 \leq y \leq x \\ 0 \leq y_1 \leq x_1 \\ \vdots \\ 0 \leq y_{n-1} \leq x_{n-1}}} \{g(y) + h(x - y) + g(y_1) + h(x_1 - y_1) + \ldots + g(y_{n-1}) + h(x_{n-1} - y_{n-1})\}$$

Um die vorliegende Aufgabe zu lösen, wäre eine n-dimensionale Behandlung notwendig. Dies ist zwar prinzipiell möglich, scheitert aber meist am Aufwand — auch beim Einsatz moderner Rechenanlagen — vor allem bei vielen Variablen (Stufen n). Durch Anwendung des Optimalitätsprinzips, läßt sich dieser Aufwand erheblich verringern.

Auf das Beispiel angewendet bedeutet dies, daß jede Aufteilungsentscheidung für sich optimal sein muß, unabhängig von der vorhergehenden Entscheidung. Man kann also mit der ersten Entscheidung beginnen, diese optimieren, und das Ergebnis dann bei der zweiten Entscheidung verwenden.

Danach kann man in Gl. (2.32) den zweiten Teil durch das Ergebnis der Optimierung bei der ersten Entscheidung (Gl. (2.30)) ersetzen und erhält:

$$f_2(x, y) = g(y) + h(x - y) + R_1(ay + b(x - y)) \tag{2.35}$$

Damit ist die Variable y_1 eliminiert und auch die zweite Entscheidung ist ein *Einstufenprozeß*:

$$R_2(x) = \max_{0 \leq y \leq x} \{g(y) + h(x - y) + R_1(ay + b(x - y))\} \tag{2.36}$$

Bei den nächsten Schritten verfährt man ebenso:

$$R_n(x) = \underset{0 \le y \le x}{\text{Max}} \{g(y) + h(x - y) + R_{n-1}(ay + b(x - y))\} \qquad (2.37)$$

Das Ziel, durch Rekursion eine Kette eindimensionaler Prozesse zu erhalten, ist damit erreicht. Gl. (2.37) ist nicht etwa eine allgemeine Darstellung des dynamischen Programmierens, sie zeigt vielmehr das Prinzip des Vorgehens.

Im Gegensatz zu dem Verfahren des linearen Programmierens gibt es — gerade wegen der Verallgemeinerungsfähigkeit dieser typischen Schlußweise — kein Standardprogramm. Das Prinzip ist in hohem Maße auf Systeme mit Beschränkungen nichtlinearen Charakters und auf infinitesimale Systeme übertrag- und ausweitbar. Voraussetzung für die Anwendbarkeit der dynamischen Optimierung ist, daß die Systeme gut beschreibbar sind. In diesen Bereich gehören Probleme der Energie- und Lastverteilung, der Disposition und spezielle Probleme der Verfahrenstechnik, wie die Katalysator-Verbrauchsrechnung für chemische Reaktoren. Bei all diesen Anwendungen ist die dynamische Optimierung weit verbreitet.

Ein weiteres Beispiel für eine deterministische dynamische Optimierung ist ein Lagerhaltungsproblem, bei dem eine Handelsfirma einen fest geplanten monatlichen Bedarf befriedigen muß. Dazu wird monatlich eingekauft und die Ware entweder gelagert oder sofort weiterverkauft. Gesucht ist eine optimale Einkaufs- bzw. Lagerpolitik.

3 Rechensysteme in der Prozeßautomatisierung

3.1 Verschiedene Prozeßkopplungsarten

Der Automatisierungsgrad der einzelnen Prozesse hängt einerseits von der jeweiligen Problemstellung und andererseits von wirtschaftlichen Gesichtspunkten ab. Je nach Art der Kopplung von Prozeß und Rechner unterscheidet man vier *Prozeßkopplungsarten*:

(a) *kein Prozeßrechnereinsatz*, d.h., die Lenkung des Prozesses erfolgt ausschließlich über das Bedienungspersonal;

(b) *indirekte Prozeßkopplung* (off-line-Betrieb), d.h., der Prozeßrechner dient nur zur Auswertung der Prozeßdaten, die er vom Bedienungspersonal über Datenträger (z.B. Magnetband, Magnetplatte, Terminal) erhält, ohne daß eine zeitliche Kopplung zwischen Rechner und Prozeß besteht;

(c) *Dialogbetrieb* (in-line-Betrieb), d.h., daß das Bedienungspersonal die Daten über ein Sichtgerät an den Rechner weitergibt bzw. von ihm Informationen erhält;

(d) *direkte Prozeßkopplung* (on-line-Betrieb), d.h., der Prozeßrechner hat mindestens eine direkte Verbindungsleitung zum Prozeß:

  - *open-loop*, d.h., daß das Bedienungspersonal entweder noch im Bereich des Stellens in das Prozeßgeschehen eingreift (sehr häufige Kopplungsart) oder aber im Bereich des Messens als Mittler zum Prozeßrechner tätig ist.

  - *closed-loop*, d.h., daß das Prozeßrechensystem sowohl an der Eingangs- als auch an der Ausgangsseite des Prozesses physikalisch mit ihm verbunden ist. Es gibt *keinen Eingriff* mehr durch das Bedienungspersonal und damit besteht ein *geschlossener Datenfluß*.

3.1.1   Kein Prozeßrechnereinsatz

Die Meßgeräte werden vom Bedienungspersonal selbst abgelesen. Unter Hinzunahme weiterer Anweisungen von außen (z.B. Vorgaben der Betriebsleitung zum Produktumfang) bedient das Bedienungspersonal entsprechend die Stellorgane. Über den Prozeßverlauf wird, ebenfalls vom Bedienungspersonal, ein entsprechendes Protokoll erstellt. Eine eigene Abteilung verfaßt daraus weitere Anweisungen für den künftigen Prozeßverlauf, die dem Bedienungspersonal als schriftliche Unterlagen wieder mitgeteilt werden. Ein Prozeßrechner wird hierbei *nicht* eingesetzt (siehe Abb. 3.1).

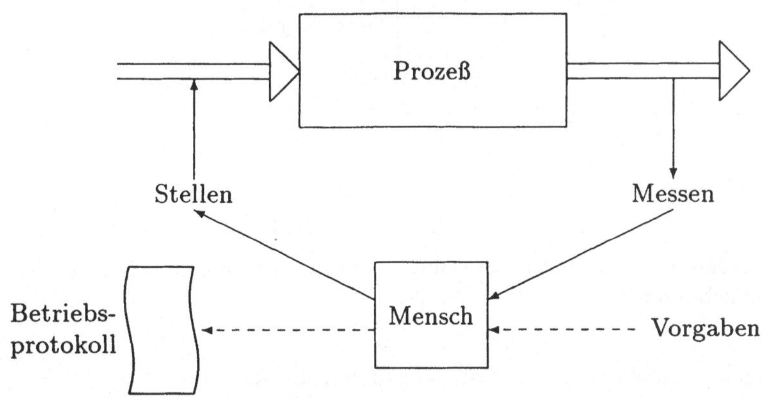

Abbildung 3.1
Kein Prozeßrechnereinsatz; jeder Eingriff in den Prozeß erfolgt durch das Bedienungspersonal

3.1.2   Indirekte Prozeßkopplung (off-line-Betrieb)

Sowohl das Stellen als auch das Ablesen der Messungen erfolgt hier noch durch das Bedienungspersonal. Zusätzlich wird jedoch ein Prozeßrechner eingesetzt, der die Auswertungen der abgelesenen und neu hinzugekommenen Informationen vornimmt. Die Daten werden vom Bedienungspersonal auf Datenträgern (z.B. Magnetbänder, -platten) abgespeichert und vom Rechner zu einem späteren Zeitpunkt sequentiell verarbeitet. Die daraus resultierenden Ergebnisse erhält das Bedienungspersonal wieder in Form von Ausdrucken bzw. Protokollen (siehe Abb. 3.2).

Der Rechner und der Prozeß sind hierbei *zeitlich und physikalisch entkoppelt*.

Typische Aufgaben dieser Kopplungsart sind (vgl. Lauber 76):

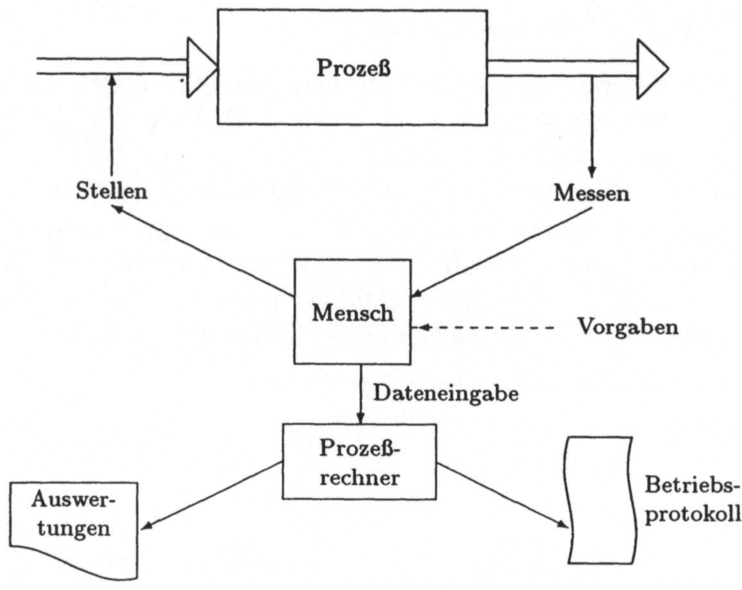

Abbildung 3.2
Indirekte Prozeßkopplung; der Prozeßrechner wertet die Ergebnisse lediglich aus, ohne in
den Prozeß eingebunden zu sein.

- statistische Auswertungen von Versuchsreihen,
- Berechnungen der Verluste aus gemessenen Strom- und Spannungsmes-
  sungen in einem Elektrizitätsnetz,
- Zuverlässigkeits- und Qualitätsuntersuchungen.

3.1.3 Dialogbetrieb (in-line-Betrieb)

Ein Sichtgerät für das Bedienungspersonal ermöglicht hierbei die Daten-
eingabe und -ausgabe *am* und *vom* Prozeßrechner. Man spricht vom sogenannten Dialogbetrieb, der jedoch ein *Echtzeit-Betriebssystem* (Real-Time-
System) voraussetzt. Der Rechner und der Prozeß sind hierbei *zeitlich gekoppelt* (siehe Abb. 3.3).

Da die Eingriffe in den Prozeß hierbei immer noch auf der Seite des Menschen liegen, können Rechnerstörungen in diesem Fall der Kopplung nicht
zu gefährlichen Prozeßzuständen führen. Außerdem wird es bei dieser Kopplungsart ermöglicht, die Erfahrung des Personals noch in das Ablaufgesche-
hen mit einzubeziehen. In den letzten Jahren wird immer mehr daraufhin-
gearbeitet — durch Einsatz sogenannter *wissensbasierter Systeme* — diese

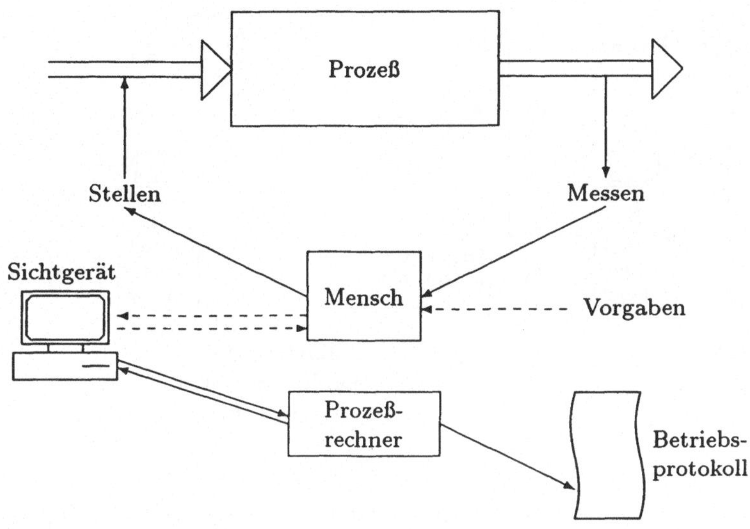

Abbildung 3.3
Dialogbetrieb mit Echtzeit-Betriebssystem; der Prozeßrechner arbeitet parallel zum laufenden Prozeß

Erfahrungen als Daten in den Rechnern zu speichern und bei Bedarf richtig abzurufen (Soltysiak 89).

Typische Beispiele dieser Kopplungsart sind:

– Platzbuchungsanlagen, Auskunftssysteme, Fertigungssteuerungen.

3.1.4 Direkte Prozeßkopplung (on-line-Betrieb)

Um das Bedienungspersonal weiter zu entlasten und somit auch Ablese- bzw. Eingabefehler zu vermeiden, wird der Prozeßrechner in einem der beiden Bereiche (Stellen oder Messen) oder in beiden direkt durch Leitungen mit dem Prozeß gekoppelt. Dies erfordert besondere Anforderungen an die *Zuverlässigkeit* der Soft- und Hardware des Prozeßrechnensystems. Das natürlich zeitabhängige Echtzeit-Betriebssystem muß im Millisekunden- manchmal auch im Mikrosekundenbereich reagieren können.

Wenn nur *eine* physikalische Verbindung vom Prozeß zum Rechner besteht, und der Eingriff des Personals entweder auf der Seite der Stellgeräte oder aber auf der Seite der Meßgeräte erfolgt, dann spricht man vom

– *on-line-open-loop-Betrieb* (siehe Abb. 3.4 und 3.5).

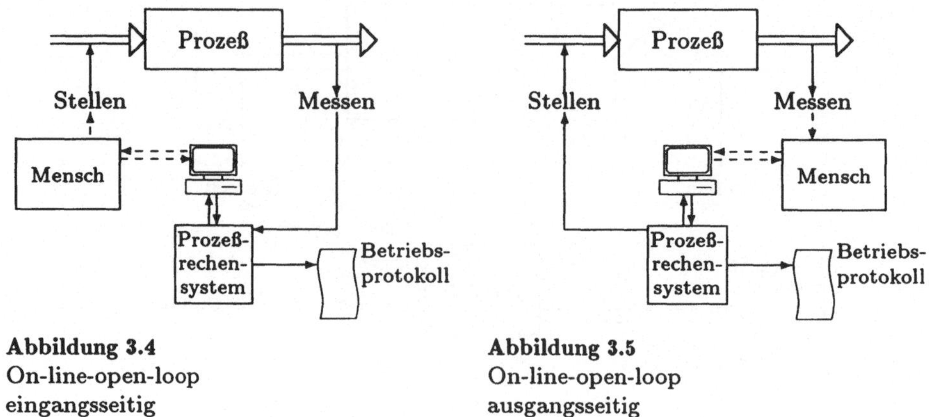

Abbildung 3.4
On-line-open-loop
eingangsseitig

Abbildung 3.5
On-line-open-loop
ausgangsseitig

Diese Betriebsweise liegt auch dann vor, wenn zwar Meßstellen und Stellorgane des Prozesses direkt an den Rechner angeschlossen sind, aber durch das Programm des Rechners kein kausaler Zusammenhang, d.h. keine direkte Rückkopplung, hergestellt ist.

Wenn der Datenfluß in einem *geschlossenen Kreislauf* abläuft, und der Prozeßrechner sowohl auf der Seite der Stellgeräte als auch auf der Seite der Meßgeräte direkt, d.h. physikalisch über Datenleitungen, mit dem Prozeß gekoppelt ist, dann hat man einen

  – *on-line-closed-loop-Betrieb* (siehe Abb. 3.6)

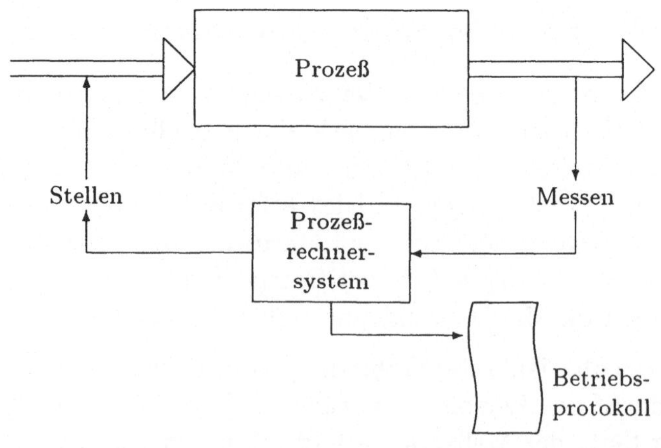

Abbildung 3.6
On-line-closed-loop-Betrieb; der Prozeßrechner arbeitet selbsttätig

Die Überwachung des Gesamtsystems erfolgt weiterhin durch den Menschen. Es wird jedoch nur im Störungsfall in den Prozeßablauf eingegriffen. Man spricht von einem *vollautomatisierten System*.

3.2 Betriebssicherheit und Zuverlässigkeitsanforderungen

Die Sicherheit eines technischen Systems und seine Zuverlässigkeit sind zwei unterschiedliche Forderungen, denen mit unterschiedlichen Mitteln Rechnung getragen werden muß.

Für die *Sicherheit* (security) eines Automatisierungssystems muß grundsätzlich in *allen* Fällen gesorgt sein. In jedem Betriebszustand des Systems muß sichergestellt sein, daß weder der Mensch noch die Umwelt in einem unzumutbaren Maße gefährdet ist. Meist gibt es für diese Fälle gesetzlich vorgeschriebene Regeln. Prozesse, die in diese Bereiche einzugliedern sind, werden häufig als *sicherheitsrelevante technische Prozesse* bezeichnet. Ausfälle von Einzelsystemen oder Rechnern müssen zu einem „sicheren Prozeßzustand" führen (Fail Safe). Beispiele hierfür sind Kraftwerke und chemische Reaktoren, Ölförderungsanlagen, Personentransportmittel und medizinische Anlagen bzw. Geräte. Im Falle von Störungen müssen die entsprechenden Anlagen abgeschaltet bzw. in einen unkritischen, wenn auch unerwünschten, Zustand gebracht werden (z.B. wird man bei Rechnerausfall im Schienenverkehr alle Transportmittel zum Stillstand bringen um Kollisionen zu vermeiden und bei Stanzpressen die Bedienung durch Handbetrieb nur unter Verwendung beider Hände ermöglichen). Da ein System nicht immer fehlerfrei arbeiten kann, muß bereits bei der Konzeption von technischen Anlagen für eine schnelle Fehlermeldung des Systems und entsprechendes Systemverhalten gesorgt werden.

Die *Zuverlässigkeit* (reliability) eines technischen Systems ist ein Maß für die Wahrscheinlichkeit, mit der die Aufgaben des Systems in einem vorgegebenen Zeitraum ordungsgemäß erfüllt werden. Die Zuverlässigkeitsanforderungen beziehen sich sowohl auf die im System eingesetzten Hardwareeinrichtungen als auch auf die installierte Software. Je höher die Zuverlässigkeit, desto geringer sind Produktions- bzw. Funktionsausfälle im Prozeß.

Für die Betriebszuverlässigkeit spielen die eingesetzten Rechner und der strukturelle Aufbau des Gesamtsystems eine wesentliche Rolle. Letzterer wird im nächsten Abschnitt ausführlich erläutert. Von einem Prozeßrechner wird erwartet, daß er die ihm übertragenen Aufgaben korrekt ausführt, was zu folgenden drei Forderungen führt:

1. Der Rechner soll keine falschen Befehle an den Prozeß abgeben oder falsche Anweisungen an das Betriebspersonal liefern.
2. Unwiederbringliche und wichtige Daten sollen zerstörungssicher gespeichert werden.
3. Der Rechner soll nicht länger als eine — vom Prozeß abhängige — zulässige Zeit außer Betrieb sein.

Um die erste Forderung zu erfüllen, muß eine sehr sorgfältige Programmierung mit entsprechenden *Korrektheitsprüfungen* erfolgen. Wichtige Berechnungen werden auf zwei oder mehreren unabhängigen Wegen durchgeführt und nur bei übereinstimmenden Ergebnissen ausgegeben (*Softwareredundanz*).

Zur Einhaltung der zweiten Forderung werden alle wichtigen Daten auf zwei voneinander unabhängigen Datenträgern gespeichert und müssen ggf. gegen Manipulationen von außen geschützt werden (*Datensicherung*).

Die Einhaltung der dritten Forderung, die Verringerung der Ausfallzeiten, läßt sich mittels mehrfach vorhandener Hardwareeinrichtungen erfüllen, wie im nächsten Abschnitt ausführlich erläutert wird (*Geräteredundanz*).

3.2.1 Begriff der Verfügbarkeit

Rechner und Rechensysteme können nicht ständig funktionsfähig sein. Untersuchungen haben ergeben, daß die elektronischen und mechanischen Teile in Rechensystemen eine Lebensdauer haben, die sich wie eine „Badewannenkurve" verhält (siehe Abb. 3.7).

Eine Systemkomponente ist zu einem festen Zeitpunkt entweder *funktionsfähig* oder *ausgefallen*. Im zweiten Fall muß sie repariert werden, wofür eine mittlere Zeitspanne nötig sein wird, die sich aus Erfahrungswerten ergibt. Um nun den Begriff der Verfügbarkeit mathematisch definieren zu können, benötigt man folgende vier Angaben über das Verhalten der einzelnen Systemkomponenten:

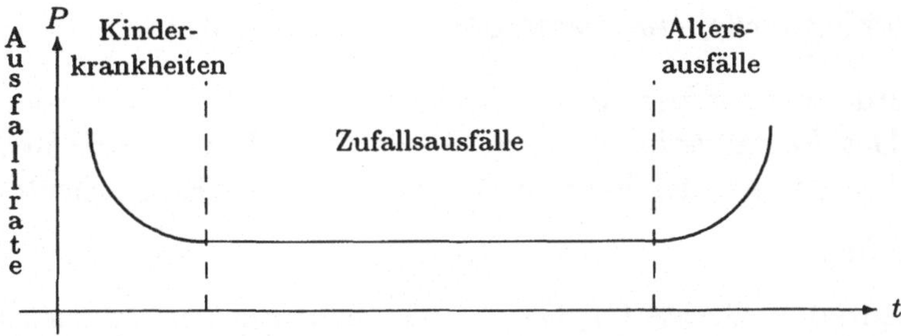

Abbildung 3.7
Ausfallratenfunktion; man erkennt deutlich zu Beginn die sogenannten „Kinderkrankheiten", dann eine Zeit des gleichmäßigen Verlaufs in der Mitte der Kurve und gegen Ende die Verschleißausfälle.

Mittlere Ausfallzeit $\bar{t}_A$:

Sie beschreibt die mittlere Zeitspanne vom Zeitpunkt des Ausfalls einer Komponente bis zur wiederhergestellten Betriebsfähigkeit. Sie wird allgemein als MTTR „*Mean Time To Repair*" bezeichnet.

Mittlere Betriebszeit $\bar{t}_B$:

Sie gibt die mittlere Zeitspanne zwischen zwei Ausfällen an und wird auch als MTBF „*Mean Time Between Failures*" bezeichnet.

Ausfallwahrscheinlichkeit p:

$$p = \frac{\text{MTTR}}{\text{MTTR} + \text{MTBF}} = \frac{\bar{t}_A}{\bar{t}_A + \bar{t}_B} \tag{3.2}$$

Die Ausfallwahrscheinlichkeit p eines Rechners vergrößert sich mit der zunehmenden Betriebszeit t eines Systems. Die Ausfallwahrscheinlichkeit p läßt sich statistisch aus dem Betriebsverhalten einer großen Anzahl von gleichen Rechnern und Bauteilen bestimmen.

Verfügbarkeit q oder auch Betriebswahrscheinlichkeit:

$$q = \frac{\text{MTBF}}{\text{MTBF} + \text{MTTR}} = \frac{\bar{t}_B}{\bar{t}_B + \bar{t}_A} \tag{3.3}$$

Der Begriff der Verfügbarkeit q beschreibt die Wahrscheinlichkeit dafür, daß sich ein System in einem funktionsfähigen Zustand befindet, die Ausfallwahrscheinlichkeit p beschreibt den entgegengesetzten Zustand. Daher ergibt die Summe aus beiden 1 ($p + q = 1$).

3.2.2　Verfügbarkeit in zusammengesetzten Systemen

Bisher wurde nur das Verhalten einzelner Rechner bzw. Komponenten betrachtet. Das Ausfallverhalten bzw. die Verfügbarkeit eines Systems hängt hingegen von der Art der Verknüpfung der einzelnen Komponenten ab.

Serienschaltung

Sind die einzelnen Geräte G_1, G_2, ..., G_n eines Rechensystems seriell miteinander verbunden, so ist das Gesamtsystem nur dann funktionsfähig, wenn sich alle Geräte im betriebsbereiten Zustand befinden.

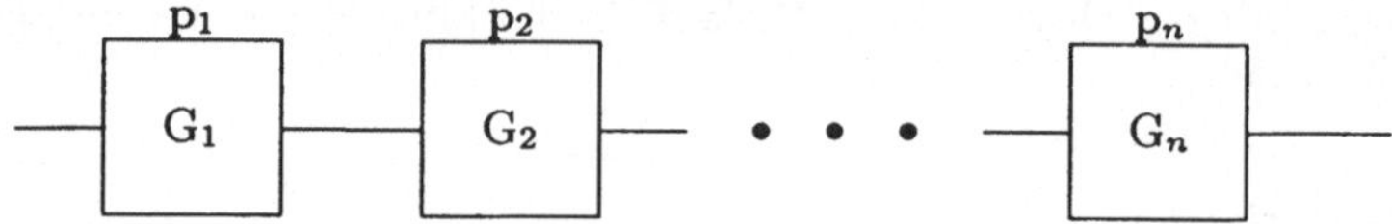

Für die *Verfügbarkeit* Q_S des Gesamtsystems ergibt sich das Produkt der Einzelverfügbarkeiten

$$Q_S = q_1 \cdot q_2 \cdot \ldots \cdot q_n = \prod_{i=1}^{n} q_i \qquad (3.4)$$

Hat man statt der Einzelverfügbarkeiten die Ausfallwahrscheinlichkeiten gegeben, so errechnet sich Q_S wie folgt:

$$Q_S = (1 - p_1) \cdot (1 - p_2) \cdot \ldots \cdot (1 - p_n) \qquad (3.5)$$

In der Regel sind die Betriebszeiten sehr viel größer als die Ausfallzeiten, d.h. es gilt: $p_i \ll 1$ und damit

$$Q_S \approx 1 - (p_1 + p_2 + \ldots + p_n) \qquad (3.6)$$

und aus $p + q = 1$ folgt für die *Ausfallwahrscheinlichkeit* P_S des Gesamtsystems:

$$P_S \approx \sum_{i=1}^{n} p_i \qquad (3.7)$$

Aus der Tatsache, daß MTTR $\ll$ MTBF und der Definition für P_S gilt:

$$P_S \approx \frac{\text{MTTR}_{\text{ges}}}{\text{MTBF}_{\text{ges}}} \approx \frac{\text{MTTR}_1}{\text{MTBF}_1} + \frac{\text{MTTR}_2}{\text{MTBF}_2} + \ldots + \frac{\text{MTTR}_n}{\text{MTBF}_n} \qquad (3.8)$$

Nimmt man an, daß die mittlere Ausfallzeit $MTTR_i$ aller i Geräte gleich groß ist, dann gilt, da das Gesamtsystem schon ausfällt, wenn eines seiner Geräte ausfällt: $MTTR_{ges} = MTTR_i$, und für den reziproken Wert der mittleren Betriebszeit $MTBF_{ges}$:

$$\frac{1}{MTBF_{ges}} = \frac{1}{MTBF_1} + \frac{1}{MTBF_2} + \cdots + \frac{1}{MTBF_n} \tag{3.9}$$

Damit läßt sich für die mittlere Betriebszeit des Systems schreiben:

$$MTBF_{ges} = \left(\sum_{i=1}^{n} \frac{1}{MTBF_i} \right)^{-1} \tag{3.10}$$

und unter der Annahme, daß die mittlere Betriebszeit aller Geräte gleich groß ist:

$$MTBF_{ges} = \frac{MTBF}{n} \tag{3.11}$$

Unter den obigen Annahmen ergibt sich, bei einer einer Serienschaltung, eine Verringerung der Betriebszeit des Gesamtsystems (also die Zeit zwischen zwei Ausfällen) auf das $1/n$-fache der Betriebszeit eines einzelnen Gerätes.

Parallelschaltung

Setzt sich ein Gesamtsystem aus seinen einzelnen Geräten so zusammen, daß jedes der n Geräte G_1, G_2, ..., G_n zu den anderen parallel geschaltet ist, so ist das System solange betriebsfähig, solange noch *mindestens* eines der n Geräte funktioniert.

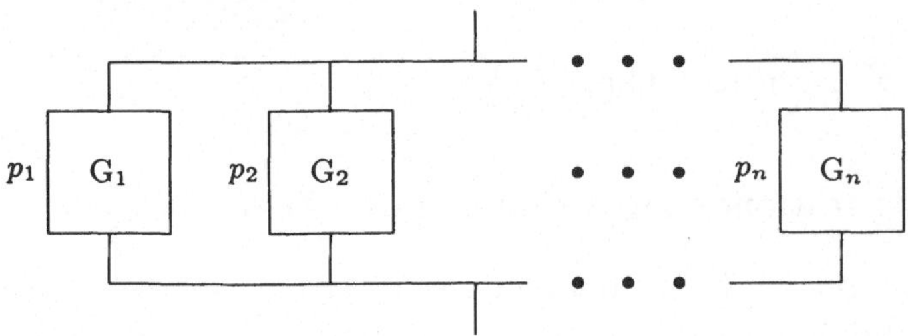

Die *Ausfallwahrscheinlichkeit* P_S des Gesamtsystems ergibt sich aus dem Produkt der Einzelausfallwahrscheinlichkeiten:

$$P_S = p_1 \cdot p_2 \cdot \ldots \cdot p_n \tag{3.12}$$

Geht man davon aus, daß alle Geräte die gleiche Ausfallwahrscheinlichkeit haben, d.h. $p = p_1 = p_2 = \ldots = p_n$, so gilt:

$$P_S = p^n \tag{3.13}$$

Für die *mittlere Gesamtbetriebszeit* MTBF_{ges} gilt, unter den Annahmen, daß $P_S = \text{MTTR}_{\text{ges}}/\text{MTBF}_{\text{ges}}$ und $\text{MTTR}_{\text{ges}} \approx \text{MTTR}_i$, da i.a. immer nur ein ausgefallenes Gerät zu reparieren ist ($1 \leq i \leq n$):

$$\text{MTBF}_{\text{ges}} \approx \frac{\text{MTTR}_i}{p^n} \tag{3.14}$$

Gemischtschaltung

Ein System bestehe aus n *Geräten* und sei funktionsfähig, solange noch m *beliebige Geräte* funktionieren (m von n *System*). Dann gilt für die *Gesamtausfallwahrscheinlichkeit* P_S, gemäß der Binomialkoeffezienten:

$$P_S = \sum_{r=0}^{m-1} \binom{n}{r}(1-p)^r p^{n-r} \tag{3.15}$$

mit p als Ausfallwahrscheinlichkeit für ein Gerät.

Die Serienschaltung ist ein Spezialfall und kann als n von n *System* mit $p \ll 1$ betrachtet werden, so daß gilt:

$$P_S \approx n \cdot p \qquad \text{gemäß Glg. (3.7).}$$

Die Parallelschaltung ist der Spezialfall eines *1* von n *Systems* und es ergibt sich

$$P_S = p^n \qquad \text{gemäß Glg. (3.13)}$$

3.2.3 Konfigurationen zur Erhöhung der Zuverlässigkeit

In diesem Kapitel wird die mathematische Grundlage für die unter Abschn. 3.3 behandelten strukturellen Ausprägungen von Automatisierungssystemen geschaffen. Das Wissen um das Verhalten der einzelnen Komponenten eines Systems und die — je nach Anwendung der technischen Prozesse — unterschiedlichen Zuverlässigkeitsüberlegungen führen zu den folgenden Maßnahmen bei Rechnerkonfigurationen.

a) *Einrechnersystem*

Die Zuverlässigkeitserhöhungen von Einrechnersystemen lassen sich zunächst einmal durch das Verstärken von Leitungen, das Vermindern von Kontaktstellen, bessere Standorte und vorbeugende Wartung erreichen. Neben diesen grundlegenden Verbesserungen kann man aber auch das Konzept des Einzelrechners dadurch verändern, daß man den einen Rechner durch ein *hierarchisches System* mit einem Rechner kleinerer Leistung und kleinerer Ausfallwahrscheinlichkeit ersetzt, an den dann für bestimmte Einzelaufgaben noch einige Mikrorechner (Kleinstrechner) angeschlossen werden.

Als Beispiel wird ein Rechner mit der Ausfallwahrscheinlichkeit $6p$ ersetzt durch einen Rechner mit der Ausfallwahrscheinlichkeit $4p$, an den noch vier Mikrorechner mit der jeweiligen Ausfallwahrscheinlichkeit p angeschlossen sind.

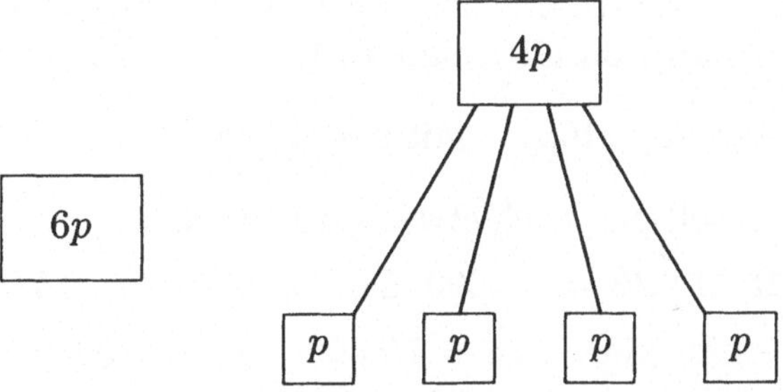

Damit hat sich die Ausfallwahrscheinlichkeit der Mikrorechner und ihrer Berechnungen auf ein Sechstel der ursprünglichen Ausfallwahrscheinlichkeit reduziert. Aufgaben, die den übergeordneten Rechner mit der Ausfallwahrscheinlichkeit $4p$ und einen Mikrorechner benötigen, werden jetzt mit einer Wahrscheinlichkeit $5p$ nicht bearbeitet. Der Preis für die so gewonnene erhöhte Sicherheit ist jedoch das Auftreten erhöhter Kommunikation, die sich durch die Auslagerung von Teilaufgaben auf unterlagerte Mikrorechner zwangsläufig ergibt.

b) *Geräteredundanz*

Durch die Parallelschaltung von Geräten gleichen Typs, die besonders wichtige Aufgaben in einem Gesamtsystem übernehmen, läßt sich die Ausfallwahrscheinlichkeit einer gesamten Anlage erheblich reduzieren. Im Falle einer Störung des ersten Gerätes übernimmt das zweite, parallelgeschaltete Gerät dessen Aufgaben. Man spricht von *Geräteredundanz*.

Als Beispiel wird ein System herangezogen, daß einen Hostrechner mit der Ausfallwahrscheinlichkeit $3p$ besitzt und an den vier weitere Geräte angeschlossen sind. Drei davon besitzen jeweils die Ausfallwahrscheinlichkeit p, das vierte fällt mit einer Wahrscheinlichkeit von $10p$ aus:

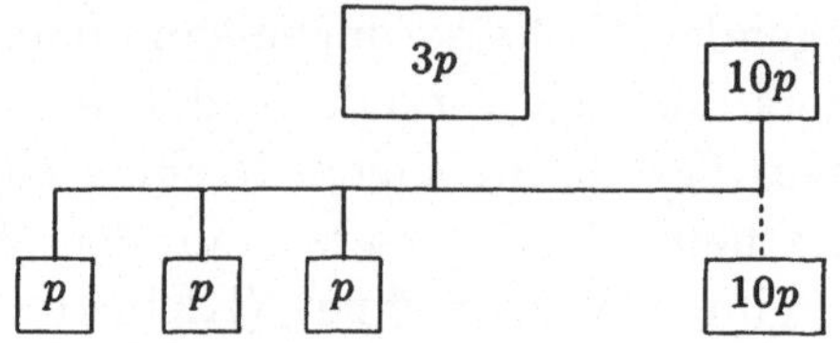

Ohne Redundanz ergibt sich für die Systemausfallwahrscheinlichkeit (mit Gleichung (3.6)):

$$P_S = 16p$$

Bei Redundanz des Gerätes mit der hohen Ausfallwahrscheinlichkeit ergibt sich unter Verwendung von Gleichung (3.12):

$$P_{SR} = 6p + (10p \cdot 10p) \quad \text{mit } p \ll 1 \quad (p \text{ ist sehr viel kleiner als 1})$$

Ein Zahlenbeispiel soll das noch etwas verdeutlichen:

Es sei $p = \text{MTTR}/\text{MTBF} = 1/5000$, daraus folgt $P_S = 16/5000$

Mit Redundanz erhält man: $P_{SR} = 6/5000 + 0,02/5000 \approx 6/5000$

Gezieltes Einsetzen redundanter Geräte kann die Zuverlässigkeit des gesamten Rechensystems erheblich erhöhen, erfordert allerdings zusätzlich eine Überprüfungslogik, die den Ausfall des entsprechenden Gerätes registriert und das Umschalten übernimmt.

c) *Doppelrechnersystem*

Besteht das Problem darin, daß der Hostrechner in einem System ständig betriebsbereit sein soll, so muß dieser durch einen zweiten Rechner im Störungsfall ersetzt werden. Dafür gibt es verschiedene Konfigurationsmöglichkeiten, die in Abschn. 3.3 genauer vorgestellt werden. Kombinieren lassen sich dabei sowohl Rechner, die die gleiche Ausfallwahrscheinlichkeit haben, als auch Rechner mit unterschiedlichen Ausfallwahrscheinlichkeiten.

Als erstes Beispiel zwei Rechner, die die *gleiche Ausfallwahrscheinlichkeit* besitzen und zueinander *parallel geschaltet* sind, so daß bei Ausfall eines der beiden der andere dessen Arbeit mit übernimmt:

Für einen Einzelrechner wird die Ausfallwahrscheinlichkeit $P_S = 3p$ angenommen, mit $p = 2 \cdot 10^{-3}$ und einer mittleren Ausfallzeit MTTR = 12 Std.

Daraus ergibt sich für die *mittlere Betriebszeit*

$$\text{MTBF} = \frac{\text{MTTR}}{3p} = \frac{12 \text{ Std}}{6 \cdot 10^{-3}} \approx 83 \text{ Tage}$$

Für das Doppelrechnersystem mit $P_S = (3p)^2$ ergibt sich

$$\text{MTBF} = \frac{\text{MTTR}}{P_S} \approx 38 \text{ Jahre},$$

falls die Funktionsübernahme durch den betriebsfähigen Rechner nahezu ohne Zeitverlust angenommen wird.

Als zweites Beispiel wird das Parallelschalten von zwei Rechnern mit *unterschiedlicher Ausfallwahrscheinlichkeit* untersucht:

Der eine Rechner habe die Ausfallwahrscheinlichkeit $P_M = 10p$, der andere eine wesentlich geringere $P_S = p$. Damit ergibt sich für die Gesamtausfallwahrscheinlichkeit

$$P_{MS} = P_M P_S = 10p^2$$

im Gegensatz zu $P_M = 10p$ bzw. $P_S = p$ für den Fall, daß sich die Rechner nicht gegenseitig ersetzen können.

Ein Zahlenbeispiel mit $p = 1/5000$ ergibt:

$$P_M = 10/5000, \quad P_S = 1/5000 \text{ und } P_{MS} = 2 \cdot 10^{-3}/5000$$

3.3 Struktureller Aufbau von Automatisierungssystemen

Die im vorangegangenen Abschnitt dargelegten mathematischen Ergebnisse für die Zuverlässigkeit bestimmter Rechnerkonfigurationen werden jetzt für entsprechende Prozeßautomatisierungssysteme vorgestellt. Betrachtet werden hierbei ihre Auswirkungen auf die Prozesse.

3.3.1   Struktur konventioneller Automatisierungssysteme

In der herkömmlichen *Einzelgerätetechnik* werden Regler, Überwachungsgeräte, Melder usw. zur Erfassung und Beeinflussung einzelner Teilvorgänge in technischen Prozessen eingesetzt. Diese Geräte sind untereinander *nicht gekoppelt* und arbeiten selbständig. Die Informationsverarbeitung erfolgt parallel und unabhängig voneinander.

In einem solchen Fall *steigen die Kosten linear mit der Anzahl der Einzelgeräte*, während die *Zuverlässigkeit des Gesamtsystems abnimmt*. Je größer die Anzahl der Einzelgeräte ist, desto mehr nimmt die Wahrscheinlichkeit zu, daß mindestens eines dieser Geräte ausfällt.

Bei dieser konventionellen Einzelgerätetechnik liegt jedoch trotzdem ein *sehr zuverlässiger Betrieb* vor, da der Ausfall eines einzelnen Gerätes noch nicht zu einem Betriebsausfall führt und das Betriebspersonal u.U. korrigierend eingreifen kann. Damit es zu einem Prozeßstillstand kommt, müßten mehrere Geräte gleichzeitig ausfallen. Die Wahrscheinlichkeit dafür ist aber nach Abschn. 3.2 (Parallelbetrieb) relativ gering gegenüber den Einzelausfallswahrscheinlichkeiten.

3.3.2   Zentraler Prozeßrechner

Zu Beginn der Automatisierung von technischen Prozessen versuchte man die Aufgaben der Einzelgeräte von *einem zentralen Prozeßrechner* lösen zu lassen. Dieser arbeitet, wie jeder Digitalrechner, seriell, sodaß die Eingabesignale für die verschiedenen Aufgaben abgetastet und nacheinander dem Rechner zugeführt werden. Zuvor müssen diese Eingabegrößen — wie bereits bei der Datenerfassung erläutert — ggf. in digitale Werte umgeformt werden. Ebenso muß eine Umwandlung der Ausgangsgrößen der Informationsverarbeitung in analoge Signale erfolgen. Diese werden dann auf die entsprechenden Ausgabeleitungen geschaltet und dort bis zum Eintreffen neuer Signale gespeichert. Die Aufgaben der Signalumformung sowie das Steuern der Ein- und Ausgaben erfolgt in einer *Prozeßeinheit*, die den Rechner mit dem technischen Prozeß verbindet.

Der Vorteil des Einsatzes *eines* Rechners liegt darin, daß jetzt die Kosten nicht mehr linear mit dem Umfang der zu bewältigenden Aufgaben steigen, wie das bei der Einzelgerätetechnik der Fall ist. Dafür ergeben sich — bedingt durch den Kauf eines Zentralrechners — hohe Anfangskosten. Bei steigendem Umfang der zu bewältigenden Aufgaben kann jetzt aber das System durch einen Ausbau (Speicher, Progamme) leicht und kostengünstig erweitert werden. Bei großem Umfang verschiedener zu lösender Aufgaben wird sich der Einsatz eines Rechners kostengünstig auswirken.

Da die Zuverlässigkeit in der Regel bei der Einzelgerätetechnik größer ist als bei einem zentralen Prozeßrechner, weil der Ausfall des Rechners in jedem Fall zu einem Betriebsausfall führt, muß dieser Nachteil durch entsprechende Systemkonfigurationen vermieden werden. Zur Verfügung stehen die im folgenden näher erläuterten Doppel- und Mehrrechnersysteme, hierarchische, dezentrale Prozeßrechensysteme und redundante Einzelgeräte.

3.3.3 Rechnereinsatz mit redundanten Einzelgeräten („Back-up-Geräte")

Zusätzlich zum Rechner existieren im Prozeß *Einzelgeräte*, auf die im Falle eines Rechnerfehlers bzw. Rechnerausfalls umgeschaltet wird. Voraussetzung für dieses Vorgehen ist jedoch ein zuverlässig funktionierendes *Überwachungssystem*. Eine solche Methode wird zum Beispiel dann angewendet, wenn der Rechner auch die *Regelung* des Prozesses übernommen hat. Fällt der Rechner aus, so wird auf sogenannte *Back-up-Regler* umgeschaltet. Bei heutigen Prozeßrechensystemen ist diese Redundanz häufig auf der Ebene der einzelnen Baugruppen und Bauelementen zu finden.

3.3.4 Doppelrechnersystem

Anstelle von redundanten Einzelgeräten kann ein zweiter Rechner vorgesehen werden, der den ersten Rechner überwacht und im Störungsfall den Betrieb übernimmt. Dafür sind drei verschiedene Konfigurationsmöglichkeiten gegeben:

a) *Hot-Standby-System* (Heiße Reserve)

Zwei identische Rechner bearbeiten alle Aufgaben mit den gleichen Programmen synchron, aber nur einer der beiden Rechner gibt seine Ergebnisse/Daten tatsächlich weiter. Zu bestimmten Zeitpunkten — bzw. an bestimmten Programmstellen — werden die Ergebnisse aus beiden Rechnern mittels entsprechender Vergleichslogiken überprüft. Bei Abweichungen stellt ein Diagnoseprogramm den gestörten Rechner fest und sorgt dafür, daß alle weiteren Arbeiten auf dem korrekt arbeitenden Rechner weiterlaufen (siehe

Abb. 3.8). Die eingesetzte Vergleichslogik muß allerdings mit erhöhter Zuverlässigkeit arbeiten, da sie einen erheblichen Einfluß auf die Zuverlässigkeit des gesamten Systems hat. Das Problem, das sich bei der Verwendung von zwei aktiven Rechnern ergibt, ist ihre Synchronisation (Taktfrequenz). Man setzt dazu entweder hardware- oder softwareseitig sogenannte Wartepunkte, die für den Gleichlauf beider Rechner sorgen.

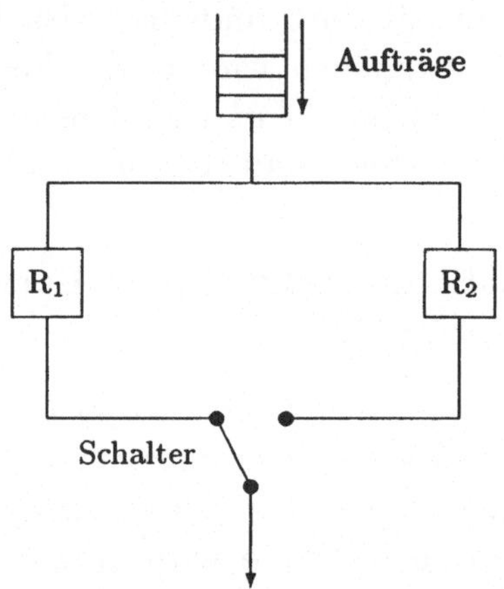

Abbildung 3.8
Hot-Standby-System mit R_2 als „heiße" Reserve

b) *Cold-Standby-System* (Kalte Reserve)

Hierbei ist die Kopplung der beiden Rechner „loser". Alle Aufgaben laufen auf einem Rechner, während dem zweiten in festen Zeitabständen die aktuellen Daten übermittelt werden. Entsprechende Programm- und Datenbereiche müssen auf dem zweiten Rechner eingerichtet werden, so daß dieser, wenn nötig, mit dem korrekten Datenbestand weiterarbeiten kann. Ein Zeitüberwachungsprogramm sorgt während des normalen Betriebs dafür, daß der arbeitende Rechner in regelmäßigen Abständen auf seine Funktionsfähigkeit überprüft wird und schaltet zwischenzeitlich — auch bei störungsfreiem Ablauf — auf den zweiten Rechner um, um so dessen Funktionsfähigkeit prophylaktisch zu überprüfen. Bei Störung des laufenden Rechners wird auf den zweiten umgeschaltet (siehe Abb. 3.9).

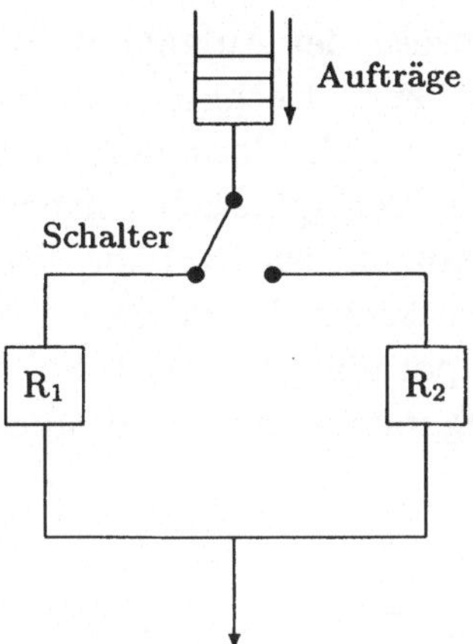

Abbildung 3.9
Cold-Standby-System mit R_2 als „kalte"Reserve

c) *Aufgabenteilung*

Die Teilung der zu bewältigenden Aufgaben läßt sich auf zwei unterschiedliche Weisen erledigen. Die eine ist die *paritätische Aufteilung* auf zwei parallel
arbeitende Rechner. Fällt einer der beiden aus, so übernimmt der andere alle Funktionen. Es kann dann allerdings dazu kommen, daß dieser manche
Aufgaben nur noch untergeordnet durchführt, da sich das Gesamtsystem in
einem „Notzustand" befindet. Für diesen Fall müssen die einzelnen Aufgaben mit Prioritäten versehen werden (siehe Abb. 3.10).

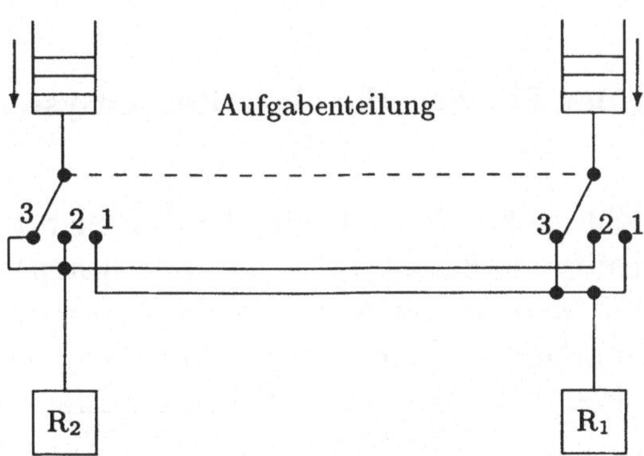

Abbildung 3.10
In Schalterstellung 3 arbeiten beide Rechner parallel; in Schalterstellung 2 arbeitet nur
Rechner 2; in Schalterstellung 1 arbeitet nur Rechner 1

Die andere Vorgehensweise der Aufgabenteilung ist das *Master-Slave-Konzept*. Hierbei arbeiten zwei Rechner mit sehr unterschiedlichen Ausfallwahrscheinlichkeiten parallel. Besonders wichtige Aufgaben werden auf dem Rechner mit hoher Verfügbarkeit (niedriger Ausfallwahrscheinlichkeit) durchgeführt. Man nennt diesen Rechner den *Slave*. Für die weniger wichtigen und nicht zeitkritischen Aufgaben ist der *Master*, der eine geringere Verfügbarkeit besitzt, parallel geschaltet. Sollte der Slave ausfallen, so stellt der Master seine Aufgaben zurück und übernimmt die des Slaves (siehe Abb. 3.11).

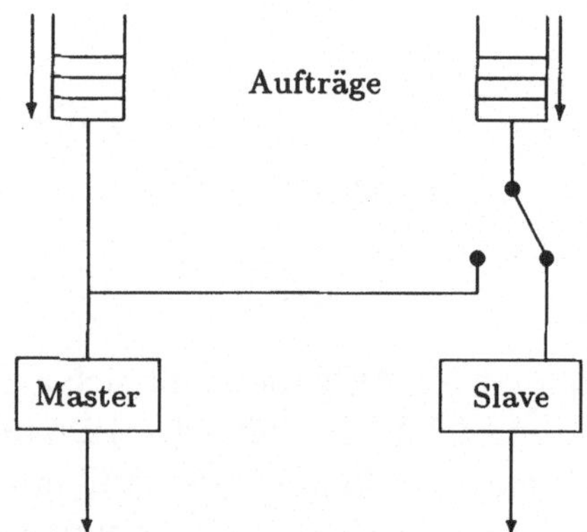

Abbildung 3.11
Master-Slave Konzept: spezielle Form der Aufgabenteilung

3.3.5　Verdopplung der Einzelwerke eines Rechensystems

Heute ist es meist nicht mehr üblich komplette Rechner zu verdoppeln. Stattdessen werden bestimmte Einzelwerke (die wichtigsten) innerhalb des Systems verdoppelt und *parallel geschaltet*. Dadurch ergibt sich eine wesentlich höhere Verfügbarkeit, die auch intuitiv einsichtig wird: Bei einem Standby-Betrieb genügt der Ausfall zweier beliebiger Einzelwerke um das Gesamtsystem zum Erliegen zu bringen. Bei der Verdopplung der Einzelwerke müssen zwei identische Werke gleichzeitig ausfallen, damit das Gesamtsystem ausfällt. Diese Maßnahme zur Erhöhung der Zuverlässigkeit wird in der Praxis häufig angewendet.

3.3.6 Dreirechnersystem

Bestehen bei der Prozeßautomatisierung besonders hohe Zuverlässigkeitsanforderungen, wie z.B. in der Luft- und Raumfahrttechnik, bei Kernreaktoren oder Massenverkehrssystemen, so setzt man häufig ein Dreirechnersystem ein. Es besteht aus *drei identischen Rechner*, von denen jeder eine eigene Stromversorgung und eigene Speicher besitzt. Bei dieser Systemkonfiguration wird nicht nur die Zuverlässigkeit erhöht, sondern es wird gleichzeitig für die Sicherheit gesorgt. Fehler durch falsche Ausgabegrößen, die zu gefährlichen Prozeßzuständen führen könnten, werden hierbei rechtzeitig vor der Weitergabe an den Prozeß abgefangen.

Die von den drei Rechnern ermittelten Ausgabedaten werden von einer *Auswahllogik*, die sehr zuverlässig sein muß, überwacht und verglichen. Ein Ausgabesignal wird nur dann an den Prozeß weitergeleitet, wenn mindestens zwei der drei Ausgabewerte übereinstimmen (*2 von 3 Auswahl*). Um die Gefahren durch Fehler in der Auswahllogik zu vermeiden, verwendet man spezielle dynamische „Fail-Safe"-Schaltkreise. Hierbei wird z.B. mittels Wechselspannungssignalen dafür gesorgt, daß sich Unterbrechungen durch den logischen Wert „0" (= Verbindung ausgefallen) eindeutig von der „1" (= bestehende Verbindung) unterscheiden. Es gibt auch Schaltungen, bei denen die Stromversorgung durch Gleichspannung erfolgt, die dann im Falle einer Unterbrechung ganz ausbleibt (vgl. Lauber 89, Kap. 7).

Durch den Einsatz von Dreirechnersystemen kann allerdings nur das Auftreten von Hardwarefehlern verringert werden. *Softwarefehler*, wie Spezifikations-, Entwurfs- und Programmierfehler, können nur durch strukturiertes Programmieren und vor allem durch die Verwendung unterschiedlicher Lösungsverfahren und unterschiedlicher Programmierung vermieden werden. Dabei tritt allerdings das Problem auf, die unterschiedlichen Programme in ihrem Ablauf zeitlich zu koordinieren.

3.3.7 Dezentrale Prozeßrechensysteme

Der vermehrte Einsatz von Mikroprozessoren ermöglicht die Verwendung dezentraler Rechensysteme. Es werden hierbei mehrere Rechner so miteinander gekoppelt, daß sie untereinander *kommunizieren* können. Unterschiedliche Aufgaben können *gleichzeitig, d.h. parallel* abgearbeitet werden, indem sie auf die einzelnen Rechner im *Rechnernetz* verteilt werden. Somit ergibt sich sowohl eine *räumliche* als auch eine *aufgabenbezogene* Verteilung der Rechner im System. Je nach Ziel der jeweiligen Rechnervernetzung unterscheidet man zwischen einem *Lastverbund, Funktionsverbund, Betriebsmittelverbund* und dem *Informationsverbund.* Die Vorteile *eines* Rechners werden dadurch mit den Vorteilen einer *dezentralen Verarbeitungsstruktur* verknüpft. Gegenüber den Einzelrechnern benötigt diese Konfiguration eine zusätzliche Verwaltung für die Kommunikation zwischen den einzelnen Recheneinheiten. Die dezentrale Struktur läßt sich überall dort einsetzen, wo sich der zu automatisierende Prozeß aus *mehreren Teilprozessen* aufbaut.

Das Ziel einer dezentralen Automatisierung ist es, ein hohes Maß an Unabhängigkeit der einzelnen Funktionseinheiten im System zu erreichen. Die für die Kommunikation zwischen den Teilsystemen und Rechnern notwendigen *Kommunikationswege* sollen möglichst *kosten-* und *verkehrsgünstig, sicher* und *erweiterbar* sein. Diese Forderungen werden weitgehend von den heute verwendeten Verbindungen, den *Bussen,* erfüllt. Je nach *Art der räumlichen Aufteilung* dezentraler Rechensysteme spricht man von verschiedenen *Strukturen, Bus-, Ring-, Stern-, Netz-,* oder *Hierarchische-Struktur.* Die Kommunikation der einzelnen Rechner innerhalb all dieser Strukturen erfolgt jedoch stets über eines der unterschiedlichen *Bussysteme,* die in Abschnitt 3.4.4 ausführlicher beschrieben werden. Bezüglich der Art, wie die Verbindung zwischen zwei Teilnehmern der jeweiligen Struktur realisiert wird, unterscheidet man zwischen der *Leitungsvermittlung,* der *Nachrichtenvermittlung* und der *Paketvermittlung* (vgl. Krückeberg 90).

3.3.7.1 Bus-Struktur

Ein Bussystem besteht aus bestimmten Kontrollmechanismen und einem Bündel funktional zusammengehöriger Übertragungsleitungen, an denen mindestens zwei Geräte (Stationen oder auch Teilnehmer) angeschlossen sind, die miteinander kommunizieren wollen, d.h. einen gegenseitigen *Informationsaustausch* durchführen (siehe Abb. 3.12). Die Übertragungskontrolle übernimmt der Bus, was den Vorteil bietet, daß neue Stationen im laufenden Betrieb an den Bus angeschlossen werden können; entsprechend unproblematisch ist das Abschalten oder auch der Ausfall einer Station.

Die Übertragung kann in *ungerichteter* oder auch *gerichteter* Form stattfinden (*bidirektionale* bzw. *unidirektionale Übertragung.* Der *Leitungsabschluß* des Busses ist ein Widerstand, der Reflexionen am Leitungsende unterbindet.

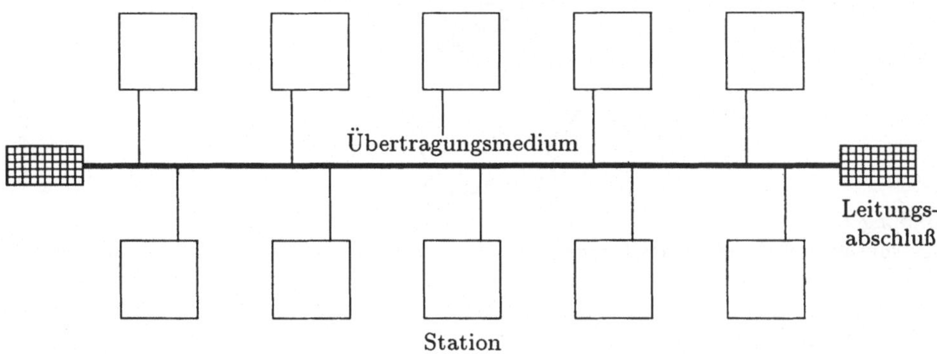

Abbildung 3.12
Vereinfachte Darstellung eines ungerichteten Bussystems

Der Vorteil dieser Verbindungsstruktur liegt in den geringen Verkabelungs-
kosten und der Möglichkeit, die Anzahl der Teilnehmer ohne großen Aufwand zu erhöhen (sie erhalten eine spezielle Schnittstelle und damit Zugang
zum Bus).

Der Nachteil einer reinen Bus-Struktur liegt darin, daß zu einem Zeitpunkt
stets nur *eine Nachricht* über den Bus geschickt werden kann, weshalb der
Busverwaltung und der *Fehlererkennung* besondere Bedeutung zukommen.

3.3.7.2 Ring-Struktur

Diese Art der Kommunikation ordnet alle Einheiten ringförmig an und verbindet sie mit einer *Ringleitung* (siehe Abb. 3.13). Jeder Teilnehmer kann
nur zu seinen beiden Nachbarn übertragen, so daß Nachrichten an weiter ent-
fernte Teilnehmer des Rings von Teilnehmer zu Teilnehmer weitergereicht
werden müssen. Je nach Verwaltungsart dieses Rings besteht die Möglichkeit der Kommunikation nur in einer oder in beiden Richtungen. Besteht
eine beidseitige Verkehrsführung, so würde der Ausfall eines Übertragungs-
weges nicht die gesamte Kommunikation blockieren. Am bekanntesten ist
der sogenannte „Token-Ring", bei dem eine Nachricht nur der Teilnehmer
senden darf, der gerade im Besitz der Übertragungseinheit, dem *Token*, ist.
Die gerechte bzw. erwünschte Aufteilung der Sendeerlaubnis für die einzelnen Teilnehmer wird über die unterschiedlichen Tokenvergabestrategien
geregelt (*Prioritätenvergabe* möglich).

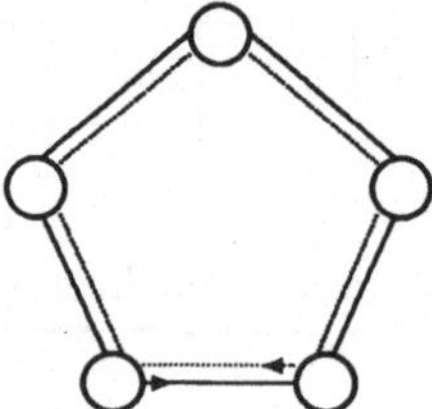

Abbildung 3.13
Ringstruktur, wobei der zweite (entgegengesetzte) Übertragungsweg (-----) optional ist

3.3.7.3 Stern-Struktur

Charakteristikum dieses Kommunikationssystems ist *ein zentraler Rechner* (auch Transitknoten genannt) in der Mitte des Systems, mit dem jeder weitere Rechner (Kommunikationseinheit) durch eine eigene Datenleitung verbunden ist. (siehe Abb. 3.14). Je nach Art des Transitknotens können die Teilnehmer alle gleichzeitig an ihn übertragen, oder sie erhalten von ihm nacheinander die Übertragungsberechtigung zugeteilt.

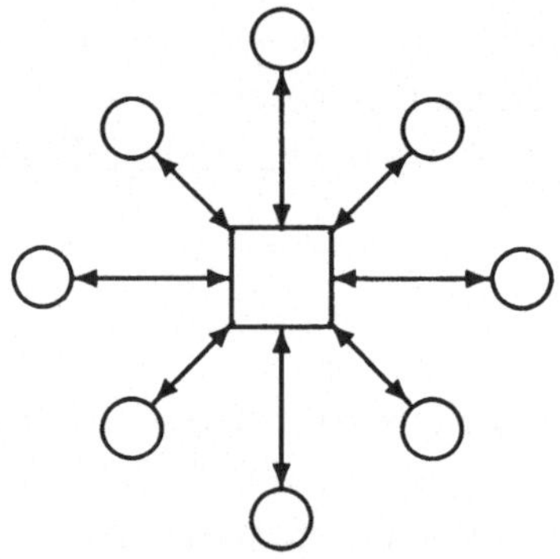

Abbildung 3.14
Stern-struktur mit dem zentralen Rechner in der Mitte. Dieser ist durch je eine Datenleitung mit genau einem weiteren Teilrechner im System verbunden.

Die Vorteile dieser Struktur, gegenüber der vollvermaschten Netz-Struktur, liegen in der *hohen Auslastung* der Übertragungswege und den *geringen Kabelkosten*. Ihre Nachteile liegen zum einen bei möglichen Umwegen, wenn zwei Einheiten miteinander kommunizieren wollen, denn sie müssen immer über den zentralen Rechner gehen, und zum anderen darin, daß beim Ausfall einer Datenleitung der entsprechende Rechner am Ende keinerlei Kontaktmöglichkeit mehr besitzt. Beim Ausfall des zentralen Rechners ist das gesamte Netz kommunikationsunfähig. Häufige Anwendung findet diese Struktur dann, wenn eine *zentrale Datenspeicherung* erwünscht ist und sich die *Datenverarbeitung gut parallel* durchführen läßt.

3.3.7.4 Netz-Struktur

Bei dieser Anordnung der kommunizierenden Rechner wird ein hoher Kostenaufwand für das Erstellen der Übertragungswege nötig. Oft sind diese im Betrieb schlecht ausgelastet. Der Vorteil dieser Struktur liegt in der *hohen Ausfallsicherheit* und in der *Unabhängigkeit der einzelnen Übertragungswege* (lokale Überlast beeinflußt kaum das Netz). Die Gestaltung des Netzes, d.h. die Dichte der Vernetzung (*voll-, teilvernetzt*), kann je nach Anwendung und Wichtigkeit der entsprechenden Teilnehmer und ihrer Verbindungswege unterschiedlich sein (siehe Abb. 3.15).

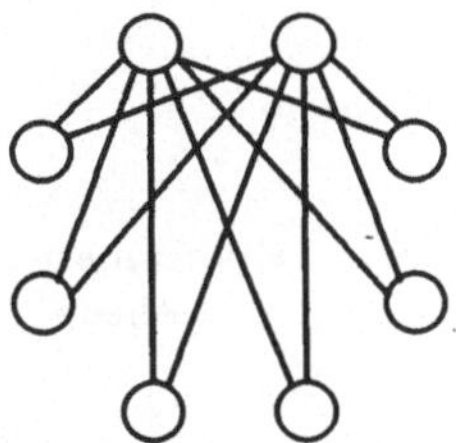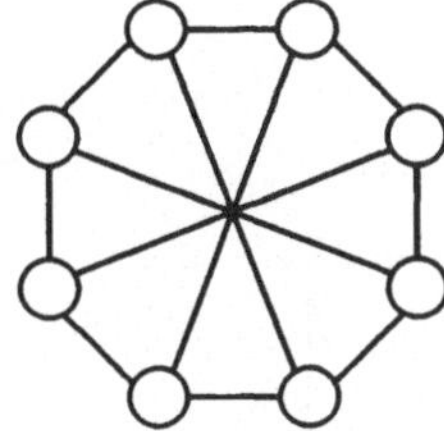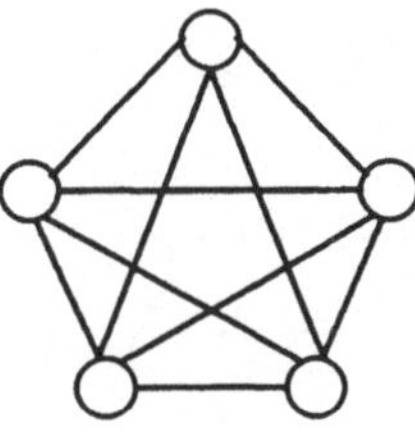

Abbildung 3.15
Netzstrukturen: Zwei Rechner mit allen anderen vollvernetzt; Ring- und Stern-Struktur kombiniert; Volle Vernetzung

3.3.7.5 Hierarchische Systemstruktur

Diese Art der Dezentralisierung von Rechensystemen ist im Bereich der Prozeßautomatisierung am häufigsten zu finden. Der Grund dafür liegt im Datenfluß der einzelnen Prozesse. In einem automatisierten Prozeß werden an vielen Stellen einzelne Daten erfaßt und müssen meist an Prozessoren und Rechner mit entsprechenden Verarbeitungs- bzw. Speichereinheiten weitergeleitet werden. Je nach Datentyp und Wichtigkeit müssen diese ihre Informationen und Berechnungen an noch größere bzw. schnellere Rechner übergeben usw.

Im einfachsten Fall besteht eine hierarchische Struktur in der Prozeßautomatisierung aus *zwei Ebenen*: Einer *prozeßnahen Ebene*, die aus Mikroprozessoren (Baugruppen) oder festverdrahteten Einzelgeräten besteht und einer *übergeordneten Ebene*, die den (Host-) Rechner enthält, der mit einer Standardperipherie ausgestattet ist.

Als ein Beispiel wäre vorstellbar, daß es sich bei den Einzelgeräten um Regler handelt bzw. daß Mikroprozessoren die Reglerfunktionen übernommen haben. Der Hostrechner ermittelt Sollwerte, die er an die Regler weitergibt, die ihrerseits die Istwerte erfassen und sie zur Auswertung und Speicherung an den Hostrechner übertragen.

Bei der Automatisierung großer technischer Prozesse und ganzer Werksanlagen bietet sich ein hierarchisch strukturiertes Prozeßrechensystem wegen der ebenfalls hierarchisch gegliederten Organisation und Bearbeitungsstruktur eines Betriebes an (siehe Abb. 3.16).

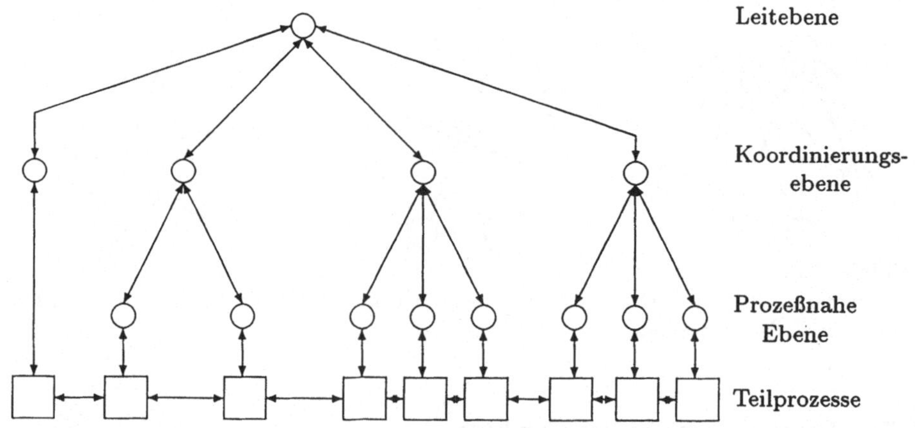

Abbildung 3.16
Mögliche Rechnerhierarchie zur Automatisierung größerer Anlagen

Prozeßleitsysteme (PLS)

Heutige Prozeßautomatisierungssysteme sind häufig sogenannte Prozeßleitsysteme, die in ihrer Struktur dem hierarchischen und dezentralen Konzept gleichen. Die drei Hauptebenen gliedern sich in die *Leitung* und/oder die *Koordination*, das *Bedienen* und *Beobachten* sowie als unterste Ebene das *Messen, Steuern und Regeln*. Ein PLS ist ein Prozeßrechensystem, das nach oben mit einem übergeordneten Rechensystem zur Lastverteilung und nach unten mit den einzelnen Automatisierungsgeräten verbunden ist.

Die Aufgaben der *Leit- bzw. Koordinationsebene* bestehen u.a. im Sammeln der gewünschten Anforderungen bzw. Aufträge, dem Bestätigen bzw. Quittieren beendeter Aufträge und dem Speichern von Langzeitinformationen.

Die *Bedien- und Beobachtungsebene* ermittelt Zwischenergebnisse aus gemessenen Daten, steuert eventuelle größere Lagerhaltungsvorgänge oder auch das aufeinander abgestimmte Anlaufen von Förderbändern etc. Das Ausfallen von Einzelgeräten aus der untersten Ebene wird hier ebenso registriert wie eventuelle Ausfälle des oder der Hostrechner. Im letzteren Fall wird diese Ebene die ihr übermittelten Daten zwischenspeichern und ermöglicht so ein zeitlich begrenztes Weiterarbeiten der Prozesse.

Die *prozeßnahe Ebene* enthält all jene Bauelemente, die direkt am Prozeß wirken. Dies sind Regler, Fühler, Meßgeräte, Grenzwertmelder etc. Sie ist für das direkte Weiterleiten von Prozeßdaten und das Senden von Sollvorgaben an den Prozeß verantwortlich.

3.4 Prozeßrechner-Aufbau (Hardware und Peripherie)

Noch vor 20 Jahren hatten Prozeßrechner die Größe von Schränken, was sich aber in den letzten Jahren durch die Entwicklung der Halbleitertechnik und der Chipherstellung erheblich verändert hat, so daß man heute sehr häufig *Mikrorechner* als Prozeßrechner verwendet.Grundsätzlich unterscheidet sich ein Prozeßrechner in seinem prinzipiellen Aufbau nicht von einem konventionellen *frei programmierbaren Digitalrechner*. Da er aber in Verbindung mit einem technischen Prozeß eingesetzt wird, hat er *spezifische Eigenschaften*, die je nach Einsatzgebiet und damit je nach Rechnertyp unterschiedlich ausgeprägt sind.

Die wesentlichen Eigenschaften, die ein Prozeßrechensystem aufweisen muß und die jeweils mindestens einmal in beliebigen Mikrorechnern vorhanden sein müssen, sind:

- *Fähigkeit zum Echtzeitbetrieb* (Real-Time-System)
  Der Start von Programmen ist meist bestimmt durch *Uhrzeit* und *Prozeßzustand*. In vielen Fällen des Einsatzes sind dem Rechner *maximale Reaktionszeiten* (Antwortzeiten) vorgegeben. Der Programmablauf ist daher weitgehend durch den Prozeßablauf bestimmt, was ein komfortables und *schnelles Unterbrechungssystem* sowie einen Echtzeitbetrieb erfordert. Insbesondere müssen *Zeit- und Dringlichkeitsanforde-*

rungen berücksichtigt werden (z.B. durch eine komfortable *Prioritäten-steuerung*).

- *Einzelbit-Verarbeitungsmöglichkeit*
  Da bei vielen Prozeßrechneranwendungen neben Zahlen und Zeichen auch *Kontaktstellungen* und *Gerätezustände (ein/aus)* abgefragt und verarbeitet werden müssen, liegen sehr oft logische Verknüpfungsaufgaben vor. Dies erfordert eine besonders effektive *Befehlsliste für das Bit-Handling*.

- *Spezielle Einrichtungen zur Ein- und Ausgabe von Prozeßsignalen*
  Ein besonderes Kennzeichen für Prozeßrechner sind sehr *intensive E/A-Aktivitäten*, so daß ein *schnelles E/A-System* erforderlich ist, das vor allem auch elektrische Signale aufnehmen, verarbeiten und wieder abgeben kann. Die dazu notwendige Kopplung zum Prozeß wird über eigens dafür geeignete Peripheriegeräte hergestellt. Neben den *Meßwertgebern* und *Stellgliedern* sind das vor allem die A/D- bzw. D/A-Wandler, die im allgemeinen den Prozeßeinheiten zugeordnet sind.

- *Robustheit der Geräte*
  Je nach Einsatzort der Prozeßrechner und der dazugehörigen peripheren Geräte müssen bestimmte äußere gerätetechnische Vorkehrungen getroffen sein. Zum einen müssen sie z.B. staubgeschützt sein, falls sie in Zementwerken u.ä. Betrieben eingesetzt werden. Zum anderen müssen oft Tastaturen bzw. das gesamte Bedienfeld besonders ausgelegt sein (z.B. Spritzwasser geschützt, große Tasten oder Bedienung durch Griffel, etc.).

3.4.1 Grundaufbau eines Rechners

Ein Prozeßrechner besitzt die gleichen Grundbausteine wie alle Digitalrechner. Die *Zentraleinheit* (Central Processor Unit CPU) besteht aus

- einem *Hauptspeicher*,
- einer *Verarbeitungseinheit* (*Prozessor*) die mindestens ein *Rechenwerk (RW)* und ein *Steuerwerk (SW)* enthält und
- dem *Ein-/Ausgabewerk (E/A-W)*. Dieses enthält mehrere Ein- und Ausgabeeinheiten (Interfaceeinheiten) die mit den entsprechenden Peripheriegeräten wie Drucker, Tastatur und Prozeßeinheiten verbunden sind.

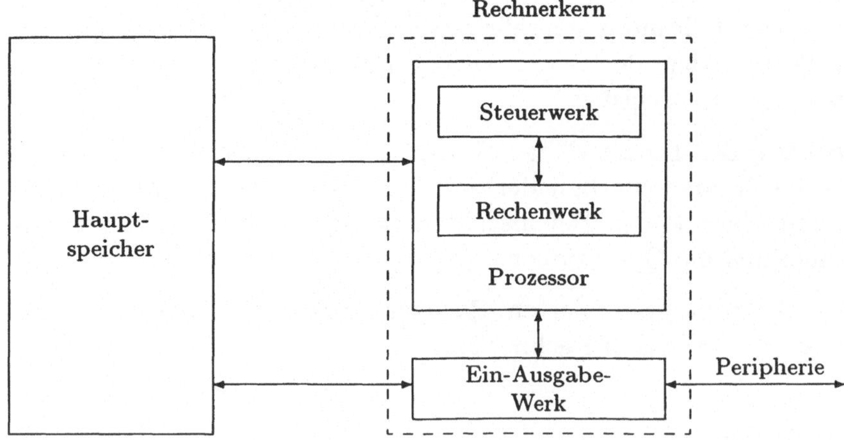

Abbildung 3.17
Zentraleinheit eines Einprozessorsystems (vgl. Duden Informatik)

Weiterhin enthält ein Prozeßrechner die zur Bedienung notwendigen Anschlüsse und Zusatzgeräte sowie die Stromversorgung.

Je nach Einsatzort eines Prozeßrechners — z.B. prozeßnah zur Regelung oder prozeßübergeordnet für Verwaltungs- und Überwachungsfunktionen — wird er als *Mikro-, Mini-* oder *Maxirechner* realisiert. Die meisten heute eingesetzten Prozeßrechner sind Mikrorechner und können auf zweierlei Weise konstruiert sein:

- sie können aus *Platinen* zusammengesetzt oder als
- *Ein-Chip-Rechner* realisiert sein.

Der Vorteil von Platinen-Rechnern besteht in der Möglichkeit, diese durch Hinzufügen weiterer Platinen in ihrer Leistungsfähigkeit zu erweitern, was bei Ein-Chip-Rechnern meist nicht möglich ist.

3.4.2   Rechnerkern

Der Rechnerkern, wie er in Abbildung 3.17 skizziert ist, wird auch als *Zentraleinheit* bzw. im Englischen als *Central Processing Unit (CPU)* bezeichnet. Seine Hauptaufgabe ist es, die einzelnen Befehle zu *interpretieren* und *auszuführen.* Er unterteilt sich in den *Prozessor* und das *Ein-Ausgabewerk.* Letzteres stellt die Kommunikation mit den verschiedenen Speichern und der Peripherie und/oder den einzelnen Arbeitsplatzgeräten her.

Das *Rechenwerk* enthält nur einen sehr begrenzten Speicherbereich, nämlich sogenannte *Register*, wie den Akkumulator, das Multiplikanden- und das Multiplikatorquotientenregister.

Das *Steuerwerk* (oder *Leitwerk*) hat die Aufgabe die Programmabläufe zu steuern und die Zusammenarbeit der einzelnen Werke zu koordinieren. Es enthält das Befehlswerk, den Befehlszähler, Befehlsregister, die Funktionsentschlüsselung und die Operationensteuerung.

Bei heutigen mikroprogrammierten Rechnern zählt man die *Mikroprogrammspeicher* ebenfalls zum Rechnerkern.

3.4.3 Hauptspeicher

Die in Rechenanlagen verwendeten *Speicherbausteine* haben sich in den vergangenen Jahrzehnten erheblich gewandelt. Zu Beginn waren es *Kernspeicher*, *Magnetdrahtspeicher* und/oder *Magnettrommelspeicher*, die heute jedoch nur noch selten verwendet werden, da ihre Zugriffszeit zu groß ist. Entwickelt wurden im Laufe der Jahre wesentlich schnellere und vor allem auch kleinere *Halbleiterspeicher*, die heute auch in Prozeßrechnern zu finden sind.

Ganz allgemein unterscheidet man die *Datenspeicher* in heutigen Rechenanlagen nach ihren technischen Realisierungen:

Halbleiterspeicher

Magnetplattenspeicher

Magnetbandspeicher

und die selten verwendeten

optischen Speicher,

Magnetdomänenspeicher

photographischen Speicher.

Welche Speicher in einer Rechenanlage verwendet werden, wird unter anderem bestimmt durch die *Funktion des Systems*, die verwendeten *Zugriffsverfahren*, die gewünschte *Kapazität*, die Zeit für das *Auswechseln* des Datenträgers und nicht zuletzt auch durch die dadurch verursachten *Kosten* (vgl. Krückeberg 90).

Wie das Zusammenspiel der Speicher untereinander erfolgt und welche Mechanismen dafür notwendig sind, wird im Abschnitt 4.1.2.3 unter dem Stichwort *Speicherverwaltung* beschrieben.

Der in der Zentraleinheit eines Rechners festeingebaute *Hauptspeicher*, häufig auch als *Primärspeicher, Arbeitsspeicher, Zentralspeicher* oder auch *innerer Speicher* bezeichnet, enthält die, für das momentane Arbeiten des Rechners, notwendigen Daten und Programme. Auf diese will der Prozessor wahlfrei und in relativ kurzer Zeit zugreifen können. Dieser *schnelle Zugriff* und die *direkte Adressierbarkeit* besteht dann, wenn es sich um einen *Halbleiterspeicher* handelt. Jede Speicherzelle (Wort oder Byte) im Halbleiterspeicher hat eine eigene Adresse, unter der sie zum Lesen oder Schreiben direkt aufgerufen werden kann.

Da ein einzelner Halbleiterspeicher eine relativ geringe Speicherkapazität hat, kann man ihn bei Bedarf mit anderen Speichern gleicher Art zu einer Gruppe zusammenschließen. Wegen seiner hohen Kosten wird er allerdings nur dort eingesetzt, wo seine Vorteile dies rechtfertigen.

Ein Hauptspeicher kann zusätzlich durch weitere *Festspeicher* sowie *Keller-* und/oder *Cache-Speicher* (Pufferspeicher) ergänzt werden.

3.4.4   Busse - Verbindungswege im System

Wie bereits eingangs bei der Beschreibung dezentraler Rechensysteme erwähnt, kann eine Kommunikation zwischen zwei Einheiten nur über ein wohldefiniertes *Kommunikationsmedium* erfolgen. Dies gilt sowohl für Einheiten die sich innerhalb eines Rechners befinden, wie den Hauptspeicher und den Rechnerkern, als auch für Anschlüsse an die Peripherie bzw. an andere Rechner, Baugruppen oder Steuerungseinheiten. Solche *Verbindungs-* bzw. *Kommunikationswege* sind heutzutage meistens als sogenannte *Busse* realisiert. Da sie für das korrekte Zusammenspiel eines komplexen Gebildes verantwortlich sind, spricht man auch von den „*Nerven* " eines Rechensystems.

Aufgrund der verschiedenen Einsatzgebiete und damit verbundenen unterschiedlichen Anforderungen gibt es eine Vielzahl *technisch unterschiedlich realisierter Busse* (vgl. Färber 84). Mit diesem Abschnitt soll ein Überblick über das weitgefächerte Gebiet der Busse gegeben werden. Neben der Beschreibung einzelner *Bus-Übertragungsverfahren* werden auch anhand einer

Übersicht die Einsatzgebiete und die damit verbundenen Erscheinungsformen aufgezeigt.

3.4.4.1 Basisfunktionen eines Bussystems

Zum Funktionieren eines Bussystems müssen grundsätzlich folgende Problemstellungen geregelt werden: die *Buszuteilung*, die *Synchronisation*, die *Fehlerbehandlung* und das *Erfassen und Weiterleiten von Alarmen*.

a) *Buszuteilung (Busarbitrierung)*

Je nach Anforderungen an das Bussystem wird die Zuteilung, welcher der einzelnen Busteilnehmer eine Nachricht verschicken darf, unterschiedlich durchgeführt. Die *Zuteilungsverfahren* lassen sich grob nach *drei Merkmalen* gliedern:

- dem *Ort* von dem aus die Zuteilung gesteuert wird,
    - o *zentral*, d.h., daß eine ausgezeichnete Station im System die einzelnen Busanforderungen (Busrequest) entgegennimmt. Diese Station entscheidet, welchem Teilnehmer sie die Übertragung gestattet und schickt ihm ein entsprechendes Antwortsignal (bus grant). Anschließend muß dieser Teilnehmer seine Übertragung sofort abwikkeln. Vorteile dieser Strategie sind schnelle Reaktionszeiten bis zur Buszuteilung und die Tatsache, daß die Zuteilungslogik nur an einer Stelle im System vorhanden sein muß.
    - o *dezentral*, d.h., daß sich alle sendefähigen Teilnehmer vor einer Übertragung davon überzeugen müssen, daß der Bus weder schon angefordert noch belegt ist. Hierfür gibt es wenigstens vier verschiedene Grundprinzipien über das Vorgehen: Die *gegenseitige Abfrage* (Parallel Polling), bei der jeder Teilnehmer eine eigene Anforderungsleitung zu allen anderen Stationen besitzt. Das *Reihungsverfahren* (Daisy-Chaining), bei dem ein gemeinsames Busanforderungssignal auf einer Anforderungsleitung durch alle Teilnehmer „geschleift " wird (Daisy-Chain), bis es wieder den Teilnehmer erreicht, der als erster den Bus angefordert hatte. Dieser sendet und reicht das Signal weiter etc. Sehr häufig vertreten ist die *zyklische Buszuteilung (Token Passing)* , bei der ein spezielles Signal (Token) zyklisch von Teilnehmer zu Teilnehmer weitergereicht wird. Besteht bei Erhalt des Token ein Übertragungswunsch, so wird erst gesendet und dann das Token weitergereicht. Beim *CSMA-Verfahren* (Carrier Sense

Multiple Access) prüft ein übertragungswilliger Teilnehmer ob auf dem Bus zur Zeit Daten transportiert werden. Wenn „Ja " dann wartet er ein Intervall ab und fragt dann wieder an, wenn „Nein " dann überträgt er seine Daten.

- dem *Verfahren* für die Auswahl des nächsten Teilnehmers zur Busvergabe.
  Es gibt hierfür *statische Prioritätsverfahren* (z.B. UNIBUS), *faire Zuteilungen* (z.B. ETHERNET, PERKEO-Bus) und *sequentielle Bearbeitung* (d.h. zyklisch rotierend) (z.B. PDV-Bus, MIL-STD-1553B-Bus).
  Unter Umständen sind auch Mischformen realisierbar.
- den *zeitlichen Bedingungen* unter denen Busanforderungen von den Teilnehmern abgegeben werden dürfen.
  Hierbei wird nach *fest vorgegebenen Zeitpunkten* und *freien Anforderungszeitpunkten* unterschieden.

b) *Synchronisierung der Busteilnehmer*

Alle Verfahren für die Buszuteilung müssen eine Synchronisation der Kommunikationspartner erzielen hinsichtlich der

- *Signalübergabe* auf den Bus vom Sender,
- *Signalübernahme* vom Bus durch den Empfänger,
- *Bedeutung und Funktion* des übermittelten Signals.

Dabei finden sowohl *synchrone* als auch *asynchrone* Übertragungsprinzipien, wie auch deren Mischformen, Verwendung (s. z.B. Färber 84).

c) *Fehlerbehandlung*

Bevor aufgetretene Fehler inmitten einer Übertragung behoben werden können, müssen sie zuerst einmal vom System erkannt werden. Die Fehlerursachen können jedoch sehr vielfältig sein. Da gibt es elektromagnetische Einwirkungen, Kontaktprobleme, Leiterbrüche, Kurzschlüsse und Stromversorgungsfehler.

Eine Fehlerbehandlung setzt sich deshalb häufig aus mehreren Teilaktionen, die schon vor dem Auftreten eines Fehlers beginnen, zusammen:

- Verwendung zusätzlicher Prüfinformationen beim Senden,
- Rückmeldungen an den Sender,
- Zeitüberwachung durch den Sender (Time-out),
- Wiederholung im Fehlerfall,
- Fehlerreport,

– ggfs. das Abschalten eines als fehlerhaft erkannten Teilnehmers.

d) *Alarmerfassung*

Gerade im Bereich der Prozeßdatenerfassung ist es wichtig, daß spezielle Informationen (z.B. ein unerlaubter Betriebszustand) schnell an andere Teilnehmer im System übertragen werden. Solche *Alarme* sollen ohne Zeitverzögerung über den Bus weitergeleitet werden. Sie werden als *Interrupt* bezeichnet wenn sie zur Unterbrechung gerade laufender Programme führen.

Für die Art und Weise, wie eine *Alarmübergabe* an den Bus erfolgt, welcher Teilnehmer das *Alarmziel* darstellt und wie eine *Alarmweiterleitung* erfolgt, gibt es verschiedene Realisierungen, die bei Bedarf in entsprechender Spezialliteratur nachzulesen sind (z.B. Färber 84, Fritz 85).

3.4.4.2 Erscheinungsformen von Bussystemen

Je nach Lage, Verbindungsstrecke und Systemebene unterscheidet man (siehe Abb. 3.18):

– *Baugruppeninterner Bus*
  Dieser verbindet die Bausteine auf einer Baugruppe miteinander und schafft die Kontakte zu den jeweiligen übergeordneten Systembussen. Er wird stark von den Eigenschaften der (Mikro-)Rechnerfamilie geprägt. Realisiert ist er meist als *geätzte Leiterbahnen* auf Platinen. Ein Beispiel dafür ist der IC-interne Bus.

– *Rechnerinterner Bus / Systembus / Backplane-Bus*
  Dieser stellt die Verbindung von Baugruppen und Stromversorgungseinheiten in einem Einzel- oder Mehrrechnersystem her. Er hat vorwiegend eine *Parallelstruktur* und ist als geätzte Leiterbahn, Wire-Wrap oder Flachbandkabel realisiert. Es wird versucht, diesen Bus herstellerunabhängig zu realisieren. Seine Ausdehnung im System beträgt ca. einen halben Meter. Bekannte rechnerinterne Busse sind der *CAMAC-Dataway*, der *SMP-*, *VME-* und der *MULTIBUS*. Je nach Ausdehnung des Systems kann die Übertragungsbandbreite bis zu 25 MByte/s betragen.

– *Rechnerperipherie-Bus*
  Diese Busse stellen die Verbindungen von „intelligenten" Peripheriegeräten zu den einzelnen Rechnern des Rechensystems her. Sie sind *herstellerunabhängig* konzipiert, meist als *Parallelbus* in Form eines Flach-

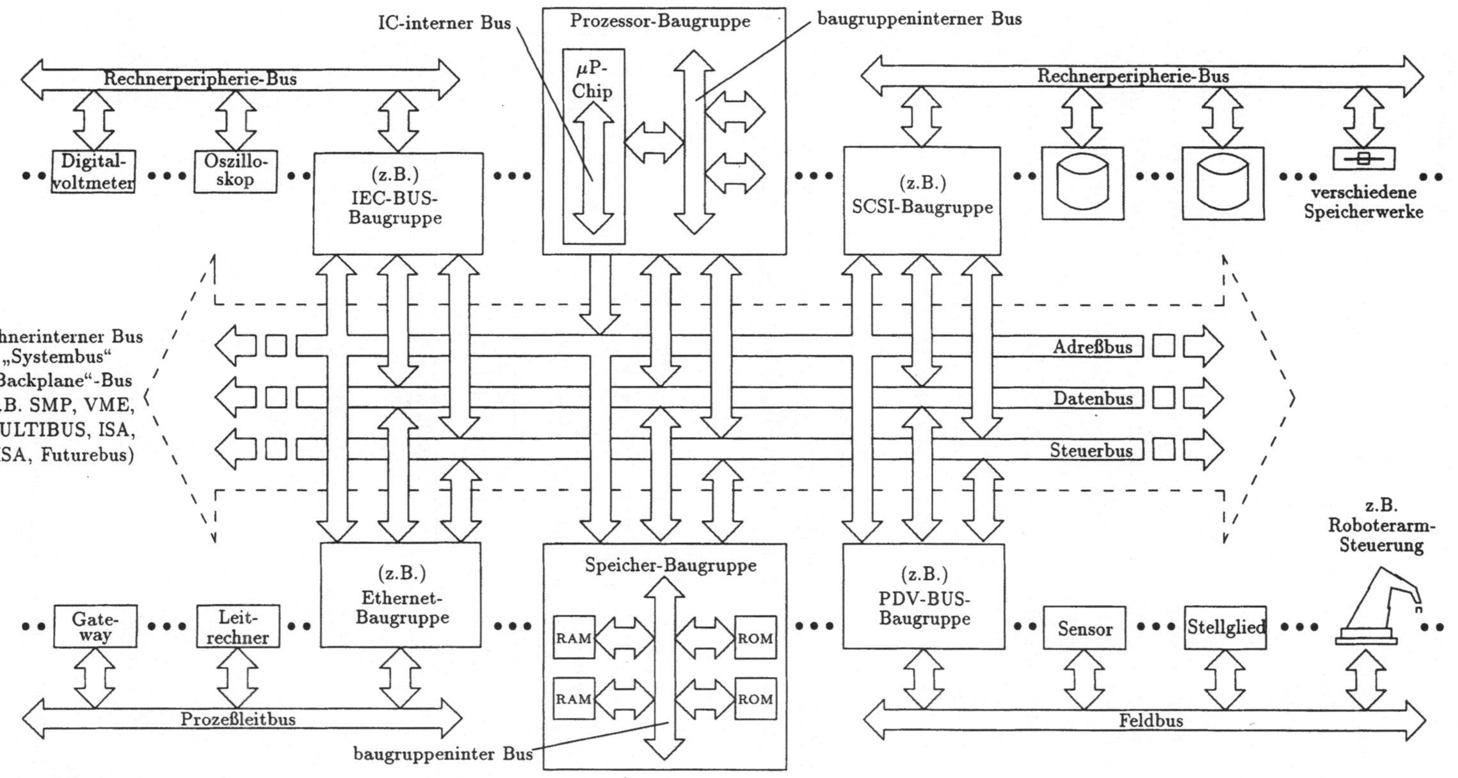

Abbildung 6.1
Übersicht über die Lage der einzelnen Busse in einem Prozeßrechensystem

bandkabels ausgelegt und bewegen sich in einer Ausdehnung von ca. 20 Metern. Bekannte Vertreter sind der *SCSI-Bus* (Small Computer System Interface) und der *IEC-Bus*.

– *Feldbus*
  Der Feldbus ist ein Oberbegriff für *prozeßnahe Busse* die die digitalen Automatisierungseinheiten im unteren und mittleren Leistungsbereich miteinander verbinden (siehe Abb. 3.19). Vorzugsweise handelt es sich um *serielle Busse* aus verdrillten Zwei-Drahtleitungen. Ihre Ausdehnung kann bis zu einem Kilometer betragen und sie können viele Teilnehmer (ca. 200) miteinander verbinden. Von allen genannten Bussen haben sie die geringste Übertragungsrate von 9,6 bis max. 500 kBit/s. Bekannteste Vertreter sind der *PDV-Bus*, der *BITBUS* von INTEL und der *PROFIBUS* (z.B. *SINEC-L2-Bus* von SIEMENS).

– *Prozeßleitbus*
  Der Prozeßleitbus schafft die Verbindung zwischen den Komponenten der Prozeßleitebene und den Komponenten der Feldebene (siehe Abb. 3.19) bei denen es sich auch um flexible Fertigungszellen in der Ferti-

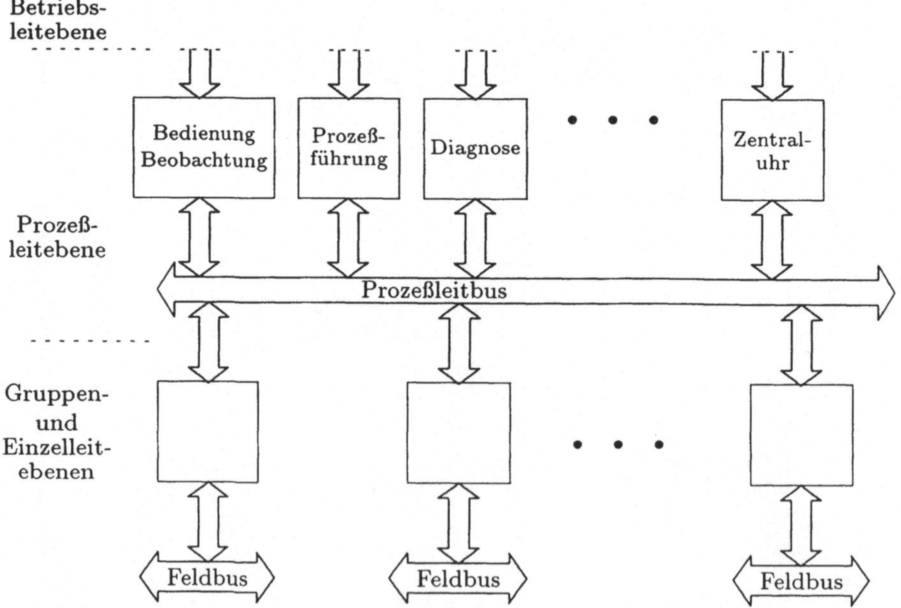

Abbildung 3.19
Übersicht zur Einordung des Prozeßleitbusses

gungsautomatisierung handeln kann. Er hat meist LAN-Charakter (Local-Area-Network), d.h. z.B. eine Ausdehnung von ca. 1 Kilometer und Übertragungsraten zwischen 1 und 10 Mbps. Seine beiden wichtigsten Vertreter sind der *Token-Bus* und der *CSMA/CD-Bus* (näheres zu LANs siehe Fritz 85).

3.4.4.3 FDDI - Das Ethernet der 90er Jahre

FDDI (Fiber Distributed Data Interface) ist ein Netzwerk dessen Topologie auf einer *Ringstruktur* basiert. Seine Bruttodatenrate beträgt 100 Mbit/s und kann theoretisch relativ großräumig ausgedehnt werden. Laut *Kauffels 92* ist das FDDI eine Technologie die heute vergleichbar ist mit dem Ethernet vor zehn Jahren. Es ist eine konsequente Weiterentwicklung der LAN-Technik (Local Area Network) für höhere Leistung, größere Entfernungen und eine höhere Anzahl von Endgeräten.

Ein im Laufe der 80er Jahre entstehender Bedarf an erheblich höheren Bandbreiten konnte mit bisherigen Entwicklungen nicht befriedigt werden. Ausgehend von Mainframe-Kopplungen mit klassischen Vertretern wie Hyperchannel erweiterte sich das Einsatzgebiet in Richtung *Backbone-Anwendungen* , in denen Teilnetze verbunden werden. In jüngster Zeit plant man Front-End-Systeme, die leistungsfähige Systeme, wie z.B. Workstations oder Server direkt anbinden.

Bisherige Systeme mit Datenraten bis zu 16 Mbit/s sind nicht mehr in der Lage, z.B. komplexe Graphiken oder auch hochauflösende Bildinformationen in größerem Umfang adäquat zu übertragen. Die wachsende Anzahl von Endgeräten, eine Erhöhung der Anschlußdichte und die zunehmende Verknüpfung bisher getrennter Netze, führen zu neuen Kapazitätsanforderungen (vgl. Kauffels 92).

Das FDDI - Protokoll ist eine der wenigen Zugriffsmethoden, die speziell für eine hohe Bandbreite und für die Verwendung eines Glasfasersystems entworfen wurden. Der FDDI - Ring soll auf einer maximalen Länge von 100-200 km bis zu 500-1000 Stationen, die jeweils bis zu zwei Kilometer auseinanderliegen, bedienen können. Daher kommt er auch als *Backbone-Netzwerk* in Frage. Das FDDI - Protokoll beinhaltet verschiedene Mechanismen zur Erhöhung der Zuverlässigkeit. Im Gegensatz zu anderen Token-Ringen sind Kontrolle und Rekonfigurationsmechanismen verteilt realisiert. Ein Monitor wird somit überflüssig (weiteres siehe Kauffels 92).

3.4.5   Peripherie von Prozeßrechnern

Die Prozeßrechnerperipherie verbindet den technischen Prozeß sowohl mit
dem Rechner bzw. dem Rechensystem als auch mit dem Menschen. Sie läßt
sich in vier Klassen einteilen:

- *Übertragungssperipherie*
- *Daten-/Signalperipherie*
- *Speicherperipherie*
- *Benutzerperipherie.*

3.4.5.1 Übertragungsperipherie

Die *Übertragungsperipherie* beinhaltet all jene Geräte, die notwendig sind
um Daten von einem Rechner zu einem anderen zu transportieren. Zum
einen können das transportierbare Speichermedien sein, wie Floppy-Disk,
Magnetbänder oder Magnetplatten und die dazugehörigen Verarbeitungs-
geräte wie Floppy-, Plattenlaufwerk und Magnetbandgerät. Zum anderen
sind das bei direkter Rechnerkopplung die Verbindungswege zwischen den
Rechnern, wie Busse und Netze. Das Kernstück der Übertragungsperipherie
ist eine Schnittstelle (z.B. speziell für PROM-Geräte) bzw. ein *MODEM*.
Dieses wird benötigt, um die digitalen Signale zu modulieren bzw. zu de-
modulieren, d.h. so aufzubereiten, daß sie vom jeweiligen Empfangsgerät
verstanden werden bzw. vom Verbindungskabel (Frequenz- oder Breitband)
übertragen werden können.

3.4.5.2 Signalperipherie

Die *Signalperipherie* umfaßt all jene Geräte die dazu notwendig sind, daß
der Rechner mit dem technischen Prozeß kommunizieren kann und umgekehrt. Sie ist das Bindeglied zwischen den prozeßnahen Komponenten, den
Regelungs-, Steuerungs- und Überwachungseinrichtungen, und der elektronischen Datenverarbeitung. Zur Signalperipherie gehören die Prozeßsignal-
Ein-/Ausgabeeinheiten, die A/D- und D/A-Wandler, die Meßfühler, Meßumformer, Grenzwertmelder, Stellglieder, Relais sowie die notwendigen Leitungen für die Signalübertragung. Die Abb. 3.20 zeigt einen A/D-Wandler, der
einen D/A-Wandler benötigt um den digitalisierten Wert (über den Zähler)
mit dem analogen Eingangssignal nochmals zu vergleichen.

Die Abb. 3.21 zeigt vereinfacht eine *mechanische Positionserfassung*, wobei
der zurückgelegte Weg über ein Getriebe auf ein Potentiometer übertragen

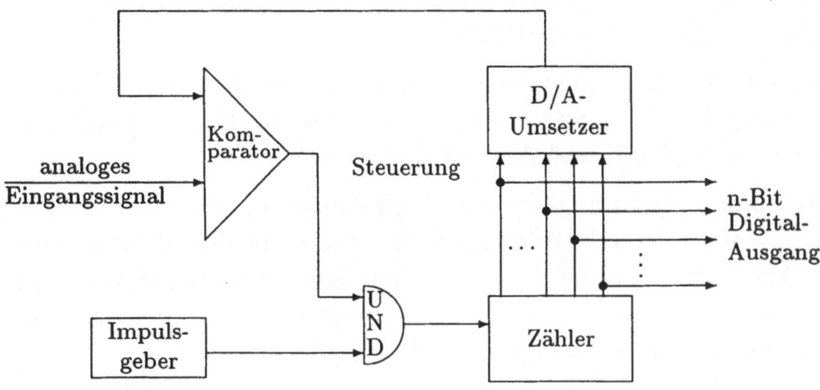

Abbildung 3.20
Schaltbild eines Analog-/Digital-Wandlers mit Zählverfahren

wird. Dieses gibt einen Strom- oder Spannungswert an einen A/D-Wandler ab. Über ein Interface (Schnittstelle) erhält der Rechner die entsprechenden digitalen Werte zur Weiterverarbeitung.

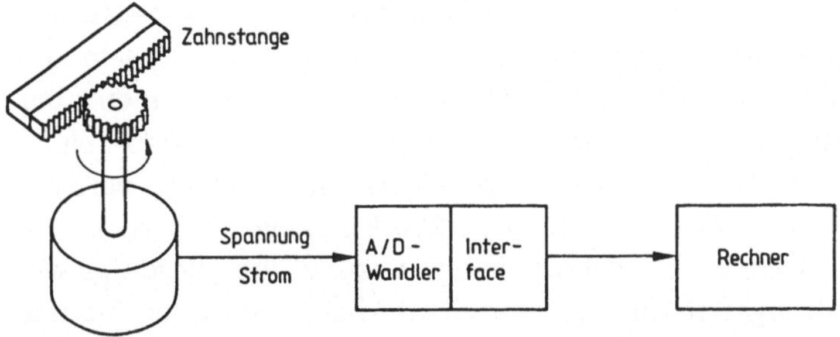

Abbildung 3.21
Mechanische Positionserfassung

Neben den Elementen der Prozeßrechnerperipherie, die aufgrund ihrer Bauweise in der Lage sind, direkt zwischen dem Rechner und dem Prozeß kommunizieren können, gibt es auch Bauteile, die ein *Verbindungsglied* zum Rechner benötigen. Man nennt ein solches Verbindungsglied meist *Prozeßeinheit (Prozeßinterface)* . Sie setzt sich zusammen aus einem *Steuerungsteil* (eine odere mehrere E/A-Steuerungen zur Abwicklung des Datenverkehrs) und den *Prozeßsignalumformern* (A/D- bzw. D/A-Wandlern).

Andere Bezeichnungen für Prozeßeinheit sind: Prozeßelement, Verkehrsverteiler, Prozeßanschlußeinheit, Multiplexer, u.a.

Die Prozeßeinheit enthält *analoge* und *binäre Ein-/Ausgänge* sowie *Impulseingänge*, die nachfolgend im einzelnen erläutert werden. Ihre jeweilige Anzahl schwankt je nach Größe und Art des Prozesses.

- *Erfassung binärer Spannungssignale* (Digitaleingabe)
  Diese Komponente ist relativ einfach konzipiert, da die zu erfassende Signalstruktur bereits binär ist. Die Binärsignalerfassung erfolgt viel schneller als die Analogsignalerfassung weshalb auch versucht wird, möglichst viele solcher Eingänge zu realisieren.

- *Ausgabe binärer Signale* (Digitalausgabe)
  Mittels dieser Ausgänge werden Binärwerte, z.B. Steuersignale, vom Rechner an den Prozeß weitergeleitet. Je nach System schwankt die Zahl solcher Ausgänge zwischen 4 und 32, deren wesentlicher Unterschied vor allem in der Leistung liegt (z.B. 24 V, 400 mA, 100 mA). Angesteuert werden damit Ventile, Stellantriebe, Motoren, etc.

- *Erfassung analoger Spannungs- oder Stromsignale* (Analogeingabe)
  Nach Erfassung eines analogen Signals muß dieses zunächst — mittels eines entsprechenden Wandlers — in ein digitales Signal umgesetzt werden. Die hardwaretechnische Realisierung kann unterschiedlich sein. Jeder Signaleingang kann einen eigenen Wandler haben, es können aber auch mehrere Eingänge gemeinsam zu einem Wandler führen (ca. 4 bis 8). Falls sehr viele Analogsignale erfaßt werden müssen, verwendet man einen *Signalmultiplexer*, der z.B. 250 Eingänge abfragt. Dabei handelt es sich um eine sehr kostengünstige Lösung, die allerdings wegen der Umwandlungszeit und der seriellen Abarbeitung der Signale nur für Meßgrößen verwendet werden kann, die sich *langsam verändern* (z.B. Temperaturen).

- *Ausgabe analoger Spannungs- oder Stromsignale* (Analogausgabe)
  Analoge Ausgabesignale gehen im allgemeinen zu *Stellgliedern* (Aktoren), d.h. sie sind meist mit Regelungsmechanismen verbunden. Sie ähneln stark den Analogeingängen, haben allerdings umgekehrte Signalflußrichtung.

- *Erfassung impulsförmiger Signale* (Impulseingabe)
  Hierbei werden ebenfalls binäre Signale erfaßt, allerdings mit dem Unterschied, daß in einer abgefragten Zeiteinheit sehr viele Werte auf einmal

ankommen können. Es erfolgt eine *Impulszählung*, deren Ergebnis über entsprechende Komponenten an das Übertragungsmedium übergeben und zum Rechner weitergeleitet wird. Man benötigt dazu eine relativ aufwendige Hardware, so daß es meist nur sehr wenig Impulseingänge pro Prozeßeinheit gibt.

– *Erfassung von Alarmen und wichtigen Ereignissen*
Eingänge für solche Signale sind auf ein entsprechendes *Unterbrechungswerk* im Rechner geschaltet. Sie müssen mit höchster Priorität und gesondert von anderen Eingängen behandelt werden. Solche Alarmsignale (z.B. Gerätedefektmeldungen, Grenzwertüberschreitungen, gefährdende Umweltbedingungen) gehen direkt an das Steuerwerk und führen zu einer Unterbrechung der laufenden Programme bzw. zum Start entsprechender Sonderprogramme.

Bei vielen Aufgabenstellungen der Prozeßautomatisierung ist eine Bezugnahme auf die aktuelle Uhrzeit, das Datum oder auf feste Zeitintervalle erforderlich. Prozeßrechner und entsprechende Systeme enthalten daher geräte- und/oder programmtechnische Einrichtungen zur Zeitbestimmung. Die Zentraleinheiten enthalten *Zeitgeber*, die dem System sowohl *Absolutzeiten* als auch *Relativzeiten* übergeben können. Gemäß dieser beiden Zeitbestimmungen unterscheidet man den

– *Absolutzeitgeber* (Timer), der sowohl als Programm (Softwaretimer) als auch gerätetechnisch (Hardwaretimer) realisiert sein kann, und den
– *Relativzeitgeber* (Counter, Differenzzeitgeber), der auf ein bestimmtes Zeitintervall eingestellt werden kann und nach dessen Ablauf ein Alarmsignal ausgelöst wird.

Die Aufgabe des *Absolutzeitgebers* ist das Versorgen des Uhrzeitregisters, das wiederum das Datumsregister mitansteuert, sowie das Bestimmen von Absolutzeitimpulsen zum Auslösen bestimmter Vorgänge im System. Der Taktimpuls kann bei einer Netzfrequenz von 50 Hz durch einen Frequenzteiler auf die Sekundenimpulse heruntergesetzt werden. Sekunden- und Minutenzähler arbeiten beide modulo 60, d.h. nach 60 wird wieder mit 00 begonnen, der Stundenzähler arbeitet modulo 24 und steuert bei Überlauf den Tageszähler. Die Monate und Jahre werden bei dieser Ausführung per Hand entsprechend eingestellt (siehe Abb. 3.22). Der hier abgebildete Zeitgeber wurde aus Gründen der Anschaulichkeit gewählt und entspricht nicht mehr dem heute üblichen Stand. Heute verwendete elektronische Zeitgeber basieren auf integrierten Schaltungen mit Quarzsteuerung.

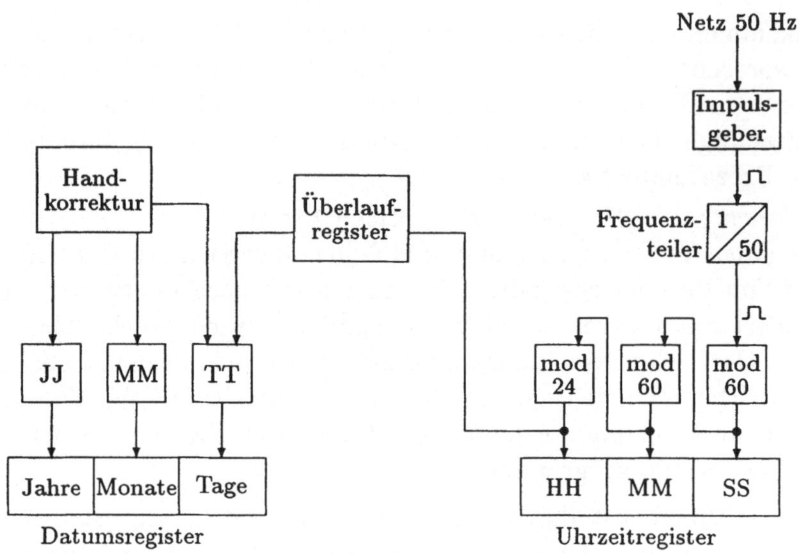

Abbildung 3.22
Absolutzeitgeber mit Datums- und Uhrzeitregister, wobei das Datum meist als JJMMTT
und die Uhrzeit als HHMMSS abgespeichert werden.

Der *Differenzzeitgeber* erhält von einem Taktgenerator Zählimpulse unterschiedlicher Frequenz (z.B. 0,1 Hz, 1 Hz), die über ein UND-Glied an einen
Zähler weitergeleitet werden. Den zweiten Eingang in das UND-Glied bildet
ein FlipFlop, das sobald es gesetzt ist, dafür sorgt, daß der Zähler eine Voreinstellung erhält (siehe Abb. 3.23). Mit jedem ankommenden Impuls wird
der so voreingestellte Zähler um eins reduziert (Vorwahlrückwärtszählung).
Ist der Zähler null, so ist die gewünschte Differenzzeit abgelaufen und das
FlipFlop wird gelöscht. Vor Beginn der Differenzzeit muß vom Programm die
Taktfrequenz und die entsprechende Zählervoreinstellung ausgewählt werden. Einstellbar sind üblicherweise Zeiten im Millisekunden- bis Stundenbe-
reich.

Die Zeitgeber dienen zu folgenden Aktionen im Prozeßgeschehen:

– Programmstart zu einem festen Zeitpunkt,
– Programmstart nach festen Zeitabständen (zyklisch),
– Einhalten von Wartezeiten,
– Überwachungsfunktionen um Laufzeitüberschreitungen zu melden,
– Synchronisation der einzelnen Baugruppen in verteilten Systemen.

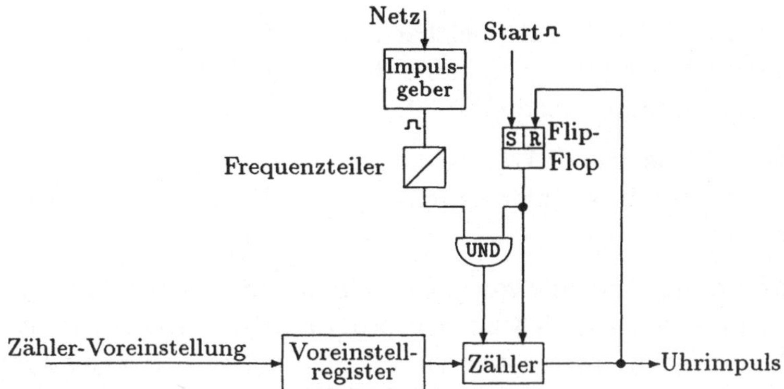

Abbildung 3.23
Differenzzeitgeber mit UND-Glied, FlipFlop und Taktgeber

3.4.5.3 Speicherperipherie

Zur *Speicherperipherie* zählen nur die *Sekundär-* und die *Tertiärspeicher* (siehe auch Abschn. 4.1.2.3). Dies sind zum einen die transportierbaren Speichermedien, wie Floppies (Disketten), Magnetplattenspeicher, Magnetbänder und zum anderen die festinstallierten Speichermedien wie Festplatten, Magnetdomänen-, photographische und optische Speicher.

Typisch für die meisten *peripheren Speicher* ist eine verhältnismäßig große Kapazität bei niedriger Zugriffszeit.

Auf *optische Speicher* kann ähnlich zugegriffen werden wie auf Magnetplattenspeicher, jedoch besteht hier sehr oft nur eine Lesbarkeit der Daten. Nur wenige optische Speicher erlauben das Verändern der Inhalte.

Bei *sequentiellen Speichermedien* (Magnetbänder) kann, wie bereits aus dem Namen ersichtlich, nur sequentiell, d.h. nacheinander, auf Informationen zugegriffen werden. Müssen Änderungen im Dateninhalt vorgenommen werden, so geht das nur, wenn von einem Magnetband die Daten in den Rechner eingelesen, vom Benutzer verändert und anschließend auf ein zweites Band geschrieben werden. Der Vorteil dieses Speichermediums liegt in seiner hohen Speicherkapazität, die sich noch durch das Wechseln von Bändern unbegrenzt erhöhen läßt.

Im Bereich der Prozeßautomatisierung werden in der heutigen Zeit verstärkt spezielle PC-Baugruppen zur Datenhaltung bzw. -speicherung herangezogen. Man unterscheidet in diesem Zusammenhang zwischen RAM (Random

Access Memory = Schreib-Lese-Speicher), ROM (Read only Memory = Nur-Lese-Speicher), PROM (Programmable Read Only Memory) oder EPROM (Erasable Programmable Read Only Memory).

Die Schreib-Lese-Speicher RAM bieten die höchste Flexibilität, benötigen jedoch zur Sicherung ihrer Informationen gegen Stromausfall spezielle Pufferbatterien.

Die EPROMs können im Falle von gewünschten Änderungen nur vollständig gelöscht und müssen anschließend neu programmiert werden, wodurch sie relativ unflexibel sind. Ihr großer Vorteil ist, daß ihre Informationen gegen Stromausfall geschützt sind. Außerdem besteht die Möglichkeit, solche EPROMs für eine Gesamtanlage zentral an einer Stelle zu erstellen, was dann im späteren Betrieb eine konsistente Datenbasis gewährleistet.

3.4.5.4 Benutzerperipherie

Zur *Benutzerperipherie* gehören die Geräte, die es dem Menschen ermöglichen aktiv in das Prozeßgeschehen einzugreifen bzw. aktuelle Informationen aus dem Prozeß abzurufen. Das sind zunächst einmal die Standardperipheriegeräte wie z.B. Terminals, Tastaturen, Drucker, Fernschreiber. Weiterhin gehören die Geräte dazu, die Informationen von der Prozeßseite liefern, wie Prozeßzustandsanzeigen (Meldelampen, Alarmhupen, Füllstandsanzeiger, etc.) und Prozeßbediengeräte (z.B. Ventilstelleinrichtungen). Die größte Bedeutung davon haben sicherlich die *Bediengeräte*, die je nach Prozeß und Standortumgebung unterschiedlich ausgelegt sind. Über das *Bediensystem* lassen sich *graphische Prozeßdarstellungen* abrufen, *Eingriffe in den Prozeß* vornehmen und *Bestätigungen* von Fehlermeldungen eingeben. Die dazu üblichen Bedienungsgeräte lassen sich in zwei Gruppen einteilen: den *Tastaturen* und den *Koordinatengebern*.

– *Tastaturen*
  Hierbei lassen sich wiederum mehrere Ausprägungen unterscheiden. Zum einen die *alphanumerische Tastatur* für Zahlen- und Texteingaben, *Tastaturen mit Funktionstasten*, hinter denen entweder fest oder variabel bestimmte Aktionen im Ganzen hinterlegt sind sowie Tastaturen bzw. Tableaus mit Schaltknöpfen und Bildtasten. Der Vorteil letzterer liegt darin, daß nur definierte Zugriffe erlaubt sind und so Bedienungsfehler weitgehend ausgeschaltet werden (ein Beispiel zeigt Abb. 3.24).

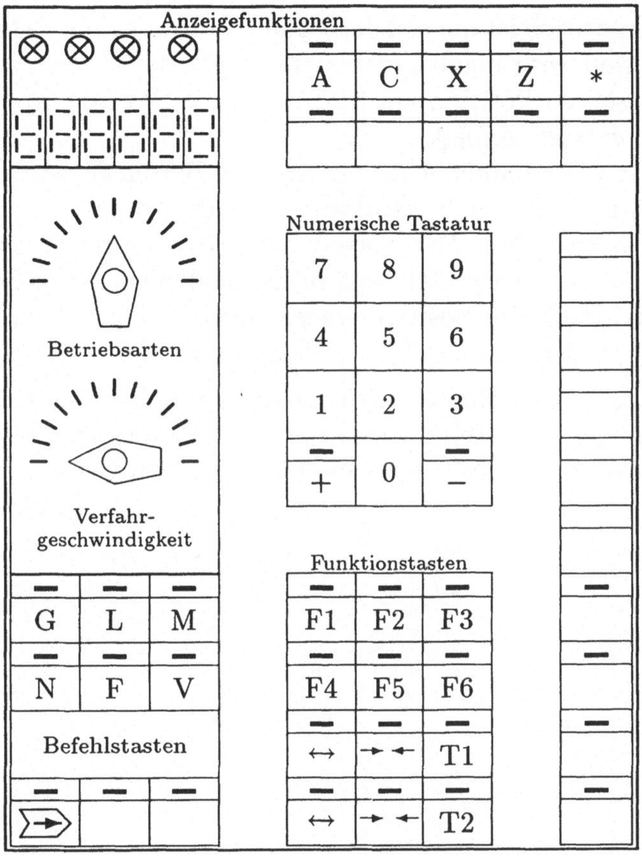

Anzeigefunktionen

| | A | C | X | Z | * |

Betriebsarten

Verfahr-
geschwindigkeit

Numerische Tastatur

7	8	9
4	5	6
1	2	3
+	0	–

Funktionstasten

F1	F2	F3
F4	F5	F6
↔	→ ←	T1
↔	→ ←	T2

| G | L | M |
| N | F | V |

Befehlstasten

Abbildung 3.24
Beispiel einer komplexen Tastatur (vgl. Graichen 88)

– *Koordinatengeber*
  Für diese Form der Eingabe lassen sich fünf Geräte unterscheiden:
  Das heute wohl weitverbreitetste Eingabegerät, um eine bestimmte Position mit dem Cursor auf einem Bildschirm anzusprechen, ist die *Maus* (mouse). Sie gleitet entweder auf Rollen oder liest optisch von einer festen Unterlage ihre Positionsänderung ab. An ihr sind meist noch ein oder mehrere Tasten angebracht. Hat der Cursor die gewünschte Position erreicht, so wird eine der Maustasten gedrückt. Die Maus wird häufig bei menügesteuerten Programmen eingesetzt, wobei Kommandos mit der Maus ausgewählt und anschließend durch Tastendruck (Anklicken) ausgeführt werden. Eine ähnliche Form der Koordinateneingabe für

die Cursorposition ist die mit der Hand zu verdrehende *Rollkugel* (track-ball). Ein weiteres Eingabegerät ist der *Joystick*, bei dem nach Erreichen der gewünschten Position am Bildschirm die Bestätigung mittels eines Übernahmetasters erfolgt.

Zwei weitere Bedienmöglichkeiten sind die Berührungen der gewünschten Position *direkt am Bildschirm*, entweder mit dem *Finger* oder mittels eines *Lichtgriffels*. Der Vorteil in der Berührung durch den Finger gegenüber dem Lichtgriffel liegt in der fehlenden Kabelführung. Dies verringert jedoch die Positioniergenauigkeit, d.h., daß die Bildschirm-aufteilung größer als beim Lichtgriffel sein muß.

Neben dieser allgemein einsetzbaren Benutzerperipherie gibt es für besondere Anwendungen zum Teil hochspezialisierte Benutzerperipherie wie z.B. spezielle Displays in Cockpits oder bei medizinischen Geräten.

4 Software in Prozeßautomatisierungssystemen

Das *Programmsystem* eines Prozeßrechners ist die *Menge aller Programme*, die zur Ausführung der Automatisierungsaufgaben erforderlich sind und läßt sich somit in der ersten Ebene unterteilen in *Anwenderprogramme* und *Systemprogramme* (die sich wieder untergliedern in das Betriebssystem und die Hilfsprogramme). Ein *Programm* stellt dabei, nach DIN 44 300, *eine zur Lösung einer (Teil-)Aufgabe vollständige Anweisung dar, die alle erforderlichen Vereinbarungen enthält.* Die Abb. 4.1 gibt einen Überblick über die Struktur eines solchen Programmsystems.

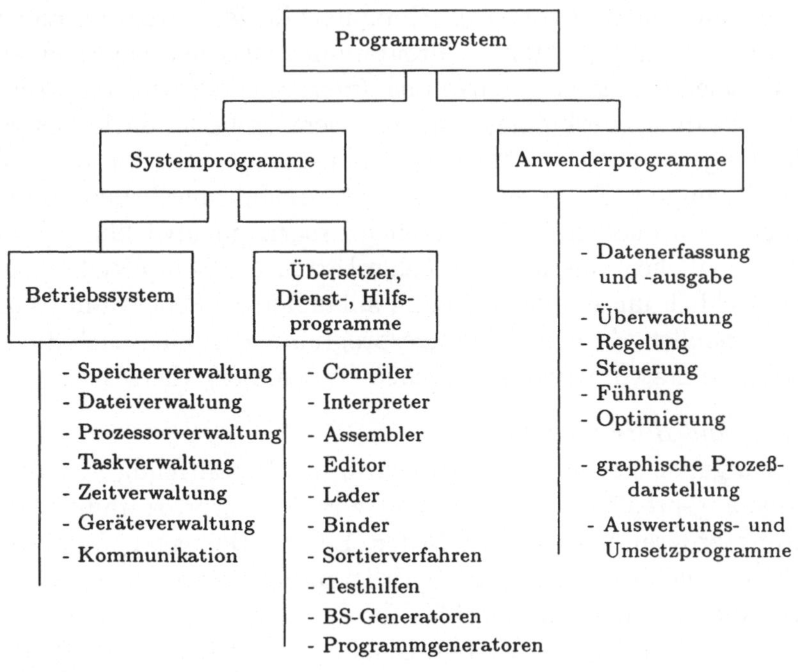

Abbildung 4.1
Programmsystem eines Rechners

Gemäß der entsprechenden Hardware hat jeder Rechner sein eigenes *Betriebssystem* (Systemsoftware, Operating-System), das im allgemeinen vom Hersteller mitgeliefert wird. Seine unterschiedlichen Aufgabenbereiche werden in Abschn. 4.1 ausführlich behandelt.

Wie aus Abb. 4.1 erkennbar, gehört das Betriebssystem eines Rechners zu den *Systemprogrammen*, die zusätzlich noch Übersetzer, Dienst- und Hilfsprogramme beinhalten.

- *Übersetzungsprogramme:*
  Da die Maschinensprache eines Rechners aus einzelnen *Bitkombinationen* besteht, werden umfangreichere Programme sehr selten in Maschinencode geschrieben. Im allgemeinen wird man Programme in sogenannten *höheren, problemorientierten Programmiersprachen* schreiben, die dem Denkprozeß des Menschen mehr entsprechen. Hinter jedem Kommando einer solchen Programmiersprache stehen viele Befehle in Maschinencode. Um die in höheren Sprachen geschriebenen Programme für den Rechner verständlich und damit ausführbar zu machen, benötigt man entsprechende *Übersetzer* (Compiler) für jede Programmiersprache (prozessorabhängig). Manche Programmiersprachen benötigen statt eines Übersetzers einen sogenannten *Interpreter*, dessen hauptsächliches Unterscheidungsmerkmal gegenüber einem Compiler darin besteht, daß er kein eigenes ausführbares Programm erzeugt, sondern *online* bei der Dekodierung des Programms dieses zur Ausführung bringt. Interpreter werden zur schnellen, inkrementellen Programmentwicklung verwendet und ermöglichen eine schnelle Fehlerkorrektur. Compiler benutzt man hauptsächlich um ein eigenständig ablauffähiges Programm (Ablaufcode) zu erstellen. Zu den Übersetzerprogrammen zählen auch die *Assemblierer*, die maschinennahe Sprachen (Assembler) übersetzen.

- *Dienst- und Hilfsprogramme:*
  Ihre Aufgaben liegen hauptsächlich in der Bewältigung von *Standardanwendungsproblemen*. Solche sind z.B. Sortierprogramme, Dateiverwaltungsprogramme, Binder, Lader, Editor, Debugger, Testhilfen etc. Außerdem gehören hierzu noch Programmgeneratoren (siehe Abschn. 4.3.2), die als Programmierhilfen für den Anwender entwickelt wurden und sogenannte Betriebssystem-Generatoren, mit deren Hilfe das vom Hersteller gelieferte Betriebssystem an die vorhandene Gerätekonfiguration angepaßt werden kann.

Einen eigenen Zweig im Programmsystem eines Rechners belegen die Anwenderprogramme. Sie sind speziell auf die zu lösenden Aufgaben zugeschnitten und korrespondieren mit der Rechnerhardware über die Systemprogramme.

– *Anwenderprogramme*
  Die Hardware und das Betriebssystem bieten die Voraussetzung dafür, daß die geforderten spezifischen Anwenderprogramme auf dem Prozeßrechner ablaufen können. Solche Programme, die die gewünschten Automatisierungsfunktionen *ausführen* und damit das Prozeßgeschehen abbilden, nennt man *Automatisierungsprogramme*. Sie sollten benutzerfreundlich und anpassungsfähig geschrieben sein und möglichst aus einzelnen, übersichtlichen Modulen bestehen, so daß sie relativ leicht erweiterbar sind. Programmbibliotheken und das Hinterlegen von häufig verwendeten Funktionen in entsprechenden Makrobefehlen (mehrere Anweisungen, Befehle oder Deklarationen die in einer festen Reihenfolge ablaufen), die dann an gewünschter Stelle ins Programm eingebunden werden, erleichtern das Entwickeln solcher Anwenderprogramme. Sie sind im allgemeinen in einer höheren Programmiersprache geschrieben und müssen vor Ablauf mittels eines Compilers in ablauffähige und vom Rechner akzeptierbare Befehlsfolgen übersetzt werden. Bei Prozeßänderungen müssen auch die Anwenderprogramme entsprechend verändert werden.

Die Unterteilung in Betriebssystemprogramme und Anwenderprogramme hat neben den unterschiedlichen Aufgabenbereichen auch noch den Effekt, daß durch diese klare Trennung innerhalb des Rechners dafür gesorgt wird, daß die Anwenderprogramme keinen Zugriff auf die vom Betriebssystem belegten Daten- und Programmspeicher haben. Dadurch soll verhindert werden, daß Fehler in den Anwenderprogrammen zu einem undefinierten Zustand des Rechners führen oder Standardroutinen zerstört werden können.

Die Aufgabenbereiche für Anwenderprogramme sind sehr vielfältig (siehe auch Kap. 2):

– Datenerfassung und -ausgabe,
– Prozeßüberwachung, -regelung, -steuerung, -führung, -optimierung,
– Graphische Prozeßabbildung,
– Auswertungs- und Umsetzroutinen.

4.1 Echtzeitbetriebssysteme

Die jeweilige Arbeitsweise eines Rechners wird von den Problemen diktiert,
die mit seiner Hilfe bewältigt werden müssen. Im Falle von Rechnern, die
im Bereich der Prozeßautomatisierung eingesetzt werden, heißt das, daß ihre Programmabläufe direkt oder indirekt vom Prozeßgeschehen beeinflußt
werden. Die direkte Einflußnahme erfolgt über die vom Prozeß gesendeten
Alarmsignale, die zu Programmunterbrechungen im Rechner führen. Indirekt wirkt das dynamische Verhalten des Prozesses auf den Rechner durch
Veränderungen der Parameter zur Datenein- und -ausgabe. Aufgrund dieser
Geschehnisse spricht man einerseits von einem *sporadischen* und andererseits
von einem *zyklischen* Betriebsverhalten des Rechensystems (vgl. Plessmann
72).

Die Abarbeitung der zu bewältigenden Aufgaben im Bereich der Prozeßautomatisierung liegt häufig im Millisekundenbereich, um:

- einen reibungslosen Produktionsablauf,
- eine optimale Nutzung der Maschinen und der Rohstoffe
- sowie die Beherrschbarkeit von Gefahrensituationen

gewährleisten zu können.

Ein weiterer Gesichtspunkt bei der Prozeßautomatisierung, insbesondere
bei Kleinserien- und Einzelfertigung, bildet die Fähigkeit des Systems, sich
schnell und flexibel auf andere Produkte und Situationen einstellen zu können. Dies verlangt, daß die Produktionsanlagen ohne große Ausfallzeiten
und mit geringem Aufwand an die neuen Erfordernisse angepaßt werden
können.

Funktionalität, Durchsatz und Ausfallverhalten eines Rechners bzw. eines
Rechensystems werden neben der Hardware entscheidend durch die Eigenschaften des installierten Betriebssystems geprägt. Das Betriebssystem tritt
dabei als „Mittler" zwischen dem Anwender und der Gerätetechnik des
Rechners auf. Es werden heute in starkem Maße Standard-Mikroprozessoren
und -bausteine eingesetzt um die Entwicklungskosten von Software und
Firmware (Systemprogramme, die im Rechner resident vorhanden sind bzw.
Menge aller in einem Prozessor realisierten Mikroprogramme, die den Be-
fehlsvorrat des Prozessors bestimmen) zu reduzieren. Standardisierte, käuf-
liche Betriebssysteme tragen dazu bei, solche Kosten zu senken und ermöglichen es darüberhinaus, vielfältige Programmresourcen (Compiler, Editoren,

E/A-Routinen) von Anfang an für den Anwender des Systems nutzbar zu machen.

4.1.1 Aufbau eines Betriebssystems

Ein Betriebssystem wird gebildet von einer Summe unterschiedlicher Programme und stellt Mechanismen zur Verwaltung und Ablaufsteuerung von Benutzerprogrammen zur Verfügung. Die Ausführung eines Benutzer- oder Betriebssystemprogramms bezeichnet man als *Task*. Ein Task ist somit im Gegensatz zu einem Programm etwas *Dynamisches*.

In der Informatik werden statt „Task" auch häufig die Begriffe *Rechenprozeß* oder *Prozeß* verwendet, was hier jedoch vermieden wird um keine Verwechslung mit dem „technischen Prozeß" aufkommen zu lassen.

Betriebssysteme sind im allgemeinen nach einem sogenannten *Schichtenmodell* aufgebaut (siehe Abb. 4.2), dessen Verhalten nach dem *Abstraktionsprinzip* erfolgt. Das bedeutet, daß die einzelnen Schichten auf Funktionen und Routinen tieferliegender Schichten zugreifen können, ohne deren spezielles Verhalten und programmtechnische Mechanismen zu kennen (vgl. Baumann 72).

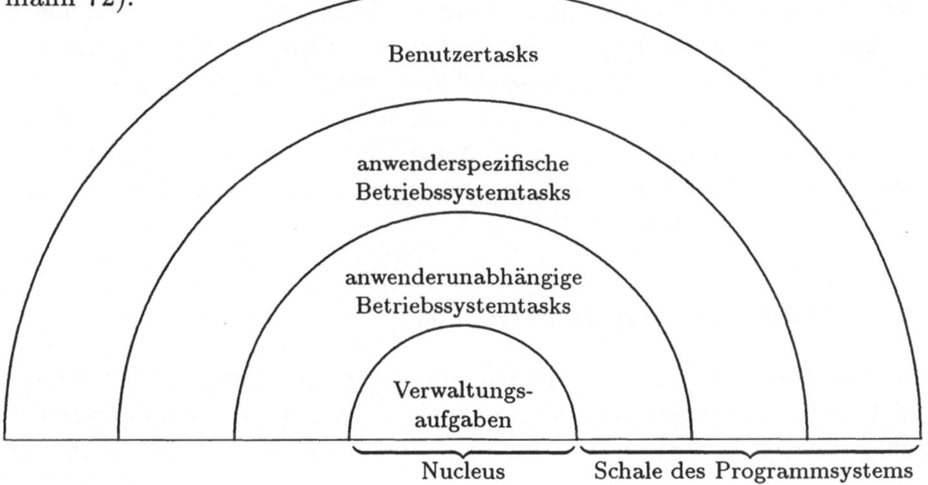

Abbildung 4.2
Schichtenmodell eines Betriebssystems

Die innerste Schicht eines Betriebssystems wird vom *Kern* (Nucleus, Systemkern) gebildet. Dieser ist direkt auf die jeweilige Rechnerhardware zugeschnitten und häufig in einer Maschinensprache geschrieben. Seine wesentlichen Funktionen sind das *Swapping* (Umschalten zwischen den Tasks) und das *Scheduling* (Taskverwaltung), d.h. die zeitliche Zuordnung des Prozessors an die jeweiligen Anwender- bzw. Betriebssystemtasks, die *Verwaltung der Betriebsmittel, Kommunikation und Synchronisation* der einzelnen Programme und die *Unterbrechungsbehandlung*. Die Programme des Nucleus werden oft als *Tasks(Prozesse) 1. Art* bezeichnet. Kennzeichnend für sie ist, daß sie einen zugeteilten Prozessor niemals aus eigener Initiative abgeben und zügig von der ersten bis zur letzten Anweisung durchlaufen. Gestartet werden sie durch Unterbrechungssignale bzw. durch explizite Systemaufrufe. Solche Programme liegen *resident* (d.h. solange das System läuft) im Hauptspeicher und können durch Unterbrechungen höherer Priorität nur angehalten, aber nicht abgebrochen werden (siehe Abschn. 4.2).

Um den Nucleus herum befindet sich die *Schale des Programmsystems*, die sich wiederum in drei Schichten unterteilen läßt. Direkt auf den Nucleus folgen die *anwendungsunabhängigen Betriebssystemtasks*, gefolgt von den *anwendungsspezifischen Betriebssystemtasks* und als äußerste Schicht den *Benutzertasks*. Sie alle werden als *Tasks(Prozesse) 2. Art* bezeichnet. Programme aus diesen Schichten können während ihres Ablaufs den Prozessor abgeben und müssen auch nicht ständig im Hauptspeicher des Rechners liegen. Da für sie in der Regel eine — von den aktuellen Betriebsmitteln unabhängige — *virtuelle Umgebung* definiert wird, erreicht man eine wesentliche Erleichterung bei der Programmierung. In der Praxis wird diese Einteilung allerdings nicht so streng durchgeführt, so daß es sowohl Benutzertasks als Tasks 1. Art als auch Programme des Nucleus als Tasks 2. Art gibt.

4.1.2 Aufgaben eines Betriebssystems

Einem Prozeßrechner sind einzelne Aufgaben zugeteilt, die unabhängig voneinander als Programme ablaufen und vom Betriebssystem *verwaltet* werden müssen (vgl. Hultzsch 81, Baumann 75). Ein Betriebssystem ist zuständig für:

- Taskverwaltung
- Taskkommunikation und-synchronisation
- Speicherverwaltung
- Zeitverwaltung

- Unterbrechungsbearbeitung
- Fehlererkennung und -behandlung
- Prioritätenbehandlung und -überwachung
- Interpretation und Ausführungen von Systemanforderungen
- Verwaltung von Arbeits- und Peripherspeicherplatz
- Zuteilung und Überwachung von Betriebsmitteln unter Verwendung und Verwaltung von Warteschlangen
- Steuerung der Ein-/Ausgabeanweisungen (I/O-Verwaltung)
- Aktivierung und Deaktivierung der einzelnen Aufgaben im Mehrprogrammbetrieb
- Laden und Binden von Programmsequenzen
- Organisation des Ablaufs von Anwenderprogrammen und Bereitstellen der Benutzeroberfläche
- Mitteilung über fehlerhafte Programm- oder Bedienungsanweisungen
- Flexible Konfigurationsfähigkeit (Erweiterbarkeit)

Im folgenden werden solche Aufgaben eines Betriebssystems erläutert, die in Echtzeitbetriebssystemen von besonderer Bedeutung sind.

4.1.2.1 Taskverwaltung

Die Aufgabe der Taskverwaltung liegt darin, den Prozessor den einzelnen Tasks nach einer bestimmten Disziplin (Zeit- oder Prioritätenverfahren) so zuzuordnen, daß wichtige Aufgaben — die entsprechend hohe Prioritäten haben — zuerst abgearbeitet, alle Betriebsmittel optimal ausgenutzt und die Vergabekosten minimal gehalten werden. Das Betriebssystem kann einen Task *erzeugen, starten, beenden, blockieren* oder *abbrechen* (siehe Abb. 4.3). Während sich ein Task im System befindet, hat er zu jedem Zeitpunkt einen definierten *Zustand*. Folgende Zustände und *Zustandsübergänge* sind möglich: *Nicht bekannt* ist ein Task dem System solange, bis er durch einen Erzeuge-Aufruf (1) dem System bekannt gemacht wird. Durch das Erzeugen befindet sich ein Task automatisch im Zustand *bereit*, was bedeutet, daß der Task alle für seinen Ablauf nötigen Betriebsmittel zur Verfügung hat und nur noch auf die Prozessorzuteilung warten muß. Hat der Task die höchste Priorität, so wird ihm der Prozessor zugeteilt (2) und er gelangt dadurch in den Zustand *laufend (aktiv)*. Der Task arbeitet seine Aufgaben solange ab, bis er durch einen der folgenden drei Aktionen aus dem laufenden Zustand verdrängt wird. Ist die Zeitscheibe für diesen Task abgelaufen (3), so wird ihm der Prozessor entzogen und er geht zurück in den Zustand *bereit*. Ist eines seiner benötigten Betriebsmittel belegt oder erreicht er einen Punkt an dem er auf ein Uhrsignal warten muß, so geht er in den Zustand *wartend (ruhend, blockiert)* (4) über. Von diesem Zustand kommt ein Task erst dann wieder in den Zustand *bereit* (5), wenn alle Ereignisse, die ihn blockiert hatten, eingetreten sind und nur noch die Prozessorzuteilung fehlt. Hat der Task all seine Aufgaben abgearbeitet, so beendet er sich selbst (6).

Bei Taskunterbrechungen muß das Betriebssystem meist auf andere Tasks umschalten, was mit *Taskswitch* bezeichnet wird. Die dazu nötigen Informationen für das System stehen im sogenannten *Task Control Block* (TCB). In diesem speziellen Speicherbereich stehen, Name, Art, Priorität, Betriebsmittelbedarf, Laufparameter (Taskzustand, Prozessorzustand, Befehlszähler, verbrauchte Rechenzeit) und Verwaltungsdaten (wie Verkettung der TCBs in den Warteschlangen).

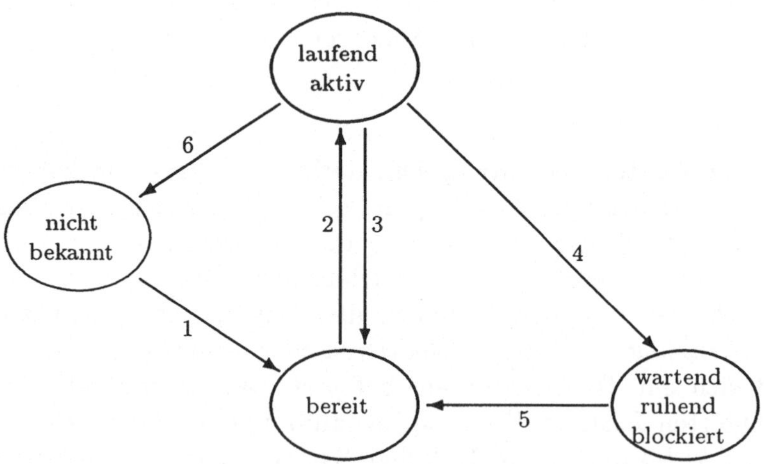

1. Taskerzeugung
2. Task hat höchste Priorität
3. Zeitscheibe für Task ist abgelaufen
4. Task wartet auf ein Ereignis
5. Das Ereignis ist eingetroffen
6. Task beendet sich selbst

Abbildung 4.3
Kurzbeschreibung der Zustandsübergänge (näheres siehe Text)

4.1.2.2 Kommunikation und Synchronisation

Unter *Synchronisation* versteht man die Koordinierung der Aktivitäten *datenabhängiger Tasks* unter Berücksichtigung einer bestimmten festen Reihenfolge. Dazu gehören sowohl Zugriffe auf Betriebsmittel als auch auf gemeinsam benutzte Daten.

Die *Kommunikation* der einzelnen Tasks untereinander ist stets mit einer Synchronisation verbunden, da bei einer Nachrichtensendung von einem Task zu einem anderen eine richtige zeitliche Abstimmung der beiden Tasks stattfinden muß (vgl. Wettstein 84). Eine Kommunikation versteht sich als Synchronisation mit angehängtem Datentransport während eine Synchronisation eine Kommunikation mit leerer Nachricht darstellt.

Ein zentrales Problem der Synchronisation ist die Vermeidung von *Verklemmungen* (deadlock). Solch ein Konflikt tritt bei der *wechselseitigen* Benutzung von Betriebsmitteln durch mehrere Tasks auf und läßt sich folgendermaßen charakterisieren: Ein Task ist im Besitz eines Betriebsmittels A und benötigt im weiteren Verlauf das Betriebsmittel B, welches jedoch im Moment im Besitz eines anderen Tasks ist. Letzterer benötigt seinerseits das Betriebsmittel A, um seine Verarbeitung fortsetzen zu können. Das Ergebnis ist, daß keiner der Tasks mehr weiter arbeiten kann, da beide auf die gegenseitig gehaltenen Betriebsmittel warten. Eine einfache, jedoch nicht immer günstige Strategie zur Vermeidung von Verklemmungen erhält man dadurch, daß die einzelnen Tasks die benötigten Betriebsmittel auf einmal im voraus anfordern müssen. Dies kann man durch das Verwenden von sogenannten *Semaphoren* (s. auch Kap. 6) realisieren. Eine weitere Möglichkeit einen solchen Systemzustand zu vermeiden, ist das Einführen einer Ordnung auf den zur Verfügung stehenden Betriebsmitteln. Dadurch wird der Zugriff eindeutig geregelt.

4.1.2.3 Speicherverwaltung

Man unterscheidet *drei verschiedene Speicherbereiche* (auch *Speicherhierarchie* genannt), die alle von der Speicherverwaltung betreut werden müssen.

Die *erste Stufe* bildet der, aus Abschn. 3.4.3 bereits bekannte, *Hauptspeicher*, der zur Zentraleinheit eines Rechners gezählt wird. Er steht in direktem Kontakt zum Rechenwerk und dient zur Aufnahme von Programmen und Daten, die im Augenblick zur Bearbeitung benötigt werden. Er wird deshalb als *Primärspeicher* bezeichnet und kann durch *Festspeicher*,

Schnellspeicher, Kellerspeicher oder *Cache-Speicher* (Pufferspeicher) weiter ergänzt werden. Unter Verwendung eines *virtuellen Speichers* kann man den Adressbereich des Arbeits- oder Hauptspeichers noch zusätzlich erweitern, was aber natürlich auch zu höherem Verwaltungsaufwand führt (vgl. Krückeberg 90).

Weitere Daten und Programme werden der Zentraleinheit eines Rechners über die Direktzugriffsspeicher, d.h.*Magnetplattenspeicher* mit auswechselbaren Platten (Disketten), festen Platten (*Winchesterspeicher*) oder großen *Magnetplattenstapeln* zur Verfügung gestellt. Da es sich dabei um Speicher der „zweiten Hierarchiestufe" handelt, werden sie als *Sekundärspeicher, äußere, externe* oder *periphere Speicher*, manchmal funktionsbezogen auch als *Zubringer-, Hintergrund-* oder *Backup-Speicher*, bezeichnet (vgl. Abschn. 3.4.5.3, Speicherperipherie).

Die „dritte Hierarchiestufe" der Speicher bilden die *Tertiärspeicher.* Hierbei handelt es sich um Speichermedien die zur Langzeitarchivierung von Daten und Programmen geeignet sind, wie *Magnetbänder* oder *optische bzw. photographische Speicher* (Mikrofilme).

Je mehr Speicherkapazität auf einem Speichermedium vorliegt, desto höher ist auch die Zugriffszeit auf die dort liegenden Daten, so daß es die *Aufgabe der Speicherverwaltung* ist, die Daten *kosten- und zeitgünstig* abzulegen bzw. anzusprechen. Dabei muß sie den Zugriff mehrerer Tasks auf dieselben Daten koordinieren und im Arbeitsspeicher dafür sorgen, daß jeder Task einen eigenen Speicherbereich, für seine Daten, zur Verfügung gestellt bekommt. Dieser darf dann nicht von den anderen Tasks beschrieben werden.

Verwaltungsstrategien für den Haupt- und Hintergrundspeicher sind z.B. *First Fit* und *Best Fit,* die die Adresse und Größe der freien Speicherplätze in Tabellen führen und die einzelnen Daten (meist zu Blöcken zusammengefaßt) entweder in den *ersten* freien Platz einweisen, der groß genug ist (First Fit) oder aber in den ersten freien Platz, der *gerade groß genug* ist (Best Fit). Es gibt auch noch Mischverfahren, die darauf abzielen die Verwaltung und die freibleibenden Speicherstücke zu optimieren. Bei der Verwaltung des virtuellen Adreßraumes — er stellt eine Kopie des Hintergrundspeichers dar und wird vom Prozessor angesprochen (s. auch Kap. 6) — unterscheidet man grundsätzlich zwischen *Segmentierung* und *Seitenadressierung.*

Bei der *Segmentierung* wird der Speicherbereich je nach Daten- bzw. Programmlänge in Teile variabler Länge (*Segmente*) zerlegt. Die Anfangsadressen der Daten- und Codesegmente (logisch zusammengehörende Blöcke *variabler Größe*) werden in speziellen Registern gehalten. Über diese lassen sich die physikalischen Adressen von Daten- bzw. Programmanfängen errechnen. Die Speicherverwaltung kann hierbei versuchen, neu einzulagernde Programme und Daten in das jeweils kleinste aber gerade noch genügend große Segment abzulegen. Dadurch wird der ungenutzte Speicherplatz minimiert, der Verwaltungsaufwand aber durch die Berechnung der tatsächlichen physikalischen Adressen von Daten und Programmen erhöht. Bei Fehlern in der Programmierung bzw. im Betriebssystem tritt hierbei zuweilen der sogenannte *Segmentationfault* auf.

Bei der *Seitenadressierung (Paging)* wird der Speicherbereich in Teile *fester Länge (Seiten)* zerlegt. Daten und Programme werden auf ganze Seiten aufgeteilt. Es wird nur ein Daten- bzw. Programmbereich pro Seite geschrieben, so daß gegebenenfalls große Teile einer Seite unbenutzt bleiben. Der Verwaltungsaufwand ist gegenüber der Segmentierung geringer, da, bei Anforderung von Daten, einfach die entsprechenden Seiten in den Hauptspeicher geladen werden. Der sogenannte *Speicherverschnitt* ist jedoch höher. Werden zuviele Seiten in sehr kurzer Zeit vom Hauptspeicher ein- bzw. ausgelagert so kann es zum sogenannten *Swapping-Effekt* kommen, d.h., daß das System mehr mit der Ein- und Auslagerung beschäftigt ist als mit dem Verarbeiten der Daten. Wird eine Seite angefordert die fehlerhaft oder nicht vorhanden ist, so meldet sich das System mit einem *Pagefault.*

Beide Verwaltungsstrategien können auch zu Mischverfahren vereinigt werden, um die jeweiligen Vorteile zu nutzen und die Nachteile zu minimieren.

In den Aufgabenbereich der Speicherverwaltung fällt auch die *Dateiverwaltung,* die den gesamten Speicherplatz auf den Sekundär- und Tertiärspeichern verwaltet. Zu ihren Aufgaben gehört:

- Lokalisierung von Dateien, die von den einzelnen Tasks angefordert werden;
- Zuweisung von Speicherplatz an Tasks, die neue Dateien anlegen wollen;
- Übersicht über alle bisher angelegten Dateien und montierten Datenträger.

Zur Wahrnehmung dieser Aufgaben legt die Dateiverwaltung zu jeder Datei den sogenannten *Dateideskriptor* an, der u.a. den Namen, die Adresse, die

Organisationsform und den Status der Datei enthält. Die Dateiverwaltung ist unmittelbar an der Ausführung folgender Dateikommandos beteiligt: *Anlegen, Öffnen, Löschen, Schließen.*

4.1.2.4 Zeitverwaltung

Ein Echtzeitbetriebssystem muß in der Lage sein, die einzelnen Abläufe (Tasks) zeitgesteuert auszuführen (z.B. starten und beenden von Tasks, Werte abfragen und ausgeben etc). Dafür benötigt es einen *Absolutzeitgeber,* der ein entsprechendes Uhrzeitregister richtig versorgt und gegebenfalls zu festen Uhrzeiten der Zentraleinheit Signale schickt (Absolutzeitimpulse), woraufhin diese bestimmte Aktionen ausführt. Der Absolutzeitgeber wird außerdem zur Realisierung zeitlicher Protokollierung (Kontrollfunktion) eingesetzt. Zusätzlich besteht die Möglichkeit einen *Differenzzeitgeber* zu implementieren, der dann von einem Task aus gestartet wird und mit entsprechender Voreinstellung und fester Taktfrequenz arbeitet. Der Task kann während seiner Laufzeit immer wieder die Differenzzeit abfragen (vgl. Abschn. 3.4.5.2). Eine Anwendung für die Differenzzeitgeber ist z.B. das zyklische Abarbeiten von Aufgaben in fest definierten Zeitintervallen.

Zusätzlich kann die Zeitverwaltung noch die Einhaltung von Zeitschranken für einzelne Tasks überwachen.

4.1.2.5 Unterbrechungsbearbeitung

Während eines Prozeßablaufes kann es zu Störungen kommen, auf die, von der Rechnerseite her, *sofort* zu reagieren ist. Zeitverzögerungen könnten dabei zu gefährlichen Prozeßzuständen führen. Aus diesem Grund kommt dem *Programmunterbrechungssystem* eine erhöhte Bedeutung zu. Es ist ein *charakteristisches Merkmal für ein Echtzeitbetriebssystem* und damit auch für einen Prozeßrechner.

Für eingetroffene Unterbrechungsanforderungen hat ein Prozeßrechner eine eigene *Unterbrechungsverwaltung,* die nach Erhalt eines Unterbrechungsimpulses (*Interrupt*) entsprechende Programme *schnell* zu stoppen hat. Anschließend müssen wichtige Daten gerettet und höherpriore Programme aktiviert werden. Auslöser einer solchen Unterbrechung sind z.B. *Alarmmeldungen, Kontaktendstellungen, Zeitmeldungen und Bereitmeldungen von E/A-Geräten.* Sie alle fordern den Start einer *Unterbrechungs-/Interrupt-Routine,* die dafür sorgen muß, daß alle wichtigen Daten in speziell dafür vorgesehenen *Registern* gerettet und erst danach höherpriore Programme gestarten werden. Den verschiedenen Unterbrechungen sind unterschiedliche Prioritäten zugeordnet. Es besteht die Möglichkeit, daß mehrere Unterbrechungen gleichzeitig, bzw. in kurzen Abständen auftreten. In solchen Fällen werden sie geschachtelt und gemäß ihrer Priorität seriell abgearbeitet. Um bestimmte, wichtige Programmabläufe nicht zu unterbrechen, gibt es die Möglichkeit, sogenannte *Unterbrechungs-/Interruptmasken* zu setzen, die vorübergehend eine Unterbrechung verhindern.

Beim Auftreten einer Unterbrechung, die durch ein *Alarmsignal* an das Betriebssystem gemeldet wird, muß das System sofort mit der Verdrängung des laufenden Tasks und dem Starten zugehöriger Interruptroutinen (Interrupttasks) antworten. Das Betriebssystem muß beim Auftreten einer Unterbrechung folgende Aktionen zeitgerecht ausführen:

1. Zwischenspeicherung des Unterbrechungswunsches in entsprechenden Registern
2. Ermittlung der Priorität des Unterbrechungssignals und dessen Weiterleitung an das Leitwerk
3. Vergleich der Unterbrechungspriorität mit der des laufenden Tasks und gegebenenfalls diesen verdrängen
4. Sperren weiterer Unterbrechungen durch das Setzen von bestimmten Maskierungsbits
5. Retten der Informationen über den bisher laufenden Task (Befehlszähler, Dateninhalte, Zustand etc)
6. Starten der Unterbrechungsantwort mittels entsprechender Programmroutinen
7. Erlauben weiterer, höherpriorer Unterbrechungen durch das Rücksetzen der Maskierungsbits von Punkt 4
8. Nach Abarbeitung der Unterbrechung mit normalem Programmablauf fortfahren

Daraus ergibt sich für die *Reaktionszeit* einer Unterbrechungsbearbeitung die Summe aus folgenden Einzelzeiten:

T1: *Durchlaßzeit*, die Zeit, die benötigt wird, um vom Zeitpunkt des Auftretens der Unterbrechung zum Leitwerk durchzuschalten

T2: *Latenzzeit*, die Zeit, die benötigt wird um den laufenden Task abzubre-
chen (da das nicht an jeder beliebigen Programmstelle möglich ist)
T3: *Erkennungszeit*, die Zeit, die bis zum Aufruf der richtigen Unterbre-
chungsroutine (Unterbrechungserkennung und Zuordnung) vergeht
T4: *Ausführungszeit*, die Zeit, die die Unterbrechungsroutine benötigt
T5: *Rückkehrzeit*, die Zeit, die vom Ende der Antwortroutine bis zum ersten
Befehlsstart des nächsten regulären Tasks vergeht

Die *Steuerung des Zustandswechsels*, die *Reaktionszeit* und die *Anzahl der
Ebenen* charakterisieren ein Unterbrechungssystem. Die Anzahl der Ebenen
gibt an, wieviele unterschiedliche Prioritäten hardwaremäßig vom System
erkannt und behandelt werden können. Mittels eines Dekoders kann die zur
Unterbrechung gehörende Anfangsadresse der Antwortroutine festgestellt
werden, so daß diese sofort ausführbar ist. Die Startadresse eines Unterbrechungsprogramms wird als *Interruptvektor* (Unterbrechungsvektor, Pro-
grammstatuswort) bezeichnet. Die Daten, die nach Beendigung der Unterbrechung zum Wiederanlauf des unterbrochenen Programms benötigt werden, müssen in *Zustandsregistern* (Programmstatusregister, Prozessorsta-
tusregister) abgelegt werden. Diese stehen in einem eigens dafür angelegten
Speicherbereich, der als *Kellerspeicher* (Stack) oder in Tabellenform orga-
nisiert sein kann. Die obersten Elemente des Kellers legen den Status des
zuletzt unterbrochenen Programms fest.

Nach *Beendigung des Unterbrechungsprogramms* wird der Zustand des bislang unterbrochenen Programms (Task) wieder in den Prozessor geladen
und der ursprüngliche Task wird fortgesetzt.

Bei einem Mikrorechner bestehen die Hardware-Elemente meist aus *Flip-
Flops*, die zum Speichern und zum Maskieren der Unterbrechungsmeldung
dienen, und gegebenfalls noch einem Register mit der Anfangsadresse des
zu startenden Antwortprogramms (siehe Abb. 4.4). Werden mehrere Unterbrechungen vom System aus zugelassen, so wird an die FlipFlops noch
ein *Prioritätsnetz* angeschlossen, das die hardwaremäßige Speicherung und
Prioritätsabarbeitung der Unterbrechungsmeldungen sicherstellt (genaueres
s. Martin 81 Kap. 2.2.7).

Die verschiedenen Unterbrechungsarten lassen sich aus der Sicht des Betriebssystems in *zwei Klassen* aufteilen, wobei jedoch häufig umgangssprachlich für beide nur der Begriff *Interrupt* verwendet wird:

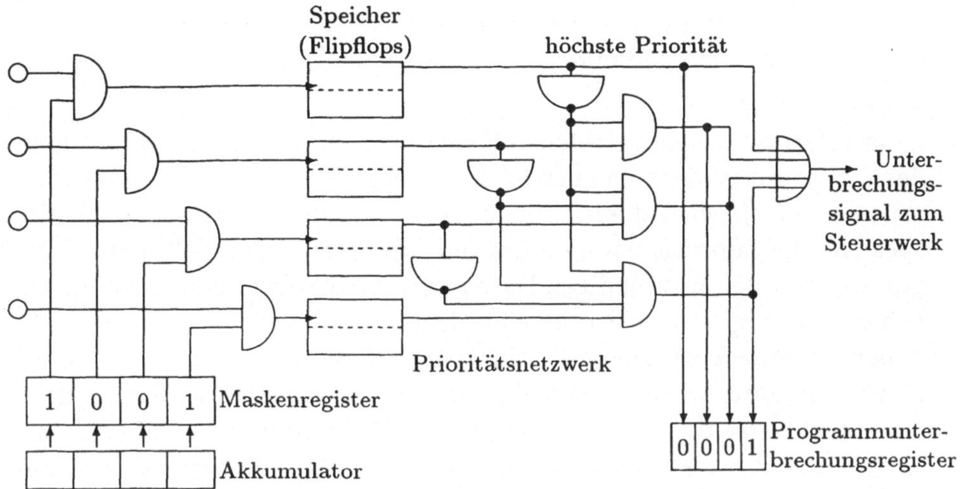

Abbildung 4.4
Aufbau einer Unterbrechungslogik mit einem Prioritätsnetzwerk (vgl. Martin 81 Kap.
2.2.7). Eine 0 im Maskenregister sperrt diesen Unterbrechungseingang.
O = Unterbrechungseingänge

- *Traps* sind Unterbrechungen, die aus dem laufenden Programm heraus bzw. vom Rechner selbst kommen, man spricht auch von einer
synchronen Unterbrechung. Hierzu gehören der *Datenüberlauf, Spei-
cherplatzüberschreitungen, Datenfehler* (etwa durch Division durch
Null), *Übertragungsfehler,* (fehlende Quittungen, Paritätsfehler, Adres-
sierungsfehler), *Warten* auf bestimmte Ereignisse, *Programmstart-* bzw.
Programmendemeldungen oder auch für Schreib-/Lesezugriffe auf vorher
festgelegte Adressen (Testhilfen).
- *Interrupts* sind Unterbrechungen, die von nebenläufigen Geschehnissen,
externen Geräten oder Maschinenfehlern ausgelöst werden, sogenannte *asynchrone Unterbrechungen.* Zum einen sind das all jene Unterbrechungen, die vom Bedienungspersonal über entsprechende *Eingabe-
mechanismen* durchgeführt werden (Stop-, Starttastenbetätigung, Ta-
statureingaben) und zum anderen alle Arten von *Notfällen.* Das sind
dann z.B. Prozeßalarme durch Grenzwert- oder Bereichsmelder, Meldungen über gefährliche Umweltbedingungen wie Luftfeuchtigkeit, Tem-
peraturüberschreitung etc. Ebenso gehören hierzu alle Gerätedefektmeldungen und Stromausfälle.

Auf ein Unterbrechungssignal wird mit einer der folgenden *drei Reaktionen* geantwortet (*Antwortprogramme*):

- *Programmabbruch*
  Falls aufgrund des aufgetretenen Fehlers eine Weiterführung des laufenden Programms nicht möglich ist (bei Datenfehlern, unzulässigen Operationen, etc.), wird dieses vom Betriebssystem aus abgebrochen. Ein spezielles Organisationsprogramm versorgt entsprechende Standardprogramme mit den notwendigen Daten und startet sie (Bedienmeldungen, Fehlersuchprogramme, Protokollausdrucke usw.)
- *Programmunterbrechung mit Programmwechsel*
  Durch ein Unterbrechungssignal an das Betriebssystem wird das bisher laufende Programm unterbrochen, sein Zustand und seine Daten in entsprechende Register gerettet und ein höherpriores Programm zur Unterbrechungsbearbeitung gestartet. Nach dessen Beendigung läuft das zuvor unterbrochene Programm ordnungsgemäß weiter (Standardfall in der Prozeßautomatisierung).
- *Programmunterbrechung ohne Programmwechsel*
  Wenn das laufende Programm nur Informationen übernehmen soll, z.B. Fertigmeldungen von E/A-Geräten, Geräteanforderungen oder Zeitimpulse, so muß es kurzzeitig unterbrochen und angehalten werden, um die entsprechenden Bits oder Bytes zu übernehmen. Anschließend läuft es weiter, ohne daß ein Programmwechsel stattfinden mußte.

Die Schnelligkeit, mit der ein Betriebssystem auf eingetretene Unterbrechungen reagiert, sowie die dazugehörigen Zustandswechsel sind ein Maß für die Güte und Zuverlässigkeit des Betriebssystems und dafür, inwieweit es im Bereich von Echtzeitanwendungen eingesetzt werden kann. In der Praxis zeigt es sich, bedingt durch die gestiegene Leistungsfähigkeit allgemeiner Betriebssysteme und der Prozessoren, daß nicht in jeder Anwendung der Prozeßautomatisierung spezielle Echtzeitbetriebssysteme notwendig sind.

4.1.2.6 Fehlerbehandlung

Während des Ablaufs der einzelnen Tasks können unterschiedliche Fehler auftreten: Bereichsüberschreitungen, Datenfehler (Division durch Null), Ausfall von Betriebsmitteln usw. Das Betriebssystem enthält Fehlerroutinen, die in der Lage sein sollten festzustellen, wo ein Fehler aufgetreten ist und dafür sorgen, daß alle daran nicht beteiligten Tasks ungestört weiterlaufen können (*error isolation*).

Falls die entsprechenden Fehlerroutinen die Störung selbst wieder beheben können (z.B. durch Umleiten der Anforderungen auf andere Geräte, Speicherrekonfiguration), sollten alle Systemeinheiten wieder normal weiterarbeiten (*error recovery*), unter bestimmten Umständen auch mit verminderter Leistungsfähigkeit.

4.1.3   Echtzeitbetrieb (Realzeitbetrieb)

Beim Echtzeitbetrieb sind mit der Verarbeitung eines Auftrags strenge Zeitbedingungen verbunden. Nicht immer dreht es sich dabei um *Schnelligkeit*, sondern es müssen bestimmte Aufgaben zu *festen Zeitpunkten* bzw. in *fest vorgegebenen Zeitschranken* erledigt werden. Dabei ist der zeitliche Bereich von der jeweiligen Anwendung abhängig. So sind z.B. Temperaturregelungen i.a. relativ zeitunkritisch, Antriebsregelungen dagegen fordern eine Reaktionszeit die im Millisekundenbereich liegt. Die typische Reaktionszeit von automatisierten Prozessen liegt zwischen 10 und 1000 ms.

Ein Echtzeitbetriebssystem muß also für seine jeweiligen Aufgaben richtig zugeschnitten sein und man sollte vielleicht deshalb den Begriff der *Echtzeit* durch den Begriff der *Rechtzeit* (vgl. Keppke 92) ersetzen.

Das Betriebssystem eines Prozeßrechners, der im Echtzeitbetrieb arbeiten soll, muß *drei* wesentliche Eigenschaften aufweisen (vgl. Schnieder 86):

1. *Aktive Rechtzeitigkeit*: Aufgrund bekannter, meist zyklischer Abläufe, deren Zeitpunkte er über einen Zeitgeber erhält, muß der Rechner bestimmte Programme *starten, blockieren* oder *beenden, Daten ein-* und *ausgeben* sowie periphere Geräte anstoßen.
2. *Passive Rechtzeitigkeit*: Der Prozeßrechner muß in der Lage sein, auf unvorhergesehene Ereignisse (Alarmmeldungen) *sofort* zu reagieren, d.h. entsprechende Programme unterbrechen und sogenannte *Unterbrechungsroutinen* starten.
3. *Simultanverarbeitung*: Der Prozeßrechner muß in der Lage sein, eine echte Parallelarbeit von Peripherie und Zentraleinheit zu leisten, d.h. bei gleichzeitigem Auftreten mehrerer Bedienungsanforderungen eine Bearbeitungsreihenfolge festlegen und für diese die Bedienung vornehmen (Koordination und Synchronisation). Man spricht in diesem Zusammenhang von einer *Simultanarbeit erster Art*.

Auf einem Rechner laufen im allgemeinen mehrere Programme (Tasks) mit unterschiedlichen Aufgabenbereichen (Multi-Programming), so daß sich diese, mittels unterschiedlicher Mechanismen (Prioritäten, Round Robin RR, First Come First Served FCFS etc), die Zentraleinheit teilen müssen. Man spricht dann von einer *Simultanarbeit zweiter Art*.

Um die Aufgabenbereiche eines Betriebssystems vollständig zu beschreiben, ist noch die *Vordergrund-* und *Hintergrundverarbeitung* zu betrachten. Die *Vordergrundprogramme*, das sind jene, die sich mit dem eigentlichen Prozeßgeschehen befassen, d.h. sie sind *prozeßaktiv*, (z.B. Unterbrechungsbearbeitung, zyklische Prozeßbearbeitung, Initiierung von Betriebssystemdiensten wie dem *Supervisorcall* SVC), sind nach Prioritäten gestaffelt. Die *Hintergrundverarbeitung* kennt keine Rangfolge dieser Art und dient zur Auslastung des Rechners und ist damit *prozeßinaktiv*. Ihre Teile werden immer dann ausgeführt, wenn der Prozessor gerade Zeit zur Verfügung stellt. Der Rechner wird dadurch optimal ausgenutzt.

4.1.4 Beispiele für Echtzeitbetriebssysteme

4.1.4.1 Das PEARL-Betriebssystem

Um die Programmiersprache PEARL (s. Abschn. 4.3) als Echtzeitsprache für Prozeßrechner optimal zu nutzen, wurde das PEARL-Betriebssystem PBS entwickelt, das von Rössler 1978 und Bätz 1984 ausführlich beschrieben wurde. Gemäß der bekannten Aufgaben eines Echtzeitbetriebssystems wird das PBS im folgenden kurz vorgestellt (vgl. Schneider 90).

Das PBS erfüllt eine Reihe von Aufgaben, die die Struktur der Programmiersprache PEARL unterstützen. Das sind

- die Steuerung des parallelen Taskablaufs,
- die Synchronisation der einzelnen Tasks untereinander,
- die Verwaltung von E/A-Aufträgen und ein mehrprozessorfähiges Dateiverwaltungssystem,
- die Verwaltung und Abarbeitung von Programmstarts zu bestimmten Zeitpunkten oder aufgrund bestimmter Ereignisse (*hier als Einplanungen bezeichnet*)
- die Verwaltung von Interrupts und PEARL-Signalen,

Die Abb. 4.5 zeigt graphisch die in PEARL möglichen Taskzustände und Zustandsübergänge (vgl. Bätz 84, Frevert 85, Schneider 90).

Der verwendete Begriff der *Fremdterminierung* steht für das Beenden eines Tasks durch einen anderen, *Selbstterminierung* beschreibt das Beenden

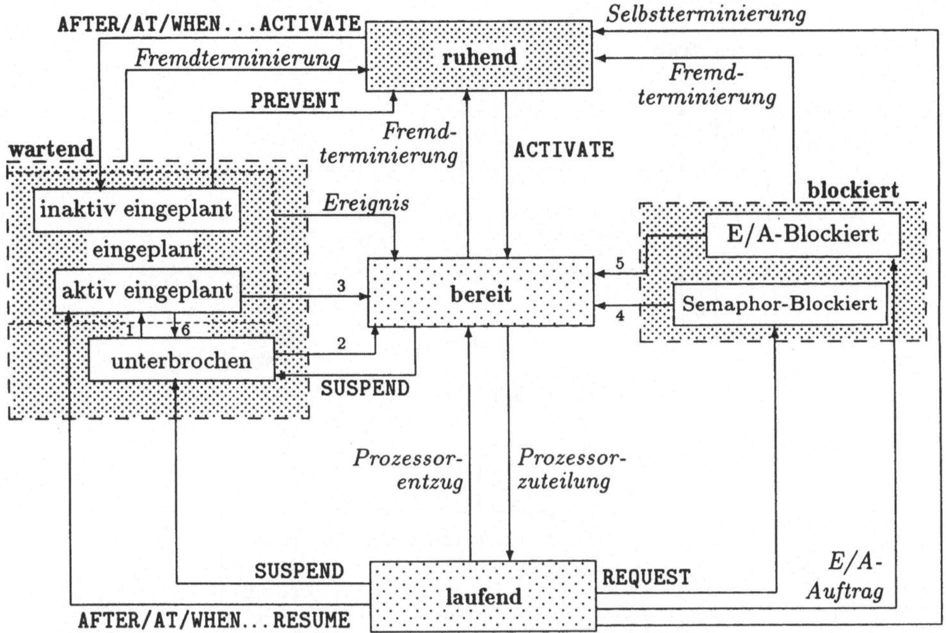

Abbildung 4.5
Taskzustände und und ihre Übergänge im PEARL-Betriebssystem
1: AFTER/AT/WHEN...CONTINUE; 2: CONTINUE; 3: *Ereignis*; 4: RELEASE; 5: *E/A-Ende*; 6: PREVENT

des Tasks durch das Erreichen seines Befehlsendes mit TERMINATE (auf sich selbst bezogen). Bei den an zwei Pfeilen angebrachten Beschriftungen *AFTER/AT/WHEN...RESUME bzw. ACTIVATE* handelt es sich um entsprechende PEARL-Befehle die die entsprechenden Zustandsänderungen/ -übergänge im PBS auslösen.

Da das PBS ein *statisches Auftragskonzept* besitzt, d.h., daß es mit allen Tasks gestartet wird und ein Nachladen weiterer Tasks, also eine dynamische Erweiterung des Systems, nicht möglich ist, gibt es keine Taskzustände vor dem Zustand „ruhend". In diesem Zustand befindet sich ein Task vor seinem Start und nach seinem Ende. Kein Task kann das System verlassen.

Das PBS besteht aus mehreren Bausteinen, die miteinander kommunizieren (siehe Abb.4.6).

Bei Neustart des PEARL-Betriebssystems wird zunächst eine Initialisierungsroutine aufgerufen, die die *PBS-Verwaltungsstrukturen* aufbaut. Zu diesen Verwaltungsstrukturen gehören z.B. Semaphorverwaltungsblöcke,

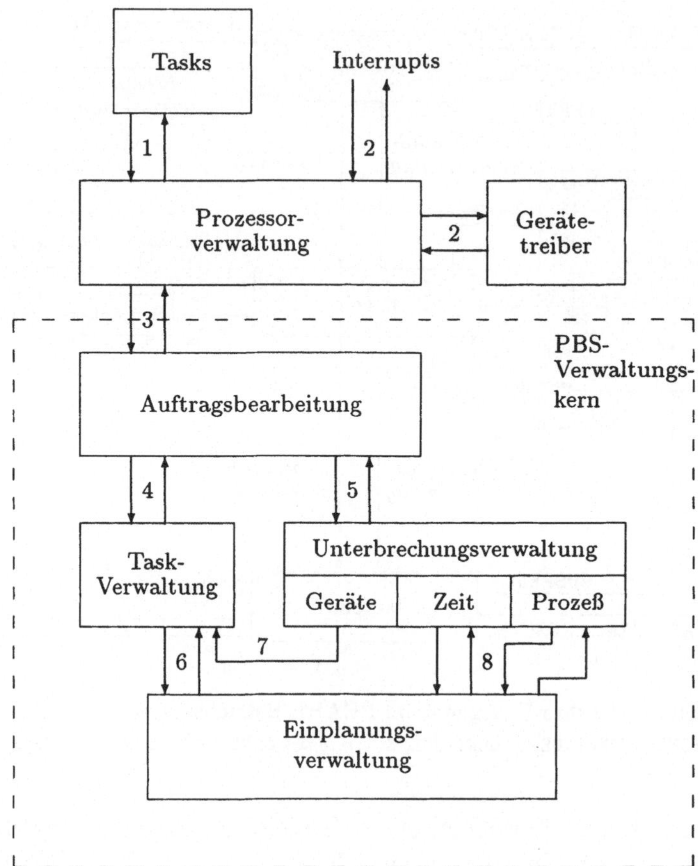

Abbildung 4.6
Zusammenspiel der Bausteine des PEARL-Betriebssystems

Initialisierungs- und Interruptliste, Taskverwaltungsblöcke — die Zustand,
Priorität, Programmzähler etc. beschreiben — Geräteverwaltungsblöcke,
Gerätenummer und Statuswort sowie Auftragsparameterblöcke, die u.a.
Zeiger auf die entsprechenden Verwaltungsblöcke enthalten. Anschließend
wird ein sogenannter *Starttask* aktiviert der verschiedene Betriebssystem-
aufrufe absetzen kann. Danach arbeiten die einzelnen Bausteine wie folgt
zusammen.

Prozessorverwaltung: Nach einem entsprechenden Algorithmus teilt sie die CPU den *Subsystemen, Tasks, Gerätetreibern* oder dem *Betriebssystemkern PBS* zu. Insbesondere leitet sie sowohl die Aufträge von Tasks **(1)** als auch die relevanten Unterbrechungen (Gerätefertigmeldungen, Zeit- und Prozeßinterrupts) **(2)** an die *Auftragsbearbeitung* des PBS weiter **(3)**.

Hat das PBS alle Aufträge erledigt, teilt die Prozessorverwaltung die CPU entweder dem unterbrochenen Objekt **(2)** (z.B. Treiber) oder dem höchstprioren Task **(1)** zu. Lag weder Fall (1) noch Fall (2) vor, versetzt sie das PBS in den Zustand „active wait" wo es auf weitere Aufträge wartet. Solche Aufträge können nur über Interrupts neu hinzukommen. Sind keine Aufträge mehr eingeplant, so gilt das Anwenderprogramm als beendet.

Auftragsbearbeitung: Sie verteilt vorliegende Aufträge, je nach ihrer Herkunft, entweder an die *Taskverwaltung* **(4)** oder an die *Unterbrechungsverwaltung* **(5)**. Aufträge, die von Interrupts kommen, werden dabei bevorzugt behandelt. Da neue Aufträge hinzukommen können, während das PBS in unterbrechbaren Codestücken läuft, kehrt die Auftragsbearbeitung erst dann wieder über die Prozessorverwaltung zum Subsystem *Tasks* zurück, wenn kein weiterer Auftrag mehr vorliegt.

Taskverwaltung: Sie erledigt durch Ein-/Ausketten der betreffenden *Taskkontrollblöcke* in/aus prioritätsorientierten Warteschlangen alle „einfachen" Taskaufträge, wie z.B. Aktivieren, Fortsetzen, Suspendieren, Blockieren und Terminieren von Tasks. Sie sorgt auch für das Weiterleiten von E/A-Aufträgen an Gerätetreiber und das Einketten in eine entsprechende Gerätewarteschlange.

Alle Taskaufträge, die Zeiteinplanungen (Absolut- oder Relativzeit, einmalig oder zyklisch) betreffen sowie Einplanungen von Interrupts der Prozeßhardware, gibt die Taskverwaltung an die *Einplanungsverwaltung* weiter **(6)**.

Einplanungsverwaltung: Einerseits bekommt sie Aufträge von der *Taskverwaltung*, wobei Tasks in eine Zeitliste bzw. in eine Prozeßinterruptliste eingetragen werden und nötigenfalls ein Hardware-Treiber aktiviert wird.

Andererseits prüft sie beim Eintreffen eines Interrupts (der von der *Unterbrechungsverwaltung* kommt) für welche Tasks *Zeit- bzw.*

Prozeßinterrupt-Einplanungen ganz oder teilweise abgelaufen sind. Diese Tasks übergibt sie dann der *Taskverwaltung* zur Fortsetzung bzw. kettet sie bei kombinierten oder zyklischen Einplanungen erneut in eine der Listen ein.

Unterbrechungsverwaltung: Sie besteht aus drei Teilen, die jeweils einen Interrupttyp bearbeiten: Die *Geräteverwaltung* stellt fest, für welchen Task eine Gerätefertigmeldung eingetroffen ist und übergibt diesen Task zur Fortsetzung an die *Taskverwaltung* (7). Die *Zeitverwaltung* und die *Prozeßinterruptverwaltung* prüfen, ob überhaupt entsprechende Einplanungen vorliegen und überlassen gegebenenfalls weitere Maßnahmen der *Einplanungsverwaltung* (8).

4.1.4.2 Ein Echtzeitbetriebssystem für den Einsatz bei Spektralanalysen

Das folgende Beispiel zeigt den Einsatz eines Echtzeitbetriebssystems für die Spektralanalyse eines analogen Eingangssignals. Es wurde von einem realen Spektralanalysator abgeleitet und entsprechend vereinfacht.

Der Analysator besteht aus einem Mikroprozessor mit Speicher und Peripherie, wie z.B. einem Diskettenlaufwerk zum Abspeichern von Ergebnissen, einem Graphikbildschirm und der Tastatur. Zusätzlich ist ein A/D-Wandler vorhanden, mit dem das Eingangssignal digitalisiert und somit vom Rechner verarbeitet werden kann.

Auf dem Prozessor läuft das *multitasking-fähige* Echtzeitbetriebssystem PDOS. Dieses ist zum Beispiel für die Prozessoren der Serie MC68xxx von Motorola erhältlich. Aufgabe des Analysators sei das Errechnen eines Spektrums des Eingangssignals und die Ausgabe auf dem Graphikbildschirm mit *Frequenz- und Phasenanteil*. Dabei wird gewünscht, daß Minima und Maxima des Eingangssignals innerhalb größerer Zeitraster sichtbar werden. Dies erfolgt im sogenannten *Envelope-Betrieb*. Dieser liegt immer dann vor, wenn Signale in festen Wertebereichen (auf der y-Achse) dargestellt werden (z.B. schlauchförmiger Signalpegel).

Multitasking erlaubt das gleichzeitige Vorhandensein mehrerer Tasks im Rechner, die sich jeweils in genau einem der drei folgenden Zustände befinden:

- *laufend* (running),
- *bereit* (waiting),
- *blockiert* (suspend).

Welcher der Tasks sich im Zustand „laufend" befindet, bestimmt der *Scheduler* (Taskverwaltung). Den einzelnen Tasks sind statische Prioritäten (SPR) zugeordnet. Der Task mit der höchsten Priorität hat stets Vorrang vor allen anderen. Die Tasks mit niedrigerer Priorität befinden sich solange im Zustand „bereit", bis ihre Priorität die höchste ist. Von dieser Regelung ausgenommen sind all jene Tasks, die sich im Zustand „blockiert" befinden, da sie auf ein Ereignis warten müssen welches sie deblockiert. Ist das Ereignis eingetroffen, so wechselt der entsprechende Task in den Zustand „bereit" oder auch „laufend", falls er zu diesem Zeitpunkt die höchste Priorität besitzt (vgl. Abschn. 4.1.2.1).

In unserem Beispiel werden die Zustandswechsel der Tasks über sogenannte *Events* angezeigt. Events sind dabei bestimmte Bits, die als eine Art Schalter oder auch Flag fungieren (siehe Abb. 4.8). Ein Event hat entweder den Wert 0 oder 1 und wird regelmäßig vom Scheduler auf seinen Inhalt abgefragt. Falls entsprechende Reaktionen aufgrund des Umsetzens eines Events notwendig werden, so registriert dies der Scheduler und reagiert entsprechend. Eine solche Reaktion kann z.B. das Deaktivieren eines Tasks und das dazugehörige Sichern seines Zustandes bedeuten (siehe Abb. 4.7). Das Setzen bzw. Umschalten eines Events kann ein Task entweder selbst vornehmen oder aber es geschieht aufgrund einer abgelaufenen Zeitspanne (delayed event switch) durch die Zeitverwaltung (Softwaretimer). Interrupts, die externe Ereignisse signalisieren, setzen eigens dafür reservierte Events um.

Zur Kommunikation zwischen den Tasks dient ein sogenannter *Nachrichtenpuffer* (Message Buffer, siehe Abb. 4.8), in den die Tasks schreiben können. Ein entsprechendes Event signalisiert dem Empfänger, daß eine Nachricht für ihn vorliegt.

Mit Hilfe der Prioritätenvergabe wird das Ablaufen bestimmter Tasks in dadurch festgelegter Reihenfolge gesteuert. Die Prioritäten von Unterprogrammen können von den aufrufenden Tasks vergeben werden.

Jeder Task hat außerdem die Möglichkeit Mitteilungen an die Konsole und damit den Systembetreuer zu schicken. Das Sammmeln solcher Mitteilungen erfolgt in einem Briefkasten (auch *Mailbox* genannt).

Eine Liste mit Zeitangaben ermöglicht das Aktivieren von Tasks zu festvorgegebenen Zeitpunkten. Die Tasks sind in der Lage, auf diese Liste sowohl lesend als auch schreibend zuzugreifen.

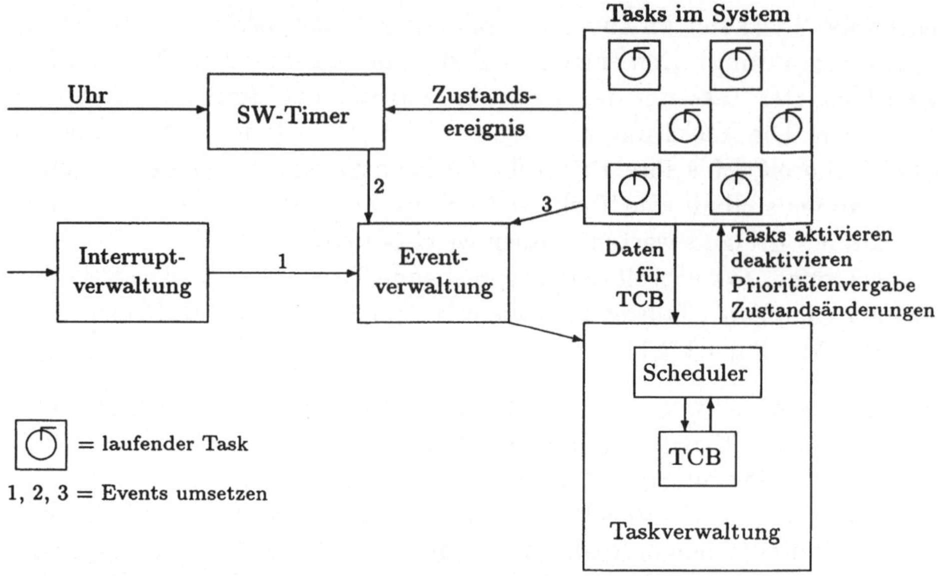

Abbildung 4.7
Schematischer Aufbau der CPU im vorliegenden PDOS-Echtzeitsystem

Mathematische Grundlage der hier vorgestellten Spektralanalyse ist die *Fast Fourier Transformation* (FFT). Um eine Auswertung der Signale und eine entsprechende Darstellung am Bildschirm zu erhalten, werden üblicherweise mehrere Werte auf einmal benötigt (128, 256 oder 512 Stück). Ein ganz bestimmter Task hat deshalb die Aufgabe, die einzelnen Werte abzurufen und in einem festen Bereich zu speichern. Ist die zur Analyse notwendige Werteanzahl erreicht, so signalisiert er das einem anderen Task mittels eines Events.

Für den Gesamtablauf der Spektralanalyse sind im wesentlichen drei spezielle Tasks verantwortlich:

1. Der *Wandlertask*, der über den Softwaretimer das Einlesen von Werten über einen A/D-Wandler auslöst und die Werte entsprechend zwischenpuffert. Er hat die höchste Priorität im System.
2. Der *Analysetask*, der vom Wandlertask durch das Setzen eines Events aktiviert wird und daraufhin auf die gespeicherten Werte zugreift um eine, auf dem Bildschirm darstellbare, Spektralanalyse zu berechnen.

3. Der *Bedientask*, der das Steuern der Abtastfrequenz für die gewünschte Bildschirmdarstellung übernimmt. Auch er fragt ein entsprechendes
   Event ab, daß ihm anzeigt, ob der Bildschirm bereits durch eine andere
   Aktion (z.B. Benutzereingabe) belegt ist.

Beim Aktivieren des Bedientasks haben die Events ähnlichen Charakter wie
z.B. binäre Semaphore (vgl. Kap. 6), die im Bereich der Synchronisation
häufiger eingesetzt werden. Bevor ein Task auf den Bildschirm zugreift, versucht er ein bestimmtes Event von 0 auf 1 zu setzen. Gelingt ihm dies, d.h.,
das Event war 0 und somit der Bildschirm noch nicht von einem anderen
Task belegt, so erhält er die Kontrolle über den Bildschirm. Gelingt ihm dies
nicht, d.h., das Event war auf 1 gesetzt, so hat bereits ein anderer Task die
Bildschirmkontrolle übernommen. Der Task blockiert sich daher solange, bis
das Event von 1 auf 0 gesetzt wird und versucht dann erneut die Kontrolle
zu erhalten. Ein Task gibt die Kontrolle ab, indem er das Event von 1 auf
0 setzt.

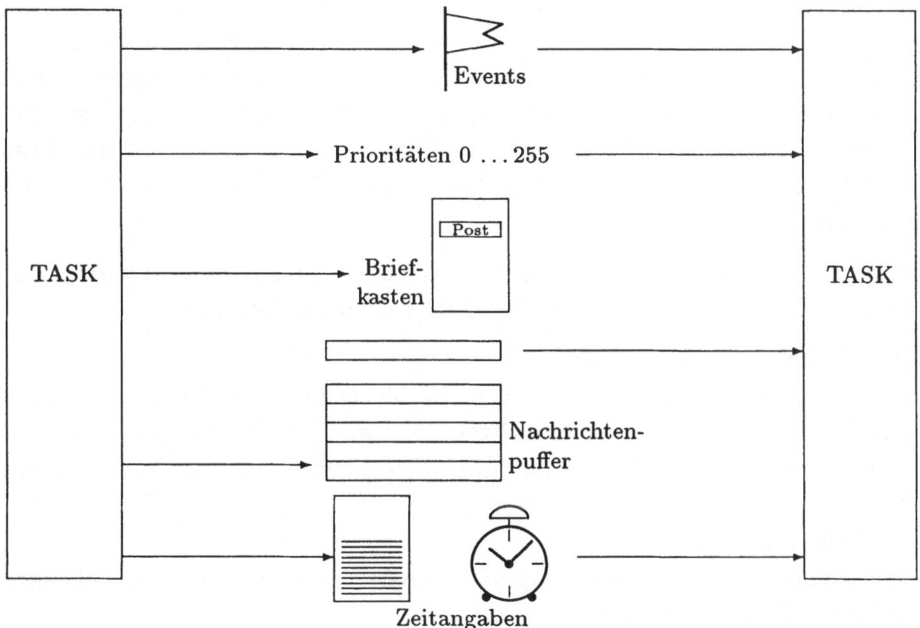

Abbildung 4.8
Schematische Übersicht über die Synchronisations- und Kommunikationsmöglichkeiten
zwischen den Tasks in PDOS

Dieses Beispiel zeigt die Bedeutung von *Events* als Schalter, Semaphore und Signale sowie den Einsatz von *Nachrichten, Prioritäten* und *Zeitangaben*. In der Praxis ist das Echtzeitbetriebssystem eines Spektralanalysators allerdings weitaus komplexer aufgebaut.

4.1.4.3 Weitere Echtzeitbetriebssysteme

Der Abschnitt Echtzeitbetriebssysteme wird damit abgeschlossen, daß noch einige bekannte und gebräuchliche Betriebssysteme im Überblick beschrieben werden, die in der Prozeßautomatisierung zu finden sind.

OS-9/68000

Das Betriebssystem der Firma *microware* wurde im wesentlichen für PEARL-Implementierungen entwickelt und besitzt die Fähigkeit zum *Multitasking-* und *Multiuser-Betrieb*. Es hat eine *modulare Struktur*, d.h. es besteht aus Einzelbausteinen (Module), die für bestimmte Aufgaben zugeschnitten sind und je nach Bedarf vom Anwender entsprechend kombiniert werden können. OS-9 wurde ursprünglich für den Mikroprozessor 6809 von Motorola entworfen. Um die Möglichkeiten der neuen MC680x0-Prozessoren effizient zu nutzen, wurde das bisherige OS-9 umgeschrieben zum OS-9/68000. Inzwischen gibt es das, von der Architektur weitgehend gleich aufgebaute, Nachfolge-System OS-9000, das auch für PC's mit Intel 80386 Prozessor und Systemen mit Motorola RISC-Prozessoren der Serie 8800 verfügbar ist.

OS-9/68000 besteht aus *vier Schichten*, wobei in jeder einzelnen wieder das Prinzip der Modularität angewandt wird (vgl. Schneider 90):

1. *Kern, Uhr-* und *Init-Modul*
   Der Kern stellt die einfachen Systemdienste zur Verfügung. Das Uhr-Modul stellt die Software-Schnittstelle zum Uhrenbaustein bereit, und das Init-Modul besteht aus der Initialisierungstabelle für den Start des Systems.
2. *Dateiverwaltungen*
   Diese nehmen die Verarbeitung von E/A-Anforderungen für jeweils ähnliche Geräteklassen (-typen) vor.
3. *Gerätetreiber*
   Die Gerätetreiber (SW-Schnittstellen zwischen Rechner und E/A-Geräten) verarbeiten die einfachen physikalischen E/A-Funktionen.

4. *Gerätedeskriptoren*

   Gerätedeskriptormodule bestehen aus Tabellen, die bestimmten physikalischen E/A-Schnittstellen logische Namen, einen Gerätetreiber und eine Dateiverwaltung zuordnen. Sie enthalten ferner die physikalische Schnittstellenadresse und die Initialisierungsdaten.

Zu den Besonderheiten von OS-9/68000 zählen neben seinem modularen Aufbau noch insbesondere folgende Punkte:

- Die Dateiverwaltung ist in der Lage, die Kommunikation zwischen einzelnen Tasks zu regeln, so daß der Austausch von Daten ohne den Umweg über temporäre Dateien möglich ist.
- Es unterstützt die Programmierung eigener Interrupt-Behandlungsroutinen, so daß ein Task, der z.B. eine E/A-Koroutine aufgerufen hat, weiterarbeiten kann, auch wenn die E/A-Operation noch nicht beendet ist.
- Im Bereich der Tasksynchronisation ist es dem System nicht nur möglich zu warten, bis eine Variable einen bestimmten Wert annimmt, sondern auch darauf zu warten, daß dieser Wert in einem bestimmten Intervall liegt.

VMEexec

VMEexec ist eine Entwicklung der Firma Motorola, dem Hersteller der MC680xx-Prozessoren. Der Echtzeitkern dieses Betriebssystems heißt pSOS+ und enthält alle wichtigen Funktionen für einen Multitasking-Betrieb. Seine wesentlichen Eigenschaften für den Echtzeitbetrieb sind besonders *schnelle* und *konstante Ausführungszeiten*.

Besonderheiten dieses Betriebssystems sind u.a.:

- An die Hardware wird nur die Forderung nach einem Prozessor der Serie MC680x0 und nach ausreichend Speicherplatz gestellt.
- Es hat kurze und konstante Umschaltzeiten zwischen den Tasks.
- Es bietet die Möglichkeit Zeiten anzugeben, nach denen aufgerufene Funktionen abgebrochen werden sollen. Dadurch kann längerfristiges Blockieren eines Tasks vermieden werden.

FlexOS

FlexOS von Digital Research ist ein Multiuser/Multitasking Echtzeitbetriebssystem. Es wird im wesentlichen für die Prozessorfamilie 80x86 von Intel eingesetzt und besitzt mit X/GEM eine mausorientierte, graphische

Fensteroberfläche. FlexOS ist modular aufgebaut, was zu guter Wartbarkeit, Übertragbarkeit und Skalierbarkeit (d.h. nur die tatsächlich für eine Anwendung benötigten Teile werden eingebunden) geführt hat. Es ist in vier Blöcke gegliedert:

- Die *Anwenderschicht*, in der parallel mehrere Applikationen laufen (auch DOS-Applikationen sind möglich).
- Der *Supervisor*, der neben dem Betriebssystemkern noch den Lader und die Systemschnittstelle für die Anwendertasks enthält. Er besteht außerdem noch aus einer Reihe von Serviceroutinen (Dateibehandlung, Ein-/Ausgabe, Taskkommunikation usw.).
- Die *Resource Manager*, die vollständig vom Systemkern getrennt sind und mit diesem über eine wohldefinierte Schnittstelle kommunizieren. Sie enthalten alle zur logischen Verwaltung der Resourcen benötigten Funktionen und Daten, sind aber unabhängig von den physikalischen Eigenschaften der angeschlossenen Geräte.
- Die *Treiberschicht* (für die E/A-Bearbeitung) enthält alle hardwareabhängigen Funktionen. Dabei kommunizieren die einzelnen Treiber über eine einheitliche Schnittstelle mit dem jeweils zuständigen Resource Manager.

FlexOS bietet noch eine Reihe von Konzepten zur Verbesserung des Echtzeitverhaltens, wie die asynchronen Serviceroutinen (ASR) und eine Interrupt-Serviceroutine (ISR). Letztere kann zeitunkritische Aufgaben an eine ASR delegieren, die vom Dispatcher zu einem späteren Zeitpunkt aktiviert wird. Dadurch müssen in der ISR nur die dringensten Aktivitäten erledigt werden, so daß ein eventuell bereits anstehender weiterer Interrupt sofort beantwortet werden kann.

Die einzelnen Tasks und ASRs sind jeweils mit eigenen Prioritäten versehen, die beim Start festgelegt, aber auch zur Laufzeit dynamisch verändert und damit den aktuellen Zeitanforderungen angepaßt werden können (vgl. Karsunke 89).

NORA

Bei NORA handelt es sich um ein verteiltes Echtzeitbetriebssystem, dessen Interface der Open-Realtime-Kernel-Interface-Definition (ORKID) entspricht. Ein NORA-Kern übernimmt die Steuerung von aktiven Objekten wie Tasks, Interrupt-Service-Routinen (ISRs) und Exception-Handler-Routinen (XHRs). Er verwaltet passive Objekte wie Speicher — von dem sowohl Blöcke gleicher Größe als auch beliebig große Segmente angefordert werden können — Semaphore, Queues (FIFOs), Events, Timer und eine Uhr. Einzelne NORA-Kerne können über ein Netzwerk zu einem verteilten System verbunden werden.

Aktive Objekte unter NORA können mittels Events, Queues und den „Note-Pads" der Tasks kommunizieren. Durch einen Remote-Procedure-Call-Mechanismus (RPC) wird der Zugriff auf UNIX-Filesysteme ermöglicht. Alle echtzeitkritischen Routinen laufen als Tasks unter NORA ab. Alle Anforderungen, die den Eingriff eines Benutzers benötigen, können auf das UNIX-System ausgelagert werden. Damit ist gewährleistet, daß die Echtzeitanforderungen von den Benutzeranforderungen getrennt sind (vgl. Huttenloher 89 S. 241–247).

iRMX-Familie

Ebenfalls erwähnenswert sind die Intel-Realzeit-Betriebssysteme der iRMX-Familie. Zu nennen wäre hier *RMX III*, das erste Realzeit-Betriebssystem, das den 386-Prozessor als 32-bit-CPU nutzbar macht. Die Applikationen auf diesen Systemen können in C, PL/M, FORTRAN, PASCAL und AS-SEMBLER geschrieben werden. RMX Betriebssysteme arbeiten nach der Theorie der *Abstrakten Datentypen*, d.h., der Aufbau und die interne Darstellung eines Objektes (z.B. Mailbox, Semaphor) ist dem Programmierer nicht bekannt. Um ein solches Objekt zu verändern, muß er sich der entsprechenden Betriebssystem-Funktion bedienen, so daß z.B. das Objekt gegen unzulässige oder ungewollte Manipulation geschützt ist.

Auch bei RMX Systemen kann der Benutzer zwischen den beiden Scheduling-Mechanismen — prioritätsgesteuert oder Round-Robin — wählen. Beide Verfahren können auch gemischt angewendet werden: Tasks hoher Priorität werden nach dem Prioritätsverfahren behandelt, Tasks niederer Priorität nach dem Round-Robin-Verfahren (s. Kap. 6).

Die Vorteile von verteilten Systemen für Realzeit-Anwendungen mit RMX sind:

- echt parallele Verarbeitung mehrerer gleichprioror Ereignisse,
- optimale Abstimmung von CPU-Board und Realzeit-Betriebssystem
- Nutzung der Stärken von Timesharing-Systemen parallel zum Realzeit-Betrieb
- Erweiterbarkeit.

Echtzeitverarbeitung unter Unix

Da das Betriebssystem Unix weitverbreitet ist, bieten mittlerweile einige
Hersteller dafür eine Echtzeiterweiterung an. Speziell erfolgten diese Erweiterungen in den Bereichen des Scheduling, der Speicherverwaltung, des
Direct-File-Systems und der internen Taskkommunikation. Solche Veränderungen des Standardbetriebssystems verringern natürlich die Übertragbarkeit der Software.

Eine Echtzeitumgebung für Unix wurde von der schwedischen Firma DIAB
SYSTEMS AB unter dem Namen D-NIX-Betriebssystem entwickelt. Die Aufgaben des Rechensystems werden hierbei zunächst in primäre „Real-Time-
Tasks" und sekundäre „Time-Sharing-Tasks" unterteilt. Es entstand dadurch ein virtuelles Echtzeitsystem, das in seinen Antwortzeiten zwar nicht
völlig den im Mikrosekundenbereich arbeitenden Real-Time-Systemen eben-
bürtig ist, aber seine Aufgaben im Millisekunden-Takt abarbeiten kann. Um
die Realisierung von Echtzeit-Prozessen zu ermöglichen, wurden zwei wesentliche Elemente definiert: eine *Prioritäten-Tabelle* und sogenannte *Hand-
ler* (näheres siehe Scheller 90).

Obwohl D-NIX wie Unix ein System auf der Basis virtueller Speicher mit
Plattenauslagerung ist, werden zeitkritische Programme im Hauptspeicher
gehalten, um die erforderliche kurze Antwortzeit sicherzustellen. Der asynchrone Zeitgeber läßt sich sehr fein einstellen und wird nur durch die Auflösung der System-Uhr begrenzt. D-Nix verfügt über binäre und zählende
Semaphore, die für eine effiziente Prozeß-Synchronisation sorgen.

Eine andere Erweiterung zum Echtzeitbetrieb stellt das Real-Time-Unix,
kurz RTU, von Concurrent dar. RTU unterstützt bis zu acht Prozessoren,
die auf einen gemeinsamen Hauptspeicher zugreifen. Dieser Speicher enthält
eine Kopie des Betriebssystems. Alle Prozessoren sind gleichberechtigt und
können alle Betriebssystemfunktionen ausführen. RTU unterstützt ein
virtuelles Speicherkonzept. Mit einem speziellen Systemaufruf („Plocking"-
System-Call) des RTU kann man individuelle Seiten eines Programms als
hauptspeicherresident vereinbaren. Dies erlaubt eine feinere und gezieltere
Kontrolle sowie eine optimale Ausnutzung des physikalischen Speichers. Für
RTU existiert eine optimierte Softwareumgebung in einer Mehrprozessor-
Rechnerarchitektur, das Real-Time-Slave-Environment RTSE. Es liefert
sehr gute Antwortzeiten für RTU.

Das Real-Time-Unix ist in einer breiten Anwendungspalette im Einsatz. Ein Schwerpunkt sind Systeme für Meßdatenerfassung und -verarbeitung. Zum Beispiel können analoge und digitale Daten mit einer Summendatenrate bis 4 MHz digitalisiert, erfaßt und abgespeichert werden. Für eine Signalverarbeitung sind auf RTU-Rechnern mehrere Softwarepakete verfügbar. Eine Beispielanwendung ist der Einsatz von RTU bei der Erfassung und Verarbeitung von Telemetrie-Daten der GIOTTO-Mission. Die GIOTTO-Raumfähre durchquerte den Schweif des Halley'schen Kometen. Die Partikel, die dabei analog zum Sonnenwind auf die Fähre prallten, wurden in Australien empfangen und zur ESO in Darmstadt gesendet. Hier konnten die Signale — *online* verarbeitet — auf einem Farbmonitor dargestellt und so die Intensität der auf die Fähre geprallten Partikel gemessen werden (näheres über RTU bei Klusmeier 90). Ein weiteres Echtzeitbetriebssystem mit UNIX als Basis ist z.B. SORIX von der Firma Siemens AG.

Kurzübersicht derzeitiger Echtzeit-Produkte (vgl. Keppke 92)

Echtzeit-Kernel sind Produkte, die nur die wesentlichen Teile eines Betriebssystems bereitstellen: Task- und Speicherverwaltung, Unterbrechungsbearbeitung und Task-Kommunikation. Häufig werden solche Kernel für verschiedene Prozessortypen angeboten. Da sie einen geringen Speicherbedarf, hohe Geschwindigkeit und hohe Flexibilität besitzen, werden sie oft bei Mikrorechner in Reglern etc. verwendet. Man spricht hierbei auch vom *Embedded Controlling*.

Kernel	Hersteller	Programmiersprachen	Betriebssystem Spezielle Zusätze	Prozessor
AMX	Kadak Products Ltd	Assembler, C	auch unter DOS, Debugger	verschiedene
pASSPORT pSOS+	Software Components Group	C, C++, Ada, Pascal, FORTRAN	DOS, UNIX, NFS, Netzwerkunterstützt, Debugger, Mehrprozessorbetrieb	verschiedene
PXROS	High Tec EDV-Systeme GmbH	C	UNIX, DOS, Netzwerk, Mehrprozessorbetrieb, X11-Grafik	verschiedene
RDE/2	IDEE GmbH	C, Pascal, FORTRAN	DOS-kompatible, Netzwerkunterstützt	verschiedene
RTS	CONVEX Computer GmbH	C, FORTRAN, Ada	UNIX, Netzwerkunterstützt, Mehrprozessorbetrieb, Debugger	verschiedene
RTXC	A.T. Barrett & Associates	C-Routinen	viele Systeme, unterstützt Borland und MS-Compiler	verschiedene
VMEexec mit pSOS+Kernel	Motorola	C, FORTRAN, Ada	UNIX, Netzwerkunterstützt	verschiedene

| VRTXvelocity | Ready Systems GmbH | C | Netzwerkunterstützt, Mehrprozessorbetrieb, Debugger etc. | HP, SUN, Digital, VAX, PCs |
| VxWorks | Wind River Systems | C, Ada | UNIX, DOS, Netzwerkunterstützt, Debugger | verschiedene |

Systeme, die auf dem normalen Mehrbenutzer-UNIX basieren, wurden erweitert, geändert und so für den Echtzeitbetrieb nutzbar. Man spricht vom sogenannten *Echtzeit-UNIX*. Sie haben leistungsfähige Programmierschnittstellen, Entwicklungsunterstützung, Netzwerkfähigkeit, Grafikmöglichkeiten und vieles mehr. Beispiele sind:

Unix-System	Hersteller	Programmiersprachen	Betriebssystem Spezielle Zusätze	Prozessor
AIX 3.1	IBM	C, FORTRAN, Pascal, Ada, Cobol	UNIX	RS/6000
CX/UX	Harris		UNIX, Mehrprozessorbetrieb	verschiedene
HP-UX	Hewlett-Packard	C, FORTRAN, Ada, BASIC, Lisp, Prolog	UNIX, versch. Grafiksysteme	verschiedene
LynxOS	Lynx Real-Time Systems	Schnittstelle POSIX 1003.1 u. 1003.4	UNIX, Netzwerkunterstützt, Grafik	MIPS R3000 u.a.
REAL/IX	AEG MODCOMP	C, C++, Pascal, Ada, FORTRAN	UNIX	
RTU	Concurrent Computer		UNIX, Mehrprozessorbetrieb	
SORIX	Siemens	C, FORTRAN, Konverter für PL/M und Pascal	UNIX	386/486
UNIX V.4	USL	C	UNIX	
VENIX/386	VenturCom		UNIX	386, auch PCs

Verschiedene Echtzeit-Betriebssysteme im Überblick

EZ-System	Hersteller	Programmiersprachen	Betriebsystem Spezielle Zusätze	Prozessor
EUROS	Büro Dr. Kaneff		kooperiert mit DOS, Multitasking	
FlexOS	Digital Research	High C von Metaware	DOS, POSIX 1003.1, FlexNET	80186, 80286, 80386

iRMX	Intel		DOS, Netzwerkun- terstützt	80386 und PCs
MTOS-UX	Industrial Programming Inc.	C, Assembler		80x86, AT386, 68xxx
OS-9, OS-9000	Microware	C, FORTRAN, Pascal, BASIC	UNIX, auch DOS- Emulation, Netzwerk- unterstützt	M68K, 80386, 68xxx
PADROS- PEARL	KABE- Datentechnik	Assembler	DOS	
PDOS	Eyring	C, BASIC, FORTRAN, Pascal	Mehrprozessorbetrieb, Netzwerkunterstützt	HP, SUN, VAX, PCs
QNX 4.x	Quantum	WATCOM-C	Netzwerk, Grafik	PCs
RMOS3	Siemens	C, Pascal, PL/M	DOS	
RTOS-UH	IEP/ Uni Hannover	PEARL, auch C-Compiler		68xxx, u.a.
RTXDOS	Technosoftware	DOS-Compiler	DOS, MOSY-ILAN- Netz	PCs
TSX32	S&H Computer Systems		DOS, VMS, Multiu- ser, Multitasking	PharLap 386, u.a.

4.2 Programmiersprachen für Prozeßrechner

In den vorangegangenen Abschnitten wurden die Anforderungen und Aufgabenbereiche für Prozeßrechner ausgiebig erläutert. Besonders deutlich wurde herausgehoben, wie wichtig ihre Zuverlässigkeit, Sicherheit und ihr zeit-
korrektes Reagieren ist. All diese Eigenschaften müssen einem Rechner in
Form von geeigneter Hardware und *Software* mitgegeben werden. Aus dem
Abschnitt über das Programmsystem ist bereits bekannt, daß es zwei große
Softwarebereiche in einem Rechner gibt: zum einen das Betriebssystem, zum
anderen die Anwenderprogramme. Diese sind maßgebend für die Art der
verwendeten Programmiersprachen.

4.2.1 Anforderungen an Prozeßprogrammiersprachen

Die zu verwendenden Programmiersprachen für Prozeßautomatisierungs-
aufgaben werden zunächst einmal — wegen der zu leistenden Echtzeit-
und E/A-Anforderungen — andere und weitergehende *Sprachelemente und
dazugehörende Regeln (Syntax)* aufweisen, als das bei gewöhnlichen Programmiersprachen der Fall ist. Die Schwierigkeiten bei der Entwicklung

von Prozeßprogrammiersprachen liegen in der Vielfalt der einzelnen Anwendungsfälle. Zwischen den oftmals schon unterschiedlichen Geräten (Zentraleinheit und Peripherie) bestehen auch zahlreiche unterschiedliche Kommunikationswege und -notwendigkeiten sowie Verknüpfungsanforderungen. Dadurch ergeben sich verständlicherweise verschiedene Sprachtypen und Sprachdialekte. Im folgenden soll eine Auflistung die verschiedenen *Forderungen an eine Prozeßprogrammiersprache* deutlich werden lassen:

- Echtzeitbedingungen müssen programmtechnisch formulierbar sein,
- die Speicher- und Dateiverwaltung muß durch entsprechende Datentypen und Objektbeschreibungen unterstützt werden,
- sie sollte sich aus Modulen zusammensetzen lassen,
- sie sollte möglichst für viele Prozeßtypen verwendbar sein,
- sie muß spezielle Anweisungen zur Interrupt- und Alarmbehandlung aufweisen,
- die Synchronisation von verschiedenen Tasks sollte durch Sprachelemente erfolgen, die spezielle Betriebssystemmechanismen unterstützen,
- entsprechende Sprachelemente für die unterschiedlichen Ein-/Ausgaben zu den einzelnen Komponenten und den direkten Hardwarezugriff sollten vorhanden sein,
- sie sollte die Spezifikation und Synchronisation von parallelen Abläufen ermöglichen,
- die Fehlererkennung und -behandlung muß gut programmierbar sein.

Aus der Sicht der Programmierer sollten noch folgende grundlegende Eigenschaften berücksichtigt sein:

- leicht erlernbar,
- schnell zu formulieren, standardisiert und rechnerunabhängig,
- das Einfügen von Assembler- und Maschinencode in den Quelltext sollte möglich sein,
- der byte- bzw. bitweise Zugriff auf Daten sollte möglich sein,
- für die jeweiligen Anwendungen sollten entsprechende symbolische Benennungen enthalten sein,
- passende Editoren für die verwendeten Programmiersprachen sollten zur Verfügung stehen.

4.2.2 Arten von Prozeßprogrammiersprachen

Die genannten Anforderungen an Programmiersprachen führen zu nachfolgenden Ausprägungen. Im Sprachgebrauch hat sich allerdings dafür eine weniger detaillierte Unterteilung durchgesetzt. Man spricht meist von *niederen*, mehr der Maschine (Hardware) verständliche, und *höheren*, d.h. mehr an das menschliche Sprechen und Denken angelehnte Programmiersprachen. Diese Ausführungen sind sehr umfassend und beschränken sich nicht nur auf speziell für die Prozeßautomatisierung entwickelte Sprachen, da in der Praxis häufig auch andere Sprachen (wie z.B. „C") für Echtzeitanwendungen eingesetzt werden.

Maschinensprachen

Diese Sprachen orientieren sich an der jeweiligen Hardware und haben eine *binäre, oktale* oder *hexadezimale Notation*. Sie sind sehr *änderungsunfreundlich*, da das Einfügen oder Löschen von Befehlen u.U. alle Adressen und damit Ansprungpunkte innerhalb des Programms verändert. Ihre Schreibweise ist sehr unübersichtlich und schwer zu kommentieren. Die Fehlersuche und -behebung ist schwierig, da sie in keiner Weise durch Hilfsprogramme unterstützt wird. Diese Sprachen werden nur für kleine Probleme und von speziellen Hardwareingenieuren eingesetzt.

Maschinenorientierte Sprachen, Assemblersprachen

Der Unterschied einer maschinen*orientierten* Sprache zu einer Maschinensprache besteht darin, daß — im Gegensatz zu einer Maschinensprache — hier die einzelnen Befehle nicht mehr aus Bitfolgen sondern als *lesbare Zeichenketten* formuliert werden. Diese symbolischen Befehle werden vom entsprechenden *Assemblierer* (Übersetzungsprogramm) in den Maschinencode umgesetzt. Ebenso lassen sich für die — in der Maschinensprache noch physikalischen — Adressen bei Assemblersprachen frei wählbare Bezeichnungen einsetzen, wodurch Programmänderungen leichter möglich sind. Bei solchen Assemblersprachen besteht noch eine direkte Zuordnung zwischen einem mnemotechnischen Befehl und der Maschinensprache, weshalb sie auch *maschinenabhängig* sind. Bei diesen Sprachen besteht häufig die Möglichkeit, mehrere Anweisungsfolgen als sogenannte *Makrobefehle* abzuspeichern und sie unter Verwendung von symbolischen Namen an beliebigen Stellen einzufügen. Trotz der Vorteile der Assemblersprachen bezüglich Speicherbedarf und Rechenzeit hat ihre Bedeutung in der Prozeßrechentechnik aufgrund des Preisverfalls der Hardware und den steigenden Softwarekosten nachgelassen.

Systemimplementierungssprachen

Diese Sprachen wurden hauptsächlich dazu entwickelt, um *Systemprogramme* wie das Betriebssystem, Editoren oder Compiler zu programmieren. Sie sollen zum einen sehr *hardwarenah* agieren um so den Rechner effizient auszunutzen und zum anderen so weit wie möglich portabel sein, da die Erstellung von Systemprogrammen sehr langwierig und damit auch teuer ist. Aus diesem Konflikt heraus ergaben sich sehr unterschiedliche Systemimplementierungssprachen die verschiedene Ziele verfolgen (nach Lauber 89 Kap. 6):

- *maschinenabhängige aber höhere Systemimplementierungssprachen*, die nur für einen bestimmten Rechnertyp einsetzbar sind. Zu nennen wäre hier PL/360 von IBM und PL/M von Intel).
- *maschinenunabhängige, niedere Systemimplementierungssprachen*, die einen guten Kompromiß darstellen, da sie portabel und noch effizient sind, ähnlich den Assemblersprachen. Hierzu zählen BCPL und SYS-LAN.
- *maschinenunabhängige, höhere Systemimplementierungssprachen* wie ADA, PASCAL, MODULA-2 und C werden in den Bereichen, in denen ihre Beschreibungstechniken für Hardwareteile nicht mehr ausreichen, um entsprechende Assemblereinschübe ergänzt. In der Prozeßautomatisierung werden von den Systemimplementierungsprachen vor allem ADA und neuerdings auch C verwendet.

Höhere Programmiersprachen

Merkmal der höheren Programmiersprachen ist zunächst einmal ihre weitgehende *Rechnerunabhängigkeit*. Meist werden sie auch als *allgemein problemorientierte Sprachen* bezeichnet, da sie für bestimmte Grundanwendungen besonders geeignet sind. Zu nennen ist z.B. COBOL (COmmon Business Oriented Language) für den kommerziellen Bereich, FORTRAN (FORmula TRANslation) für technisch-wissenschaftliche Anwendungen und ALGOL (ALGOrithmic Language) für mathematische Probleme. Zu diesem Kreis der Programmiersprachen zählen auch PL/1 und C. Diese Sprachen unterstützen umfassend die Programmierung von Datenstrukturen und Algorithmen. Sie machen Betriebssystemdienste dem Programmierer dort zugänglich, wo das Arbeiten mit großen Datenmengen und der effiziente Algorithmenablauf betroffen sind: z.B. bei der Datenverwaltung, der Ein-/Ausgabe von Daten über Standard-Peripherie oder der Nutzung von Programmbibliotheken (vgl. Steusloff 84). Wichtiger Vertreter für den Bereich der *Echtzeitsprachen* und damit für den Einsatz in der Prozeßautomatisierung sind CORAL66, RTL/2 und PEARL (Process and Experiment Automation Language), eine Programmiersprache die in den 70er Jahren entwickelt wurde. PEARL besitzt Sprachmittel zur guten Programmstrukturierung, Formulierung algorithmischer Zusammenhänge und Echtzeitprogrammierung (s. Abb. 4.5). Für verteilte Rechensysteme wurde ein MEHRRECHNER-PEARL entwickelt, das Fehlertoleranzmaßnahmen und Datenwegredundanz solcher Systeme auf Hochsprachenebene beschreiben läßt.

Auch für Mikrorechner werden zunehmend höhere Programmiersprachen angeboten. In Anlehnung an PL/1 wurden PL/M und PLZ (ZILOG) entwikkelt. Kennzeichnend für sie ist die Möglichkeit des direkten Zugriffs auf Register sowie auf Programm- und Datenspeicher. Dadurch werden sie jedoch wieder verstärkt rechnerabhängig. Das versucht man zu umgehen, indem man das Erstellen von prozessorunabhängigen Programmteilen zuläßt, z.B. bei PLZ/SYS. Interruptverarbeitungen und Ein-/Ausgabenbehandlungen lassen sich mit PLZ/ASM erstellen (s. Fritzsch 87 Kap.4). Eine weitere systemnahe Programmiersprache, die für spezielle hochentwickelte Geräte geschrieben wurde, ist FORTH. FORTH-Systeme haben oft einen eingebauten EZ-Kernel und ermöglichen es daher kleine und schnelle Anwendungen zu erstellen.

Anwendungsorientierte Programmiersprachen

Die zuvor aufgezählten Programmiersprachen eignen sich zur Lösung sehr unterschiedlicher Aufgabenstellungen und werden im allgemeinen von geschulten Programmierern benutzt. Im Bereich der Prozeßautomatisierung wollen die Anwender jedoch häufig ihre Problemlösungen für spezielle Aufgabenbereiche selbst formulieren. Die hierfür entwickelten Programmiersprachen müssen so gestaltet sein, daß keine speziellen Programmierkenntnisse — wohl aber Kenntnisse über das Anwendungsgebiet — Voraussetzung sind. Man spricht deshalb von *anwendungsspezifischen verfahrensorientierten Sprachen*. Beispiele für spezielle Anwendungen sind: ATLAS, zur Formulierung von Prüf- und Testaufgaben; MESY, für Aufgaben aus der Baustatistik; DIPOL für das Gebiet der Fördertechnik; EXAPT, für numerische Steuerungen von Werkzeugmaschinen; PROSEL und SOPL zur Automatisierung von Chargenprozessen. Für speicherprogrammierbare Steuerungen

(SPS) gibt es von der Firma Siemens AG die Sprachen STEP3 bis STEP5, die den Programmierer bezüglich der sequentiellen Arbeitsweise der Steuerung unterstützen.

Eine besondere Ausprägung von anwendungsorientierten Programmiersprachen bilden all jene, die versuchen die gewohnte Ausdrucksweise der Anwender als Eingaben zu ermöglichen. Zum einen sind das Sprachen, die aufgrund von *Schaltbildereingaben* ein entsprechendes Maschinenprogramm generieren können, z.B. AEG-DOLOG, KOP (Kontaktplan) und FUP (Funktionsplan) von der Firma Siemens AG. Zum anderen sind das die sogenannten *Formularsprachen* oder auch *Fill-in-the-Blanks-Sprachen*. Hierbei sind dem Anwender feste Formulare vorgegeben in die er nur einzelne Wörter spaltengerecht einzugeben braucht. Der Vorteil dieser Sprachen liegt in der geringen Fehlermöglichkeit für den Anwender und der Tatsache, daß er keine Kenntnisse einer Programmiersprache benötigt. Nachteilig ist der geringe Freiheitsgrad und der hohe Speicherplatzbedarf dieser Sprachen. Notwendig für die Umsetzung solcher Formulare in ein Maschinenprogramm ist ein *Programmgenerator*. Klassische Beispiele für diese Sprachen sind MADAM von Siemens, BICEPS von General Electrics und PROSPO von IBM (vgl. Färber 79 Kap. 4).

In den letzten Jahren gewinnen auch *funktionale und logische Sprachen* wie LISP (LISt Processing language) und PROLOG (PROgramming in LOGic), aus dem Bereich der Künstlichen Intelligenz und den Expertensystemen (wissensbasierte Systeme), Bedeutung in der Prozeßautomatisierung. Mit LISP können symbolische Strukturen von Listen dargestellt werden, die in enger Beziehung zu Baumstrukturen in der Informatik stehen. In PROLOG z.B. formuliert man sein eigenes Wissen über das gestellte Problem und der Rechner versucht mit Hilfe dieses Wissens selbständig eine Lösung des Problems zu finden. Beide Sprachen werden in den Fällen eingesetzt, wo es um die Beschreibung *nicht-numerischer, symbolischer Beziehungen* bzw. *logischer Abhängigkeiten* geht.

4.3 Programmierbeispiele

Der Entwicklungsprozeß von einer Problemstellung bis hin zu einem ablauffähigen Programm umfaßt viele verschiedene Stufen, die sich unter dem Begriff *Software-Lebenszyklus* zusammenfassen lassen (vgl. Nagl 83). Ein solcher Zyklus ist unabhängig von der Problemstellung und der letztendlich verwendeten Programmiersprache. Je nach Bedeutung des anzufertigenden Programms werden einige Phasen dieses Vorgehens noch untergliedert bzw. wegen durchzuführender Verifikationen und Leistungsüberprüfungen gegebenenfalls mehrmals durchlaufen (siehe Abb. 4.9).

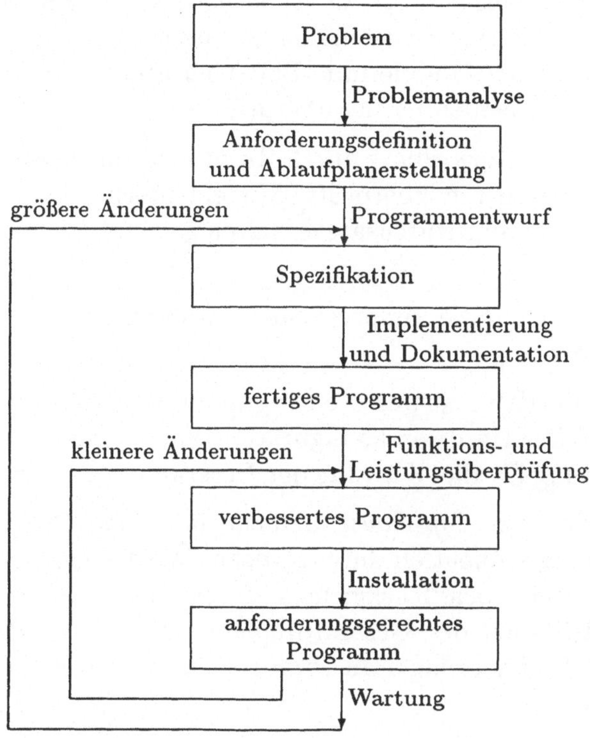

Abbildung 4.9
Software-Lebenszyklus im groben Überblick

In der *Problemanalyse*, wird das zu lösende Problem möglichst vollständig beschrieben. Berücksichtigt werden muß dabei auch die entsprechende Programmumgebung (Hardware, Betriebssystem, Schnittstellen). Das Ergebnis dieser Phase ist zum einen die vollständige *Anforderungsdefinition* (Lastenheft) des Bestellers und zum anderen das vom Anbieter erstellte Pflichtenheft, das seine zu leistenden Aufgaben beschreibt. Diese werden u.U. auch durch Programmablaufpläne strukturiert dargestellt.

In der *Entwurfsphase* wird das Programm, unter Zerlegung in überschaubare Einheiten (Module), erstellt und die benötigten Schnittstellen beschrieben. Das Ergebnis dieser Phase ist die *Spezifikation*. Diese sollte unbedingt bezüglich der festgelegten Anforderungsdefinitionen auf ihre Korrektheit überprüft werden, da logische Fehler in der späteren Programmversion nur noch schwer zu beheben sind.

Die *Implementierungsphase* führt zu einem fertigen, dokumentierten Programm, in dem alle Module eingebunden und beschrieben sind. Wenn möglich sollten die einzelnen Module mit Hilfe einer geeigneten Testumgebung auf ihre „richtige" Implementierung überprüft werden.

Mittels der *Funktionsüberprüfung* durch Tests wird das Gesamtsystem auf sein korrektes Arbeiten hin überprüft. Mit entsprechenden *Leistungsmessungen* wird das Zeit- und Durchsatzverhalten getestet.

Die *Installation* bedeutet das Übertragen des Programmsystems auf seine reale Umgebung, d.h. auf die entsprechende Hardware bzw. in die gewünschte Softwareumgebung.

Da im laufenden Betrieb unerwartete Programm- und Datenzustände sowie Veränderungen in der Hardwarekonfiguration entstehen können, muß nach der Implementierung für die *Wartung* der Programme gesorgt werden.

Die hier aufgezeichnete *Top-Down-Methode* für einen Programmentwurf wird selten so streng sequentiell durchgezogen. Meist ergeben sich während der einzelnen Phasen noch Rückgriffe auf vergangene Abschnitte. Dabei erleichtert das Aufteilen des Gesamtproblems in einzelne Programmteile (Module) spätere Veränderungen in vorangegangen Phasen ganz erheblich.

4.3.1   Beispiele in PEARL

Die Sprache PEARL verfügt über Sprachmittel zur Formulierung von Algorithmen, Ein-/Ausgabe, Echtzeitprogrammierung und Programmstrukturierung. Die *Strukturierung* erfolgt durch das Aufteilen eines Programms in einzelne *Module*, bei denen es sich um abgeschlossene Programmteile handelt, die getrennt übersetzt und getestet werden können. Jedes dieser Module kann einen *Systemteil*, einen *Problemteil* oder beides enthalten. Der Systemteil ist für die Beschreibung der Hardwarestruktur zuständig. Den benötigten Hardwareeinrichtungen und Signalen werden hier entsprechende Namen zugeordnet. Diese so vergebenen *symbolischen Namen* werden dann im Problemteil, dem eigentlichen Programm, verwendet. Der Hintergrund für eine solche Aufteilung eines PEARL-Programms liegt darin, daß sich bei Änderungen der Hardwarekonfiguration nur der Systemteil verändert, der Problemteil hingegen derselbe bleibt. PEARL-Programme lassen sich daher leicht auf andere Rechner übertragen.

PEARL bietet auch Sprachmittel zur Ablaufsteuerung von einzelnen Tasks an. Für die bereits bekannten Taskzustandsübergänge werden folgende Bezeichnungen verwendet: ACTIVATE für „starte einen Task", TERMINATE für „beende einen Task", SUSPEND für das „Versetzen eines Tasks in den Wartezustand" und CONTINUE für das „Fortsetzen eines Tasks". Auch für Alarm- und Zeitbedingungen werden spezielle Sprachmittel zur Verfügung gestellt.

Typisch für die Echtzeit-Datenverarbeitung sind die Datentypen DUR/DURATION und CLOCK, die zum Notieren von *Zeitdauern* und *Uhrzeiten* dienen.

```
DECLARE Zahl FLOAT, Nummer FIXED;
DECLARE (Summe, Differenz) FLOAT;
DECLARE Mittagszeit CLOCK, Arbeitsdauer DURATION;
DECLARE Prozesszustaende BIT(16),
        Meldungstext CHAR(40);
```
Beispiel: Mögliche Vereinbarungen im Deklarationsteil eines Programms

Der Datentyp FIXED dient zur Speicherung von ganzen Zahlen oder von Zahlen bei denen man sich den Dezimalpunkt an fester Stelle denken kann (Festkommazahl). Im Gegensatz dazu wandert bei den FLOAT-Zahlen die Stelle des Dezimalpunktes (Gleitpunktzahl). Daten vom Typ CHAR (Charakter) sind Ketten von Schriftzeichen und können Texte aufnehmen (z.B. Meldungen). Daten vom Typ BIT dienen zum Notieren von Zuständen, die genau zwei Werte annehmen können. Die Zahl in Klammern dahinter gibt die Anzahl der Stellen an, die das betreffende Feld dieses Typs hat.

Die beiden folgenden Beispiele zeigen Anweisungen zur Beschreibung *zeitlicher Abläufe* in PEARL:

AFTER 10 SEC ALL 5 SEC DURING 70 MIN ACTIVATE Schütz PRIORITY 7;

Diese Anweisung sorgt dafür, daß ein Task mit dem Namen „Schütz" nach 10 Sekunden für einen Zeitraum von 70 Minuten alle 5 Sekunden mit der Priorität 7 in den Zustand „bereit" versetzt wird.

AT 12:00:00 All 60 MIN UNTIL 24:00:00 ACTIVATE Protokoll;

In diesem Beispiel wird der Task „Protokoll" zwischen 12 Uhr und 24 Uhr jede Stunde gestartet.

4.3.1.1 Steuerung eines Bohrers

Im nachfolgenden Beispiel werden anhand der *Steuerung* und *Überwachung eines Bohrvorgangs* wesentliche Eigenschaften von PEARL (wie Synchronisation und zeitliche Einplanungen der Tasks) vorgestellt.

Unter Vorgabe der *Bohrtiefe* wird eine Bohrung in einem Werkstück vorgenommen. Dabei wird ein *Überwachungstask eingeplant,* d.h., er wird unter vorgebbaren zeitlichen Bedingungen aktiviert. Dieser Überwachungstask überprüft (alle 2 Sekunden: ALL 2 SEC ACTIVATE Überwachen) während des *gesamten Bohrvorgangs* die relevanten Bohrgrößen (*Bohrtiefe, Drehzahl*) und bricht bei Grenzwertüberschreitung den Bohrvorgang ab (TERMINATE).

Aus der vorgegebenen Bohrtiefe und der Galgengeschwindigkeit, mit der sich der Bohrer bewegt, wird die *voraussichtliche Bohrzeit* berechnet. Nach Ablauf der errechneten Zeit *suspendiert* sich der *Steuerungstask* und es wird überprüft, ob die Bohrung die geforderte Bohrtiefe erreicht hat.

Nach Beendigung der Bohrung wird der *Überwachungstask ausgeplant* (d.h. die vorangegangene Einplanung wird aufgehoben) und ein *Semaphor* gesetzt *(RELEASE FertigMitBohren)*, welcher die Beendigung des Bohrvorgangs, verbunden mit der *Terminierung des Steuerungstasks*, dem aufrufenden Programm mitteilt. War die Bohrung korrekt verlaufen, so enthält die Variable *BohrErgebnis* den Wert *Bohrtiefe_OK*, der bei der Initialisierung bereits mitgegeben wurde. Verlief die Bohrung nicht korrekt, so wird diese Variable mit dem Wert *Maschinenfehler* überschrieben. Das Nassi-Shneiderman-Diagramm zeigt die logische Abfolge des PEARL-Programms.

```
MODULE (Bohren);
SYSTEM;                                                      /* Systemteil */

PROBLEM;                                                     /* Problemteil */
  SPC (DrehzahlZumBohren, DrehzahlZumRuecklauf) INV FIXED;
  SPC (MaximaleDrehzahl, Drehzahl_0) INV FIXED;
  SPC (GalgengeschwZumBohren, GalgengeschwZumRuecklauf) INV FIXED;
  SPC (Galgengeschw_0) INV FIXED;
  SPC (GewuenschteBohrtiefe, Bohrtiefenbegrenzung) INV FIXED;
  SPC (Bohrzeit, Ruecklaufzeit) DURATION GLOBAL;
  SPC (AktuelleBohrtiefe, AktuelleDrehzahl) FIXED GLOBAL;
  SPC BohrerInAusgangsposition: PROC GLOBAL;
  SPC Bohren:PROC (Drehzahl FIXED, Geschwindigkeit FIXED) GLOBAL;

  DCL (Maschinenfehler, Bohrtiefe_OK) INV FIXED GLOBAL INIT (-1,0);
  DCL BohrErgebnis FIXED, GLOBAL INIT (Bohrtiefe_OK);
  DCL FertigMitBohren SEMA GLOBAL PRESET (0);
  DCL NORMAL INV FIXED(1) GLOBAL INIT(0);
```

<table>
<tr><td colspan="2" align="center">Positioniere Bohrer in Ausgangsposition</td></tr>
<tr><td colspan="2" align="center">Plane Bohrüberwachung ein</td></tr>
<tr><td colspan="2">(WHILE...)
Solange aktuelle Bohrtiefe kleiner als gewünschte Bohrtiefe</td></tr>
<tr><td></td><td>(REPEAT...)
 Berechne Bohrzeit </td></tr>
<tr><td></td><td> Bohren, bis Bohrzeit abgelaufen (AFTER ... RESUME)</td></tr>
<tr><td colspan="2">Berechne Zeit zum Rücklauf des Bohrers in seine Ausgangsposition</td></tr>
<tr><td colspan="2">Rücklauf, bis berechnete Zeit abgelaufen</td></tr>
<tr><td colspan="2">Plane Bohrüberwachung aus
(PREVENT...)</td></tr>
<tr><td colspan="2">Gib Semaphor frei
 (RELEASE...) </td></tr>
</table>

```
DCL Eine_Sekunde INV DURATION INIT (1 SEC);

BohrSteuerung: TASK PRIO 50 GLOBAL;
  CALL BohrerInAusgangsposition;
  ALL 2 SEC ACTIVATE Ueberwachen;

  CALL Bohren (DrehzahlZumBohren, GalgengeschwZumBohren);
  While (AktuelleBohrtiefe LT GewuenschteBohrtiefe)
    REPEAT
      Bohrzeit
            :=(GewuenschteBohrtiefe / GalgengeschwZumBohren) * Eine_Sekunde;
      AFTER Bohrzeit RESUME;
  END;

  CALL Bohren (Drehzahl_0, Galgengeschw_0);

  CALL Bohren (DrehzahlZumRuecklauf, GalgengeschwZumRuecklauf);
  Ruecklaufzeit
            := (AktuelleBohrtiefe / -GalgengeschwZumRuecklauf) * Eine_Sekunde;
  AFTER Ruecklaufzeit RESUME;
  CALL Bohren (Drehzahl_0, Galgengeschw_0);

  PREVENT Ueberwachen;
  RELEASE FertigMitBohren;
END;                                                      /*BohrSteuerung*/
```

```
Ueberwachen: TASK PRIO 10;

  IF ( (AktuelleBohrtiefe GT Bohrtiefenbegrenzung) OR
  (AktuelleDrehzahl LT -MaximaleDrehzahl) OR
  (AktuelleDrehzahl GT Maximale Drehzahl)
  )
  THEN
  TERMINATE BohrSteuerung;
  CALL Bohren (Drehzahl_0, Galgengeschw_0);
  BohrErgebnis:= Maschinenfehler;
  PREVENT;                              /*Ueberwachen plant sich selbst aus*/
  RELEASE FertigMitBohren;
  FIN;
END;                                   /*Ueberwachen*/
MODEND;
```

4.3.1.2 Steuerung einer Werkzeugmaschine

Im folgenden Beispiel wird ein ausführlicheres PEARL-Modul vorgestellt,
das die Tätigkeit einer *Werkzeugmaschine* beschreibt (aus Holleczek 88).
Es handelt sich hierbei um einen Teil eines Programmes, das über einen
Koordinationsteil einen *Roboter* mit der Tätigkeit einer Werkzeugmaschine
koppelt. Die Abb. 4.10 skizziert den Informationsfluß zwischen den einzelnen
Prozessen.

Die als PEARL-Modul beschriebene Werkzeugmaschine hat zwei Betriebsarten:

Die erste ist die *Produktion*, die für die Werkzeugmaschine aus zwei Be-
wegungsabläufen besteht. Zum einen das *Drehen* des Werkstückträgers, was
eine Trennung des Bestückungs- und Bearbeitungsvorgangs ermöglicht. Zum
anderen gibt es eine Bearbeitungssequenz, bestehend aus a) *Senken* des Galgens, b) *Bohren* des Werkstücks und c) *Heben* des Galgens. Beide Bewegungsabläufe sind als eigenständige Objekte realisiert, die wie Funktionen
aufgerufen werden. Sie teilen in Form eines Rückgabeparameters mit, ob die
Bewegung erfolgreich durchgeführt wurde oder aber welche Störung an der
Werkzeugmaschine aufgetreten ist.

Die zweite Betriebsart ist die *Handsteuerung*, die durch eine mausgesteuerte
Benutzeroberfläche realisiert ist. Durch das Selektieren mittels Maustaste
können einzelne Bewegungsabläufe ausgelöst werden. Nach Beendigung der
Bewegung bzw. im Falle einer Störung wird dem Benutzer das Resultat in
Form einer Statusanzeige mitgeteilt. Steuerdaten werden nach Auswahl der
Option mit der Maus ausgewählt bzw. über Tastatur eingegeben (z.B. kann
bei einer Werkzeugmaschine (WM) die Bohrzeit variiert werden).

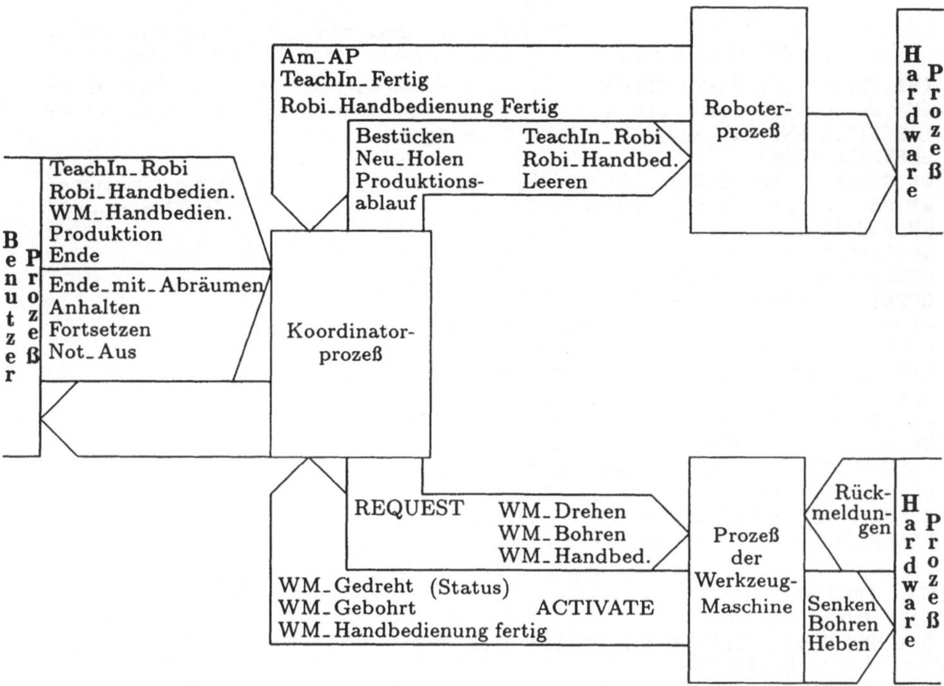

Abbildung 4.10
Das Bild zeigt schematisch die Kommunikationsstruktur zwischen dem Roboterprozeß und
dem Prozeß der Werkzeugmaschine mittels eines Koordinatorprozesses.

Nachfolgend wird der Ausschnitt aus dem PEARL-Programm gelistet, der
die Tätigkeiten der Werkzeugmaschine beschreibt (der zugehörige Ablaufplan ist in Abb. 4.11, S. 222):

```
MODULE WM;
SYSTEM;                                              /* Systemteil */
   TERM: A1 <->;
   BEDIEN: XC;
   TASTE: C1(TFU=1,AI=$3E00);          ·    /*kein Echo, Kommandos unterdruecken */


PROBLEM;                                              /* Problemteil */
   SPC TASTE DATION IN ALPHIC CONTROL( ALL );
   SPC TERM DATION INOUT ALPHIC CONTROL(ALL);
   SPC BEDIEN DATION OUT ALPHIC CONTROL(ALL);
   SPC AUSGAB ENTRY (FIXED,FIXED) GLOBAL;
                              /* Parameter1: Motornummer: M1/M2/M3 */
                         /* Parameter2: Richtung: LINKS/RECHTS/EIN/AUS */
   SPC EINGAB ENTRY (FIXED) RETURNS (FIXED) GLOBAL;
                              /* liest den Zustand der Schalter E3/E4/E5 */
```

```
                                    /* E3: Drehkranzschalter; E4: Galgen unten; */
                        /* E5: Galgen OBEN; O: Schalter FREI; 1: Schalter GEDRUECKT */
SPC (M1,M2,M3) INV FIXED GLOBAL;           /* Motornummern aus BASR/BPSR */
SPC (E3,E4,E5) INV FIXED GLOBAL;             /* Druckschalterbezeichnungen */
SPC (RECHTS,LINKS,EIN,AUS) INV FIXED GLOBAL;
SPC BOHRHILF TASK;
DCL WM_GEDREHT SEMA GLOBAL PRESET(O);                    /* Semaphore zur */
DCL WM_GEBOHRT SEMA GLOBAL PRESET(O);                   /* Ablaufsteuerung */
SPC WM_BOHREN TASK;
SPC WM_DREHEN TASK;
DCL GESCHLOSSEN INV FIXED(1) INIT(1);
DCL OFFEN INV FIXED(1) INIT(O);
DCL HEBT_NICHT INV FIXED(1) GLOBAL INIT(1);
DCL NORMAL INV FIXED(1) GLOBAL INIT(O);
DCL SENKT_NICHT INV FIXED(1) GLOBAL INIT(2);
DCL DREHT_NICHT INV FIXED(1) GLOBAL INIT(3);
DCL WM_STATUS FIXED(1) GLOBAL INIT(O);
DCL WM_ERFOLG INV FIXED GLOBAL INIT(O);
DCL GALGEN_DEF INV FIXED GLOBAL INIT(1);
DCL BOHRER_DEF INV FIXED GLOBAL INIT(2);
DCL GELESEN INV FIXED GLOBAL INIT(-1);
DCL BOHRZEIT DURATION GLOBAL INIT (4 SEC);


BOHREN: PROC GLOBAL;
  DCL HILF DURATION;
  ALL 0.1 SEC DURING BOHRZEIT ACTIVATE BOHRHILF;
  HILF = 1 SEC + BOHRZEIT;
  AFTER HILF RESUME;
  PREVENT BOHRHILF;
  CALL AUSGAB(M3,AUS);                                /* Bohrer ausschalten */
END;                                                        /*Bohren*/
GALGEN: PROC( RICHTUNG CHAR ) RETURNS ( FIXED ) GLOBAL;
                                                   /* Funktionsprozedur */
  DCL ZUSTAND FIXED;
  DCL TIME_LEFT DURATION INIT( 30 SEC );          /* Zeit, die die Bewegung */
                                                  /* maximal dauern darf */
  IF RICHTUNG == 'HOCH'
  THEN                               /* bewege Galgen nach oben soweit es geht */
    ZUSTAND = EINGAB(E5);                        /* Schalterstellung von E5 */
    WHILE ( ZUSTAND == OFFEN ) AND ( TIME_LEFT > O SEC ) REPEAT
      CALL AUSGAB(M2,RECHTS);
      AFTER 0.1 SEC RESUME:                         /* Motoren brauchen etwas Zeit */
      TIME_LEFT = TIME_LEFT - 0.5 SEC;
      ZUSTAND = EINGAB(E5);            /* aktueller Zustand des oberen Schalters */
    END;
    CALL AUSGAB(M2,AUS)
    IF TIME_LEFT <= O SEC THEN RETURN( HEBT NICHT ); FIN;
  ELSE                               /* bewege Galgen nach unten soweit es geht */
    ZUSTAND = EINGAB(E4);
    WHILE ( ZUSTAND == OFFEN ) AND ( TIME_LEFT > O SEC ) REPEAT
      CALL AUSGAB(M2,LINKS);
      AFTER 0.1 SEC RESUME;
      TIME_LEFT := TIME_LEFT - 0.5 SEC;
      ZUSTAND := EINGAB(E4);
```

```
    END;
    CALL AUSGAB(M2,AUS)
    IF TIME_LEFT <= 0 SEC THEN RETURN( SENKT_NICHT ); FIN;
  FIN;
  IF TIME_LEFT >= 0 SEC THEN
    RETURN( NORMAL );
  FIN;
END;                                                        /* Galgen */
DREHKRANZ: PROC RETURNS ( FIXED ) GLOBAL;
  DCL SCHALTER FIXED;
  DCL TIME_LEFT DURATION INIT( 50 SEC );
  DCL WEITER FIXED;
                                    /* das Drehen des Werkzeugträgers auslösen */
  SCHALTER = EINGAB(E3)
  WHILE ( SCHALTER == GESCHLOSSEN ) AND ( TIME_LEFT > 0 SEC ) REPEAT
    CALL AUSGAB(M1 LINKS);
    AFTER 0.1 SEC RESUME;
    TIME_LEFT = TIME_LEFT - 0.5 SEC;
    SCHALTER := EINGAB(E3);
  END;
  IF TIME_LEFT <= 0 SEC THEN RETURN( DREHT_NICHT ); FIN;
                                    /* weiterdrehen, bis Schalter erreicht */
  WHILE ( SCHALTER == OFFEN ) AND ( TIME_LEFT > 0 SEC ) REPEAT
    CALL AUSGAB(M1,LINKS);
    AFTER 0.1 SEC RESUME;
    TIME_LEFT = TIME_LEFT - 0.5 SEC;
    SCHALTER := EINGAB(E3);
  END;
  IF TIME_LEFT <= 0 SEC THEN RETURN( DREHT_NICHT ); FIN;
  CALL AUSGAB(M1,AUS);
  RETURN( NORMAL );
END;                                                        /* Drehkranz */
BOHRHILF: TASK PRIO 40 GLOBAL;
  CALL AUSGAB(M3,EIN);
END;                                                        /* Bohrhilf */
WM_DREHEN: TASK PRIO 35;
  WM_STATUS = DREHKRANZ;
  RELEASE WM_GEDREHT;
END;                                                        /* WM_DREHEN */
WM_BOHREN: TASK PRIO 35;
  WM_STATUS := GALGEN( 'U' );
  CALL BOHREN;
  WM_STATUS := GALGEN( 'HOCH' );
  RELEASE WM_GEBOHRT;
END;                                                        /* WM_BOHREN */
MODEND;                                                     /* WM */
```

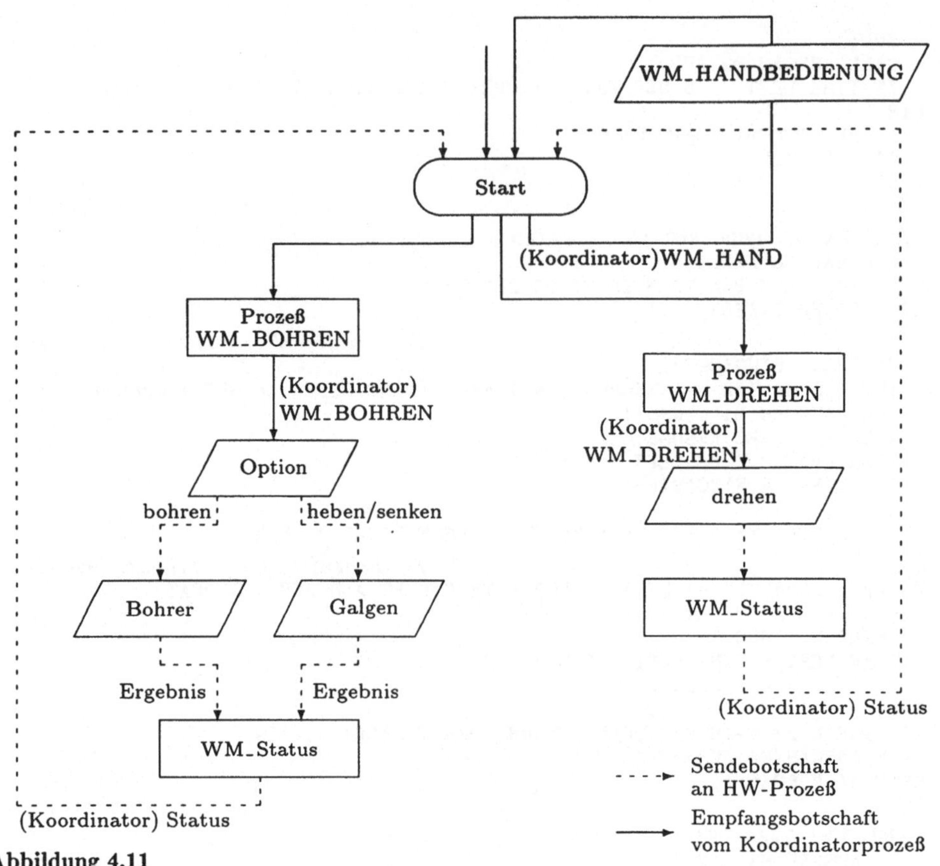

Abbildung 4.11
Ablaufplan für die Aktionen der Werkzeugmaschine

4.3.2 Beispiele in ADA

ADA ist eine höhere Programmiersprache, die ursprünglich vom US Verteidigungsministerium gefördert wurde, um in dem sogenannten *integrierten Systemanwendungsgebiet* Verwendung zu finden. In einem integrierten System ist der Computer ein eingebautes Teil eines letztlich größeren Systems, wie z.B. eine Geschirrspülmaschine, eine chemische Fabrik oder eine Rakete (vgl. Barnes 83).

Einige Hauptaspekte von ADA sind:

- *Starke Typenprägung*, d.h. es wird garantiert, daß jedes Objekt eine klar definierte Menge von Werten besitzt und es wird verhindert, daß eine Verwechslung logisch sich unterscheidender Typen auftritt. Es werden dadurch viele Fehler bereits durch den Compiler festgestellt, die in anderen Programmiersprachen zu einem durchführbaren aber falschen Programmablauf geführt hätten.

- *Datenabstraktion*, d.h., daß die Einzelheiten der Datendarstellung von den Beschreibungen der logischen Operationen für die Daten getrennt gehalten werden, wodurch eine erhöhte Übertragbarkeit und Wartbarkeit erreicht wird.

- *Existenz von generische Einheiten*, d.h. es ist ein Mechanismus vorhanden, der verwandte Programmteile verknüpft. Das ist nötig, da in vielen Fällen die Logik eines Programmteils unabhängig von den Wertetypen ist, die manipuliert werden. Ein solches Sprachmittel ist besonders für die Erstellung von Programmbibliotheken nützlich.

Ein vollständiges ADA-Programm wird als Folge von Einheiten geschrieben, die getrennt übersetzt werden können. Die äußerste Schicht solcher Einheiten enthält das Hauptprogramm sowie mögliche Bibliothekseinheiten zur Versorgung des Hauptprogramms. Letzteres hat die Form einer Prozedur mit passendem Namen. Die Einheiten der Servicebibliothek können andere Unterprogramme sein (Prozeduren oder Funktionen). Meistens sind es aber sogenannte *Pakete*. Dabei ist ein Paket eine Gruppe von verwandten Elementen, die sowohl Basiselemente als auch Unterprogramme sein können.

Zur Verdeutlichung hier ein Programmbeispiel zur Berechnung der Höchsttemperatur und der mittleren Temperatur aus drei Temperaturwerten. Kommentare innerhalb eines ADA-Programms werden mit „--" in jeder neuen Zeile eingeleitet:

```
-- Aufgabe des Programms ist es, aus drei Temperaturwerten
-- die Höchsttemperatur und die mittlere Temperatur zu bestimmen
WITH TEXT_IO; USE TEXT_IO;


PROCEDURE Temperaturwerte IS
-- Ein Hauptprogramm hat die Form einer Prozedur
PACKAGE Zahl_EA IS NEW FLOAT_IO(FLOAT); USE Zahl_EA;
A, B, C, Max, Mittel: FLOAT RANGE - 30.0...70.0;
-- Vereinbarung von Variablen des Typs FLOAT

BEGIN
GET(A); GET(B); GET(C);
-- das sind die drei Temperaturwerte

    IF A>B THEN Max:=A; ELSE Max:=B; END IF;
IF C>Max THEN Max:=C; END IF;
Mittel:=(A+B+C)/3.0;
```

```
NEW_LINE;
PUT(STemperaturmaximum:" );
PUT(Max);
NEW_LINE;
PUT(STemperaturmittel:" );
PUT(Mittel);
END Temperaturwerte;
```

Das Beispiel verwendet das (vordefinierte) Paket TEXT_IO, in dem die Prozeduren GET, PUT, NEW_LINE und das generische Paket FLOAT_IO erklärt sind sowie die Typdefinition FLOAT aus dem Paket STANDARD, das in jeder Übersetzungseinheit (ohne Kontextspezifikation in der WITH-Klausel) verfügbar ist. Die USE-Klausel bewirkt, daß die im Paket TEXT_IO vereinbarten Namen ohne den Namen des Pakets verwendet werden können. Ohne USE-Klausel müßte z.B. statt NEW_LINE der erweiterte Name TEXT_IO.NEW_LINE verwendet werden. Diese Erweiterung ist jedoch gelegentlich zur Auflösung von Namenskollisionen notwendig.

Ein weiteres Programmbeispiel hat die Aufgabe, eine ganze Zahl n und den Wert s einzulesen und von den n zu erfassenden Meßdaten die Anzahl der unbrauchbaren, schlechten, brauchbaren und guten Meßwerte gemäß folgender Tabelle auszudrucken:

$$
\begin{aligned}
|x_k - s| &\leq 0.01 && \text{„gut"} \\
0.01 < |x_k - s| &\leq 0.05 && \text{„brauchbar"} \\
0.05 < |x_k - s| &\leq 0.2 && \text{„schlecht"} \\
0.2 < |x_k - s| & && \text{„unbrauchbar"}
\end{aligned}
$$

```
WITH Standard_EA; USE Standard_EA;
PROCEDURE Meßwerte IS
  TYPE real IS DIGITS 8;
  n, i, unbrauchbar, schlecht, brauchbar, gut: INTEGER:=0;
  s, x, abso: real;
  BEGIN
    GET(n); GET(s);
    LOOP
      GET(x);
      abso:= abs(x-s);
      IF abso<=0.01
      THEN gut:= gut + 1;
      ELSIF abso <= 0.05
      THEN brauchbar:= brauchbar + 1;
      ELSIF abso <= 0.2
      THEN schlecht:= schlecht + 1;
      ELSE unbrauchbar:= unbrauchbar + 1;
      END IF;
```

```
     i:= i + 1;
     EXIT WHEN i = n;
   END LOOP;

   PUT("Es wurden "); PUT(n);
   PUT_LINE("Messwerte eingelesen");
   PUT("Davon waren "); PUT(gut); PUT_LINE("gut");
   PUT("              "); PUT(brauchbar);
   PUT_LINE("brauchbar");
   PUT("              "); PUT(schlecht);
   PUT_LINE("schlecht");
   PUT("              "); PUT(unbrauchbar);
   PUT_LINE("unbrauchbar");
 END Meßwerte;
```

4.3.3 Beispiele in MODULA

Das Zergliedern eines Programms in einzelne Programmteile (Module) entspricht der Einteilung in abgeschlossene Teilprobleme auf der logischen Ebene und sollte von einer Echtzeitsprache unterstützt werden. Die Module bilden in ihrer Darstellung eine Einheit und sind mit ihrer Umgebung durch definierte Schnittstellen verbunden. Für Module gilt,

– sie sind aus sich heraus verständlich und überschaubar,
– sie sind nach Spezifikation ihrer Schnittstellen getrennt entwickelbar,
– sie sind getrennt übersetzbar und wartbar,
– sie sind mit einer entsprechenden „Test-Umgebung" getrennt
  prüfbar.

Die Programmiersprache MODULA unterstützt diese Modularisierung der Programme. Innerhalb der Module wird bei MODULA nochmals eine Trennung in einen Teil, der die Schnittstelle nach außen festlegt, und einen Teil, der die Implementierung beschreibt, vorgenommen (vgl. Zöbel 87).

Nach Darstellung der Module aus PEARL und ADA hier noch zwei Kurzbeispiele in der Sprache MODULA-2 und OCCAM.

```
     DEFINITION MODULE Bohrer;
         VAR  Bohrtiefe: CARDINAL;
         PROCEDURE Initialisiere_Bohrvorrichtung ();
         PROCEDURE Steuere_Bohrablauf (Tiefe: CARDINAL);
     END Bohrer
```

Dieses Definitionsmodul beschreibt in MODULA, welche Dienste (*Initialisiere_Bohrvorrichtung, Steuere_Bohrablauf*) und welche Daten (*Bohrtiefe*) zur Verwendung in anderen Programmteilen (Module) bereitgestellt werden.

Das Programmstück, das diese Aufgaben erfüllt, wird an *getrennter* Stelle als Implementationsmodul folgendermaßen spezifiziert:

```
IMPLEMENTATION MODULE Bohrer;
(* Modul Bohrer dient zur Steuerung einer Bohrvorrichtung *)
FROM SYSTEM IMPORT NEWPROCESS, TRANSFER;
FROM STORAGE IMPORT ALLOCATE;
FROM AKTION IMPORT Bohrer_in_Ruheposition, Bohren;
CONST Size_of_Workspace = 1200; (* Groesse des Arbeitsbereichs
                                            fuer Coroutine *)
VAR Workspace: ADDRESS;     (* Arbeitsbereich fuer Coroutine *)
VAR bohren, old: ADDRESS; (* Coroutinen-Adressen *)
                          (* old ist dabei die Referenz auf den
                                aufrufenden Aktivitätsträger *)
VAR Bohrtiefe: CARDINAL;
PROCEDURE Bohrvorgang ();
BEGIN
    LOOP
      Bohrer_in_Ruheposition;
      TRANSFER (bohren, old); (* Rueckgabe der Aktivitaet
                                        an Aufrufer *)
      Bohren (Bohrtiefe);
    END;
END Bohrvorgang;

PROCEDURE Initialisiere_Bohrvorrichtung ();
BEGIN
  (* Arbeitsbereich fuer Coroutine Bohrvorgang anfordern *)
  ALLOCATE (Workspace, Size_of_Workspace);
  (* Coroutine Bohrvorgang initialisieren *)
  NEWPROCESS (Bohrvorgang, Workspace, Size_of_Workspace, bohren);
  TRANSFER (old, bohren); (* uebertrage Aktivitaet an Coroutine *)
                          (* zur Positionierung in Ruhestellung *)
END Initialisiere_Bohrvorrichtung;

PROCEDURE Steuere_Bohrablauf (Tiefe: CARDINAL);
BEGIN
  Bohrtiefe := Tiefe;
  TRANSFER (old, bohren);    (* Bohrvorgang wird von Coroutine
                                      uebernommen *)
END Steuere_Bohrablauf;
END Bohrer
```

Dabei wird im Modul *Bohrer*, durch die exportierte Prozedur *Initialisie-re_Bohrvorgang*, eine Coroutine erzeugt. Durch den Aufruf *TRANSFER* übergibt die Prozedur ihre Aktivität an die Coroutine, welche den Bohrer in seine Ruheposition bringt. Anschließend wird die Aktivität wieder an die *synchron wartende* Prozedur übergeben. Auf dieselbe Weise verfährt die Prozedur *Steuere_Bohrablauf*.

Die Coroutine *Bohrvorgang*, auf welche nur innerhalb des Moduls *Bohrer* Bezug genommen wird, greift ihrerseits auf die, im Modul *AKTION* realisierten, Prozeduren *Bohrer_in_Ruheposition* und *bohren* zu.

Eine solche *strukturierte Aufgabenteilung* ist nicht nur allein durch Module realisierbar. Vergleichbar dazu ist das Konzept von Prozessen und Kanälen, das in OCCAM verwirklicht ist. Die durch Kanäle getrennten Prozesse besitzen keine gemeinsamen Daten und sind bis auf E/A-Operationen absolut unabhängig voneinander. Ihre semantische Bedeutung reduziert sich auf das beobachtbare Verhalten, d.h. darauf, welche Kommunikation mit dem Prozeß möglich ist.

In diesem Beispiel „echot" ein OCCAM-Prozeß jedes Eingabezeichen und gibt es an einen Puffer weiter:

```
CHAN tastatur, terminal, puffer:
VAR eingabe:
WHILE true
SEQ
tastatur?eingabe
terminal!eingabe
puffer!eingabe
```

Dabei steht „?" für eine Eingabe von einem Kanal und „!" für eine Ausgabe auf einen Kanal. Der Prozeß arbeitet unbegrenzt lange (WHILE true) und führt der Reihe nach (SEQ) die angegebenen Kanaloperationen aus.

Die Intention dieses Kapitels war es, dem Leser einen Überblick über einige Programmiersprachen zu geben, die in der Prozeßautomatisierung eingesetzt werden. Für das genauere Verständnis der jeweiligen Programmiersprache wird auf die entsprechende Literatur verwiesen (Barnes 83, Frevelt 85, Gleaves 85, Kaucher 83, Nagl 83, Schwald 84, Zöbel 87).

5 Ausblick

In der nahezu fünfzigjährigen Geschichte der Prozeßautomatisierung haben immer wieder neue Entwicklungsschübe unsere Arbeitswelt nachhaltig beeinflußt. Hand in Hand mit der zunehmenden Verbreitung von Rechnern und Rechensystemen in der Prozeßautomatisierung ist die Bedeutung von Software- und Hardwarekenntnissen in diesem Industriebereich erheblich gestiegen. Daraus resultiert ein ständig wachsender Bedarf an geeigneten Fachleuten, die Kenntnisse sowohl aus der Informatik als auch über Prozeßzusammenhänge und Prozeßumgebungen mitbringen sollten. Das vorrangige Ziel dieses Buches war es daher, den Informatiker mit den technologischen Problemen und Gegebenheiten der Automatisierungswelt vertraut zu machen.

Die Entwicklung der Prozeßautomatisierung in den letzten Jahrzehnten wird im wesentlichen geprägt durch Fortschritte auf dem Datenverarbeitungssektor. Verfolgt man diese Entwicklung, so zeichnen sich folgende Strömungen auf dem Gebiet der Prozeßautomatisierung deutlich ab:

Da der Trend zu verteilten, hierarchischen Systemen verstärkt anhält, wird die Kommunikation auch in der Automatisierung weiter in den Vordergrund rücken. Die optimale Übermittlung von Prozeßinformationen zwischen intelligenten, ggfs. redundanten, Mikrorechnern vor Ort und den übergeordneten Systemen in den Leitständen wird ein neues wichtiges Aufgabengebiet der Prozeßautomatisierung. Betrachtet man die Entwicklungen der Kommunikationstechniken, die sich den Forderungen nach höheren Übertragungsraten und größeren Bandbreiten bald nicht mehr verschließen können, so kann man dort die Glasfasertechnologie als zukunftsweisend ansehen. Favorisiert wird hier zur Zeit das FDDI-Konzept was mit dem Ethernet vor zehn Jahren verglichen wird. Durch höhere Anzahl von Endgeräten und anspruchsvolleren Netz-Service werden, nach bisherigen Voraussagen, die Leistungsgrenzen der klassischen LANs in den nächsten Jahren erreicht werden.

Viele Aufgaben der Automatisierung lassen sich mittlerweile durch konventionelle Rechensysteme abwickeln, wie das Erstellen von Betriebsprotokollen oder das Verwalten von Produktionsdaten. Im Bereich der Hardware hat dies bereits dazu geführt, daß anstelle von speziellen Prozeßrechnern mehr und mehr herkömmliche Rechner, beispielsweise aus der Büroautomatisierung, Verwendung finden. Eine ähnliche Entwicklung läßt sich auch im Bereich der Software feststellen. Mit zunehmender Standardisierung findet man Betriebssysteme wie UNIX auch in der Prozeßautomatisierung. Echtzeitbetriebssysteme werden jedoch nach wie vor für zeitkritische Aufgaben, insbesondere im prozeßnahen Bereich, eingesetzt. Zunehmende Verwendung für die Entwicklung von Automatisierungssoftware finden konventionelle Programmiersprachen, wie etwa C oder MODULA.

Für die Auswertung der umfangreichen Datenbestände zur Optimierung und Führung technologischer Prozesse werden weitergehende und verbesserte Methoden entwickelt. In vielen Fällen sollen Expertensysteme die bislang noch üblichen Programme verdrängen und ihrerseits den Ablauf eines Prozesses überwachen, steuern, regeln, führen und optimieren. Ein besonders wichtiger Aspekt ist hierbei die Abwendung von Gefahren für Personen und Anlagen, die aus nicht gewollten Prozeßzuständen resultieren. Expertensysteme sollten diese erkennen und analysieren können sowie frühzeitig Gegenmaßnahmen einleiten.

Im Bereich der Regelung wird die Fuzzy-Logik wohl weiter an Boden gewinnen und eine Lösungsmöglichkeit für bislang schwer zu fassende Regelungsprobleme bieten.

Die Prozeßautomatisierung erfordert den erfolgreichen Einsatz moderner Verfahren der Informatik. Dies wird sich in der Zukunft verstärkt fortsetzen wovon beide Bereiche profitieren können. Zum einen werden durch den Einsatz moderner Rechensysteme immer komplexere Prozeßabläufe möglich und zum anderen werden die vielschichtigen und interessanten Aufgaben der Prozeßautomatisierung der Entwicklung der Informatik neue Impulse geben.

6 Glossar / Definitionen

In diesem Kapitel werden die Begriffe aufgeführt, die nicht gleich an der genannten Stelle erläutert wurden und von denen ausgegangen werden muß, daß sie nicht grundsätzlich jedem Leser geläufig sind. Zur besseren Übersicht sind sie alphabetisch angeordnet mit den dazugehörigen englischen Bezeichnungen.

Automatisieren — *automate*
Ein Vorgang wird nach vorher ermittelten Gesetzmäßigkeiten mit technischen Mitteln so eingerichtet, daß der Mensch weder ständig noch in einem erzwungenen Rhythmus für diesen Ablauf tätig zu werden braucht.

Automatisierung — *automation*
Das bedeutet die Durchführung von Verwaltungs-, Produktionsaufgaben usw. mit Hilfe von Automaten.

Die Ergebnisse werden dadurch schneller und zuverlässiger.

Es können neue, bisher nicht durchführbare Aufgaben gelöst werden, wie z.B. die Temperaturregelung in Hochöfen.

Beispiele für gebräuchliche Automaten:
Zigarettenautomat, Spielautomat, Waschmaschine, Förderband, flexible Handhabungsgeräte (Roboter).

Debugging — *debugging*
Kommt aus dem Englischen: „bug" = Wanze, Käfer, im übertragenen Sinn: Fehler; „debugging" = Beseitigen von Wanzen/Fehlern. Zum Testen von Programmen gibt es zu einigen Programmiersprachen einen *Debugger*, der Schritt für Schritt die Ausführung des zu testenden Programms verfolgt. Dabei kann der Programmierer Haltepunkte im Programm bestimmen und sich dann — mit Hilfe des Debuggers — die Inhalte von Variablen, Registern und Speicherzellen ansehen.

Holographische Speicher — *holographic memory*
Diese Speicher arbeiten auf der Basis eines Hologramms. Dabei handelt es sich im allgemeinen um spezifische Bildplatten, die holographische Bilder

aufnehmen können. In aller Regel sind sie nicht überschreibbar. In der Praxis
werden sie jedoch kaum eingesetzt.

IEEE
Institute of Electrical and Electronics Engineers, amerikanische halboffizielle
Standardisierungs-Institution, deren Vorschläge oft von den offiziellen Insti-
tutionen wie ANSI und ISO übernommen werden.

Kernel
Der Kern eines Betriebssystems, auch *nucleus* oder *core* genannt. Er beinhaltet die Prozessorverwaltung, die Speicherverwaltung und die Kommunikationsmöglichkeiten für Tasks. Er ist permanent im Speicher vorhanden.

Message
Eine Nachricht, die von einem Task an einen anderen geschickt wurde. Mit
einer solchen Nachricht können auch größere Datenmengen übertragen werden.

Magnetblasenspeicher — *magnetic bubble memory*
Hierbei handelt es sich um einen magnetischen Externspeicher ohne mecha-
nisch bewegte Teile. Sein Vorteil liegt darin, daß die darauf gespeicherten
Informationen nicht durch äußere Einflüsse, wie Stromausfall, verloren gehen. Außerdem haben diese Speicher eine sehr hohe Speicherdichte und sehr
geringe Zugriffszeiten.

Modul — *module*
Das Wort Modul, auch Baustein oder Konstruktionselement genannt, hat je
nach seiner Umgebung drei unterschiedliche Bedeutungen:
1. Bezeichnung für eine in sich geschlossene Programmroutine, die eine
   bestimmte Teilfunktion eines Programms übernimmt. Sie kann einzeln
   übersetzt und getestet werden. Durch den Vorgang des Bindens wird sie
   an das Gesamtprogramm angehängt.
2. Hardwarebaustein, aus denen heutzutage viele Geräte aufgebaut sind.
   Jeder Baustein übernimmt dabei eine eigene Funktion. Der Vorteil dieser
   Technik liegt in der Wirtschaftlichkeit und der relativ leichten Fehler-
   behebung durch das Auswechseln des entsprechenden Moduls.
3. Diese Bedeutung kommt häufig in der Textverarbeitung vor, und bezeichnet dort vorgegebene Standardtexte, Briefköpfe, etc.

Multiprogramming — *multiprogramming*
Mehrprogrammbetrieb, gleichzusetzen mit *Multi-User-Betrieb*. Wegen

der Verteilung der Rechenzeit auf mehrere Benutzer spricht man auch vom *Time-Sharing-Betrieb*. Die in der Abarbeitung von Programmen zwangsläufig auftretenden Pausen, z.B. durch das Warten auf Eingaben, werden von der Zentraleinheit des Rechners genutzt um andere Programme tätig werden zu lassen. Der scheinbar gleichzeitige Ablauf mehrerer Programme ist in Wirklichkeit eine verzahnte, zeitlich gegeneinander verschobene Verarbeitung. Um die Rechnerkomponenten optimal auszunutzen, empfiehlt sich immer der Mehrprogrammbetrieb.

Die komfortabelste Stufe des Mehrprogrammbetriebs wird beim *Teilnehmerbetrieb* erreicht. Hierbei kann jeder Teilnehmer unabhängig von den anderen Teilnehmern Aufträge an die Rechenanlage senden. Im Unterschied dazu gibt es noch den *Teilhaberbetrieb*, bei dem alle Teilnehmer dasselbe Programm benutzen. Typische Anwendungen dafür sind Zentralbuchungen bei Banken und im Reisebüroverbund.

Multitasking-Betrieb.
Das gleichzeitige Abarbeiten mehrerer Programme (Tasks) in einem Rechner. Das Multitasking innerhalb eines Programmes spielt besonders bei einer Echtzeitbearbeitung eine Rolle.

Priorität
Ein Task mit höherer Priorität kann einen niederprioren Task jederzeit unterbrechen. Bei manchen Systemen wird eine hohe Priorität durch einen hohen Werteintrag gekennzeichnet bei manchen durch einen niedrigen.

Prozeß — process
ist die Umformung und/oder der Transport von Materie, Energie und/oder Information. DIN 66201

Die Informatik betrachtet einen Prozeß als den „Vorgang einer algorithmisch ablaufenden Informationsbearbeitung".

Prozeßrechner — process control computer
ist ein Datenverarbeitungssystem, das zur Automatisierung von Abläufen in technischen Prozessen eingesetzt wird, z.B. zum Erfassen von Eingangsgrößen und zum Berechnen der Ausgangsgrößen.

Prozeßrechensystem — *process computing system*
bezeichnet eine Gruppe von Prozeßrechnern (häufig *Mikrorechner*), die mittels verschiedener Kommunikationsmethoden untereinander vernetzt der einzelnen Rechner zu erhöhen.

Wichtigste Eigenschaft eines Prozeßrechensystems ist seine Fähigkeit zum *Echtzeitbetrieb* (– real time operation). Dies bedeutet, daß mit der Verarbeitung eines Auftrags *strenge Zeitbedingungen* verbunden sind, d.h. die Berechnung der Ergebnisse muß spätestens innerhalb einer vorgegebenen Zeitspanne, die im Millisekundenbereich liegen kann, abgeschlossen sein.

Die heute gebräuchlichsten Vertreter von Prozeßrechensystemen sind *Speicherprogrammierbare Steuerungen* (SPS – stored-program control systems) und *Prozeßleitsysteme* (PLS – process control systems).

Prozeßautomatisierungssystem — *process automation system*
beinhaltet ein Prozeßrechensystem einschließlich seiner peripheren Geräte (Meßfühler, Regler, etc) und der entsprechenden Schnittstellen (häufig auch als *Prozeßeinheiten* bezeichnet).

Prozeßautomatisierung (auch *Prozeßdatenverarbeitung*) — *process automation (process control)*
bezeichnet den Einsatz von Datenverarbeitungsanlagen zur Datenerfassung, Auswertung, Überwachung, Steuerung, Regelung, Führung und Optimierung in technischen Prozessen.

Die *Datenerfassung – data collection –* dient zum Sammeln von Eingabegrößen und zum Umsetzen derselben in eine rechnerinterne Darstellung. Sie bildet die Voraussetzung für alle weiteren Stufen der Automatisierung.

Die *Überwachung – monitoring –* sorgt für

- den störungsfreien Ablauf von Prozessen und das Erstellen von sogenannten *Betriebsprotokollen*;
- die Störungserkennung und -analyse sowie die Erstellung von *Störungsprotokollen*;
- die Stoffflußverfolgung bei festen und flüssigen Materialien.

Die *Steuerung – binary control –* verknüpft binäre Signale des Prozesses und ermittelt daraus die Stellgrößen für den Prozeß. Bei der Berücksichtigung von Zeitabschnitten spricht man von *Ablaufsteuerung*.

Die *Regelung – feedback control –* ist das Verändern von Eingangsgrößen im Falle einer Abweichung der Ausgangsgrößen (Istwerte) von den Zielgrößen (Sollwerte), so daß diese Abweichung verschwindet.

Die *Führung – supervisory control –*, als eigentliches Ziel des Prozeßrechnereinsatzes, beeinflußt die Zustandsgrößen eines Prozesses sowohl durch

Vorgabe von Sollwerten, als auch durch den direkten Eingriff über die Stellgrößen, so daß der Prozeß in der gewünschten Art und Weise abläuft.

Die *Optimierung – optimisation* – ermittelt die optimalen Sollwerte für die Prozeßführung.

Ressourcen

Alle Hilfsmittel, die ein Programm(Task) zur Erfüllung seiner Aufgaben benötigt. Dazu gehören Dateien, Geräte, Speicher, Datenbereiche und der Prozessor.

Round robin

Eine mögliche Stragegie des Scheduler, bei der jeder Task für eine gewisse Zeit (time slice) rechnen darf und anschließend an das Ende der Warteschlange aller Tasks gesetzt wird.

Scheduler — *scheduler*

Die Aufgaben der Prozessorverwaltung werden durch zwei Teilprogramme wahrgenommen, durch den Scheduler und den *Dispatcher*. Der Scheduler kontrolliert den Zugang von Aufträgen zur Rechenanlage und bestimmt die Bearbeitungsreihenfolge der bereits begonnenen Aufträge, der Dispatcher regelt den Zugang zum Prozessor. Die Reihenfolge des Zugangs zur Rechenanlage wird durch Prioritäten festgelegt. Hohe Priorität bedeutet hohe Dringlichkeit, niedrige Priorität bedeutet niedrige Dringlichkeit.

Semaphor

Ein Semaphor ist eine ganzzahlige nichtnegative Variable verbunden mit einer Warteschlange. Auf einen Semaphor kann nur mit zwei Operationen zugegriffen werden: Mit der *P-Operation*, auch Warteoperation genannt, und der *V-Operation*, auch Signaloperation genannt. Verwendet werden sie, nach E. W. Dijkstra, zur Realisierung des wechselseitigen Ausschlusses von Programmteilen.

Shared memory

Ein Hauptspeicherbereich, den mehrere Tasks benutzen können, um Daten gemeinsam zu nutzen oder auszutauschen.

Synchronisation

Eine Synchronisation ist immer dann notwendig, wenn mehr als ein Task auf dieselben Daten oder Ressourcen zugreifen will. Alle Tasks müssen sich daher an einer Synchronisation beteiligen, da sonst Daten fehlerhaft werden oder das System blockiert wird.

Task — *task*
Ein Task ist ein Rechenprozeß, d.h. ein auf einem Rechner ablaufendes Programm mit den dazugehörigen Daten und dem dazugehörigen Programmzustand. Tasks laufen unabhängig voneinander, können jedoch miteinander kommunizieren und sich gegenseitig aktivieren oder deaktivieren.

Technischer Prozeß — *technical process*
ist ein Prozeß, dessen Zustandsgrößen (Eingangs- und Ausgangsgrößen) mit technischen Mitteln gemessen, gesteuert und/oder geregelt werden können (DIN 66201).

Virtueller Speicher — *virtual memory*
Bei einem virtuellen Speicher adressiert der Benutzer direkt die Speicherzellen im Hintergrundspeicher, der Prozessor hingegen nur einen Pufferspeicher, der eine Kopie des Hintergrundspeichers darstellt. Ein *Adreßraum* ist die Menge aller möglichen Adressen der Objekte eines Programms; er entspricht meist der Menge der Adressen des Hintergrundspeichers. Die Menge der möglichen Adressen im Pufferspeicher nennt man *Speicherraum*.

Warteschlange — *queue*
Aufträge, d.h. Tasks, die augenblicklich nicht vom Prozessor bearbeitet werden, müssen warten und werden in eine Warteschlange eingereiht. Dort müssen sie so lange bleiben, bis ihnen der Prozessor wieder zugeteilt wird. Für die Reihenfolge dieser Zuteilung gibt es unterschiedliche *Warteschlangendisziplinen*. Hier einige der bekanntesten:

FCFS – First-Come-First-Serve, d.h., der Auftrag, der als *erster* die Warteschlange betreten hat, wird auch als erster wieder bedient.

LCFS – Last-Come-First-Serve, d.h., der Auftrag, der als *letzter* die Warteschlange betreten hat, wird als erster bedient.

RR – Round Robin, d.h., jeder Auftrag wird nach einer fest vorgegebenen Zeitscheibe bedient. Ist ein Auftrag nach dieser Zeit noch nicht beendet, wird er verdrängt und wieder in die Warteschlange eingereiht, die nach FCFS abgearbeitet wird.

PS – Processor Sharing, das entspricht Round Robin allerdings mit infinitesimal kleiner Zeitscheibe. Dadurch entsteht für den Benutzer der Eindruck, daß alle Aufträge gleichzeitig bedient würden.

Monographien, Bücher

Anke K.; Kaltenecker H.; Oetker R.: *Prozeßrechner*, Oldenbourg Verlag, München 1970.

Bätz M.; Müller R.; Tielemann M.: *Anpassung eines portablen PEARL-Programmiersystems an den Mikroprozessor MC6800*; Studienarbeit am IMMD2 der Universität Erlangen-Nürnberg, 1984.

Barnes J.G.P.: *Programmieren in ADA*; Carl Hanser Verlag, München 1983.

Baumann R. et al.: *Entwurf über eine einheitliche Beschreibung von Unterbrechungsvorgängen*; Bericht VDI/VDE, Februar 1972.

Baumann R. et al.: *Funktionelle Beschreibung von Prozeßrechner-Betriebssystemen*; VDI/VDE Richtlinien 3554; VDI-Verlag, Düsseldorf 1980.

Berghoff W.; Fischer K.; u.a.: *Automatisierung und Prozeßrechner*; VEB Deutscher Verlag für Grundstoffindustrie, Leipzig 1974.

Bode A.; Händler W.: *Rechnerarchitektur*; Springer-Verlag, Berlin 1980.

Bolch G.: *Methode der exponentiellen Momente zur Indentifikation linearer Systeme*; Regelungstechnik Heft 11, S. 383-387, Oldenbourg Verlag, München 1975.

Bolch G.: *Leistungsbewertung von Rechensystemen mittels analytischer Warteschlangenmodelle*; Teubner Verlag, Stuttgart 1989.

Bronstein I.N.; Semendjajew K.A.: *Taschenbuch der Mathematik* (25. Aufl.). Moskau: Nauka; Stuttgart-Leipzig: B.G. Teubner; Thun-Frankfurt: Deutsch 1991
Ergänzende Kapitel zu I.N. Bronstein - K.A. Semendjajew. Taschenbuch der Mathematik (6. Aufl.). Moskau: Nauka; Stuttgart-Leipzig: B.G. Teubner; Thun-Frankfurt: Deutsch 1990

Demmelmeier F.: *Fehlertolerante Multimikrosysteme für die Prozeßautomatisierung*; Oldenbourg Verlag, München 1988.

Dietsch H.: *Skriptum zur Vorlesung: Bussysteme in der Prozeßrechentechnik*, Lehrstuhl für technische Elektronik, Erlangen 1988.

Duden Informatik; Dudenverlag, Mannheim 1988.

Eschenbacher P.; Wittmann J.: *Skript zur Vorlesung Simulation II*, Erlangen WS 89/90.

Färber G.: *Prozeßrechentechnik*; 2. Aufl., Springer-Verlag, Berlin 1992.

Färber, G. et al.: *Bussysteme*; Oldenbourg Verlag, München Wien 1984.

Föllinger O.: *Regelungstechnik*; Hüthig-Verlag, Heidelberg 1992.

Frank U.: *Die vorhersehbare Zeit*; UNIX-Magazin Ausgabe 2, S. 70–73, Februar 1990.

Frevert L.: *Echtzeit-Praxis mit PEARL*; aus der Reihe: Leitfäden der angewandten Informatik, Teubner Verlag, Stuttgart 1985.

Fritsch W.: *Prozeßrechentechnik: automatisierte Systeme mit Prozeß- und Mikroprozeßrechnern*, 3. Auflage; Hüthig-Verlag, Heidelberg 1987.

Fritz J.S.; Kaldenbach C.F.; Progar L.M.: *Local Area Networks*; Prentice-Hall, INC., Englewood Cliffs, New Jersey 1985.

Gleaves R.: *MODULA-2 für Pascal-Programmierer*; Springer-Verlag, Berlin 1985.

Graichen G.; Kolb H.: *Steuerungen in der Automatisierungstechnik*; VEB Verlag Technik, Berlin 1988.

Grötsch E.: *SPS – Speicherprogrammierbare Steuerungen vom Relaisersatz bis zum CIM-Verbund*; Oldenbourg Verlag, München 1989.

Halang, W.A.; Sacha, K.M.: *REAL-TIME SYSTEMS*; World Scientific, Herbst 1992.

Harriott P.: *Process Control*; McGraw-Hill, New York 1964.

Herzog U.: *Skriptum zur Vorlesung Kommunikationssysteme I und II*, WS 1988/89; Erlangen 1988.

Hofmann, F.: *Betriebssysteme: Grundkonzepte und Modellvorstellungen*; Teubner Verlag, Stuttgart 1991.

Holleczek P.; Weingärtner J.: Prozeßrechnerpraktikum im Wintersemester 1988/89 an der Universität Erlangen-Nürnberg, 1989.

Hotes H.: *Digitalrechner in technischen Prozessen*; de Gruyter & Co., Walter de Gruyter & Co, Berlin 1967.

Hultzsch H.: *Prozeßdatenverarbeitung*; Teubner Verlag, Stuttgart 1981.

Huttenloher R.; Fey J.: *Echtzeit-Betriebssysteme*; 6. Entwicklerforum, Markt&Technik Verlag, München 1989.

Isermann R.: *Prozeßidentifikation*; Springer-Verlag, Berlin 1974.

Isermann R.: *Digitale Regelsysteme*; Band I, 2. Auflage, Springer-Verlag, Berlin 1987.

Isermann R.: *Identifikation dynamischer Systeme*; Band II, Springer-Verlag, Berlin 1988.

Karsunke, J.: *FLEXOS - ein Multi-User/Multi-Tasking Echtzeitbetriebssystem*; In: *Echtzeit- Betriebssysteme, Vorträge und Begleittexte zum 6. Entwicklerforum*; R. Huttenloher, J. Fey [Hrsg.]; Markt & Technik Verlag, München Dezember 1989; S. 150–156.

Kauffels, F.-J.; Suppan, J.: *FDDI: Einsatz-Standards-Migration*; DATACOM-Verlag, Bergheim 1992.

Kaucher E.; Klatte R.; Ullrich C.; von Gudenberg J.: *Programmiersprachen im Griff, Band 4: ADA*; Bibliographisches Institut AG, Mannheim 1983.

Keppke A.: *Just in Time - Was Echtzeit-Betriebssysteme von gewöhnlichen unterscheidet*; In: c't - magazin für computertechnik; Ch. Heise [Hrsg.]; Verlag Heinz Heise GmbH & Co Kg, Hannover 1992; Heft 8 (S. 52–59) und 9 (S. 202–210) 1992.

Klusmeier St.: *Die Welt im Realen*; UNIX-Magazin, Ausgabe 2, S. 76–81, Februar 1990.

Krückeberg, F.; Spaniol, O.: *Lexikon Informatik und Kommunikationssysteme*; VDI-Verlag GmbH, Düsseldorf 1990.

Kussl V.: *Technik der Prozeßdatenverarbeitung*; Carl Hanser Verlag, München 1973.

Lauber R.: *Prozeßautomatisierung Band 1, 2. Auflage*; Springer-Verlag, Berlin 1989.

Lauber R.: *Prozeßautomatisierung*; Springer-Verlag, Berlin 1976.

Lauber R.: *Prozeßrechensysteme '88, Proceedings*; Springer-Verlag, Berlin 1988.

Levi P.: *Betriebssysteme für Realzeitanwendungen*; Datakontext-Verlag, Köln 1981.

List S.: *Implementation eines Realzeit-Betriebssystemkerns für dedizierte Anwendungen in der Prozeßautomatisierung*; Studienarbeit an der Universität Erlangen-Nürnberg IMMD4, 1988.

Magin R.; Wücher W.: *Digitale Prozeßleittechnik*; Vogel Verlag, Würzburg 1987.

Martin T.: *Prozeßdatenverarbeitung*; Elitera-Verlag, Berlin 1976.

Martin W.; Klotz U.: *Mikrocomputer in der Prozeßdatenverarbeitung*; 2. Auflage; Carl Hanser Verlag, München 1981.

Merz, L.; Jaschek, H.: *Grundkurs der Regelungstechnik*; 9. Auflage, Oldenbourg Verlag, München, Wien 1988.

Müller, P; Löbel, G.; Schmid, H.: *Lexikon der Datenverarbeitung*, 8. Auflage 92; SIEMENS Aktiengesellschaft, Berlin und München 1992.

Nagl M.: *Einführung in die Programmiersprache ADA*; Vieweg&Sohn, Braunschweig 1983.

Palm, R.; Hellendoorn, H.: *Fuzzy-Methoden in der Robotik*; KI, Heft 4, 1991.

Plessmann K.W.: *Aufgaben und Eigenschaften von Prozeßrechner-Betriebssystemen*; Regelungstechnische Praxis und Prozeß-Rechentechnik, Heft 2, S. 47-50, 1972.

Rembold U.: *Prozeß- und Mikrorechnersysteme*; Oldenbourg Verlag, München 1979.

Rembold U.: *Prozeßrechner, Interface-Technologie*; Springer-Verlag, Berlin 1981.

Rembold U.: *Einführung in die Informatik*; Carl Hanser Verlag, München Wien 1991.

Rössler R.: *PEARL-Betriebssystem für den Z80*; PDV-Entwicklungsnotizen der GfK E119, Kernforschungszentrum Karlsruhe 1978.

Schäfer P.; Wiczorke M.: *Lexikon der Prozeßrechentechnik, 2. Auflage*; Siemens-Aktiengesellschaft, Berlin 1981.

Schäfer R.: *Spezifikation und Implementierung spezifischer Basismechanismen eines Echtzeit-Betriebssystemkerns für die Prozeßautomatisierung*; Diplom-Arbeit am IMMD4, Erlangen 1986.

Scheffel D.: *Automatische Steuerungen*; VEB Verlag, Berlin 1987.

Scheller M.: *Von Prioritäten und Handlern*; UNIX-Magazin, Ausgabe 2, S. 74–76, Februar 1990.

Schlitt, H.: *Regelungstechnik*; Vogel-Verlag, Würzburg 1988.

Schneider M.: *Vergleich des PEARL-Betriebssystems PBS mit OS-9/68000 und VMEexec*; Studienarbeit am IMMD4 der Universität Erlangen-Nürnberg 1990.

Schnieder E.: *Prozeßinformatik: Einführung mit Petrinetzen*; Vieweg, Braunschweig 1986.

Schöne A.: *Prozeßrechensysteme der Verfahrensindustrie*; Carl Hanser Verlag, München 1969.

Schöne A.: *Prozeßrechensysteme: Aufbau und Programmierung von Prozeßrechnern*; Carl Hanser Verlag, München 1981.

Schulze H.H.: *Computer Enzyklopädie, Lexikon und Fachwörterbuch für Datenverarbeitung und Telekommunikation*; Band 1–6; Rowohlt Taschenbuch Verlag GmbH, Hamburg 1989.

Schwald A.: *ADA Eine Einführung*; Bibliographisches Institut AG, Mannheim 1984.

Sedgewick, R.: *Algorithmen*; Addison-Wesley Publishing Company, Bonn und München 1991.

Soltysiak R.: *Wissensbasierte Prozeßregelung*; Oldenbourg Verlag, München 1989.

Steusloff H.U.: *Realzeit-Programmiersprachen*; Informatik Spektrum: Band 7, Heft 2, S. 81–93, Springer-Verlag, Berlin 1984.

Strobel H.: *Systemanalyse mit determinierten Testsignalen*; Berlin Verlag Technik, 1968.

Strobel H.: *Experimentelle Systemanalyse*; Berlin Akad.-Verlag, 1975.

Strohrmann G.: *Automatisierungstechnik Band I: Grundlagen, analoge und digitale Prozeßleitsysteme*; Oldenbourg Verlag, München 1988.

Stute G.: *Regelung an Werkzeugmaschinen*; Carl Hanser Verlag, München 1981.

Syrbe M.: *Messen, Steuern, Regeln mit Prozeßrechnern*; Akademische Verlagsgesellschaft, Frankfurt am Main 1972.

Tilli, T.: *Fuzzy Logik*; 1991

Ullmanns: *Enzyklopädie der technischen Chemie, 4. Auflage, Band 4*; Verlag Chemie 1980.

Weber W.: *Adaptive Regelungssysteme I*; Oldenbourg Verlag, München 1971.

Wettstein H.: *Architektur von Betriebssystemen*; Carl Hanser Verlag,
München 1984.

Zadeh, L. A.: *Fuzzy Sets*; Information and Control, 1965.

Ziegler, J.G.: *Optimum Settings for Automatic Controllers*; Transaction of
the ASME 64, Heft 8, S. 759-768, 1942.

Zimmermann, H.-J.: *Fuzzy Sets Theorie - and Its Applications*; 2nd Ed.,
1990.

Zöbel D.: *Programmierung von Echtzeitsystemen*; Oldenbourg Verlag,
München 1987.

Index